国家自然科学基金地区项目（71663029）
国家自然科学基金面上项目（71873060）
国家自然科学基金重点项目（71934003）
江西省高校人文社会科学重点研究基地项目（JD19047）
江西省哲学社会科学领军人才“双千计划”首批培养类项目

南方集体林区林业规模化经营行为研究

廖文梅　孔凡斌　王智鹏　著

中国农业出版社
北　京

摘　要

我国集体林权制度改革之后，林地细碎化程度明显加剧，农户的林地经营难度有所增加，如何解决南方集体林区林业产权改革后尤为严重的林地碎细化问题？引导集体林权规范有序流转、促进林业适度规模经营和完善社会化服务体系被认为是化解林地细碎化的有效途径。关于我国如何实现林业适度规模化经营问题，国家和地方政府出台许多支持政策，如《国家林业局关于加快培育新型林业经营主体的指导意见》(林改发〔2017〕77号）中强调“加大财税支持力度、优化金融保险扶持、提高林业社会化服务水平等政策，大力培育包括林业专业合作社在内的新型林业经营主体，促进林地适度规模经营，释放农村发展新动能，实现林业增效、农村增绿、农民增收”。集体林权制度改革导致的林地细碎化问题可以通过林地流转实现林地规模化以及发展社会化服务实现服务规模化来解决。通过林地的流转可以解放流出方劳动力，促成流入方规模经营，而发展社会化服务，联合林农，共享专业化服务，可实现规模化经营。因此，本研究将从林地规模化和服务规模化两个方面探析南方集体林区林业实现规模化经营的两条路径，试图回答南方集体林区林业实现规模化经营存在的障碍、关键影响因素是什么？旨在为实现集体林区的规模化经营，进而为完成促进“放活经营”的改革任务提供决策参考。本研究共6章，简要内容如下：

第1章　绪论。这部分内容阐述了南方集体林区林业规模化经营的研究意义，以及本研究的理论基础，梳理了林地经营效率、林地经营模式、林地经营行为等相关的研究。

第2章　林业规模经营现状及政策演变。这部分内容从林地规模化与服务规模化角度出发，立足于林地细碎化现状，分别阐述了林地流转规模经营和社会化服务规模经营存在的问题，并进一步梳理了新中国成立以来林业经营政策的演化趋势和阶段特征。

第3章　农户林地规模经营行为研究。本部分内容通过实证数据从家庭林地收入这一微观视角探讨家庭劳动禀赋和林地禀赋的最优化利用，利用二次函数拟合测算出农户现行条件下林地适度规模尺度。再运用二元Logistic模型，考察服务市场和产权交易市场培育程度在不同区位因素条件下对林地流转行为的影响机理和分异特征。最后考察政策引导、贫困程度以及林业社会化服务对农户林地规模经营行为的影响研究。

第4章　农户林业服务规模经营行为研究。本部分内容首先实证分析农户林业社会化服务需求行为特征，然后运用Mv－probit模型量化分析要素禀赋对经营规模异质性农户林业社会化服务需求意愿和选择行为偏差的影响机理。

第5章　农户规模经营模式及经营效率研究。本部分内容利用多元Logistic模型分析林地规模、林业社会化服务对林农经营模式的影响。运用内生转换回归（ESR）模型，探寻产权分工下林业社会化服务对农户生产性投入的影响。

第6章　林地规模经营的建议与对策。本章基于以上分析，从林地规模化和服务规模化两个角度提出完善林业经营规模化的政策建议。

本著作凝聚了课题组全体成员的辛勤劳动，除署名作者外，参与课题研究工作的还有江西农业大学经济管理学硕士研究生邱海兰、秦克清、童婷、王璐、袁若兰、黄华金、叶丹阳同学，在此表示衷心感谢！

本著作可供高等学校和科研院所农林经济管理学、资源与环境经济学以及相关学科专业的相关研究人员和研究生阅读，也适合从事林业、农业农村管理工作等政府管理工作人员阅读和参考。

本著作在综合国内外相关研究的基础上，集中了作者自身的研究成果，我们力求在参考文献中全部注明，若万一有遗漏之处，敬请谅解。由于作者学识有限，书中存在的不足甚至错误之处，敬请各位专家学者及使用本书的同行批评指正。

廖文梅　孔凡斌　王智鹏

2021年3月

目　录

第1章　绪　　论

中国用1.2亿公顷耕地解决了13亿人的吃饭问题，却没有用2.86亿公顷林地有效解决13亿人的用材问题，其根本原因是林权体制和机制不顺阻碍了林业生产力的发展。2003年，集体林权改革在福建、江西等省份试点后，新一轮林权制度改革于2008年在全国全面推进，改革的目标是“明晰产权，放活经营”。我国集体林权制度改革之后，林地细碎化程度明显加剧，农户的林地经营难度有所增加，如何解决南方集体林区林业产权改革后尤为严重的林地碎片化问题？引导集体林权规范有序流转、促进林业适度规模经营和完善社会化服务体系被认为是化解林地细碎化的有效途径。关于我国如何实现林业适度规模化经营问题，国家和地方政府出台许多支持政策，如《国家林业局关于加快培育新型林业经营主体的指导意见》（林改发〔2017〕77号）中强调“加大财税支持力度、优化金融保险扶持、提高林业社会化服务水平等政策，大力培育包括林业专业合作社在内的新型林业经营主体，促进林地适度规模经营，释放农村发展新动能，实现林业增效、农村增绿、农民增收”，2016年《福建省林业厅关于引导林权规范流转促进林业适度规模经营的意见》中也强调“引导承包户依法采取转包、出租、互换、转让及入股等方式流转承包地，促进林业适度规模经营。有条件的地方要制定扶持政策，鼓励承包户在自愿前提下采取互换并地方式解决承包地细碎化问题；引导部分不愿经营或不善经营的承包户流转承包林地，促进其转移就业。建立利益共享机制，积极推广收益比例分成或‘实物计价、货币结算方式’兑付流转费，激发更多的农户主动参与林权流转”，2016年江西省林业厅出台了《关于加快培育新型林业经营主体促进林地适度规模经营的指导意见》重点明确了要扶持专业大户、家庭林场、农民林业合作社、资源培育型林业龙头企业等新型林业经营主体的主要内容和政策措施。2017年《江西省林业厅关于江西省林地适度规模经营奖补办法》明确

“安排预算资金对林地适度规模经营的奖补；市、县（区）各级地方财政可根据当地实际增加奖补资金，共同建立正向激励机制，促进林地适度规模经营”。国家出台各种鼓励政策，推动土地流转，促进土地规模化经营，以此优化林地资源的配置水平和提高林地生产效率，增加农户林业收入。

在农业规模化经营演进路径上，中国农业规模化经营分了“三步走”，即经历“生产环节流转”、“经营权流转”和“承包权流转”等3个阶段（廖西元等，2011）。随着社会化服务的发展成熟，农业生产环节外包又开启了我国农业规模化经营的另一把金钥匙。2016年中央1号文件指出：“坚持以农户家庭经营为基础，支持新型农业经营主体和新型农业服务主体成为建设现代农业的骨干力量，充分发挥多种形式适度规模经营。”所谓“多种形式”，主要包括原经济发展水平较高的村集体没有把土地承包到户而形成的规模经营、农业产业化龙头企业大规模流转土地形成的规模经营、新型农业经营主体通过流转土地形成的规模经营、新型农业服务主体通过社会化服务而形成的规模经营等，“适度规模经营”主要指后两种类型，前者简称为“土地规模化”，后者简称为“服务规模化”。同样，林业规模化经营研究中，集体林权制度改革导致的林地细碎化问题也可以通过林地流转实现林地规模化以及发展社会化服务实现服务规模化来解决。通过林地流转释放流出方的劳动力，促成流入方规模经营；发展林业社会化服务，联合林农，共享专业化服务，可实现规模化经营。因此，本研究将从林地规模化和服务规模化两个方面探析南方集体林区林业实现规模化经营的两条路径，试图回答南方集体林区林业实现规模化经营存在的障碍、关键影响因素是什么？旨在为实现集体林区的规模化经营，进而为促进完成“放活经营”的改革任务提供决策参考。

1.1 研究意义

（1）探索集体林经营权分权之后的农户林地经营组织方式，建立适合我国集体林区的集体林业经营体系，完善集体林地经营政策体系，是我国深化集体林权制度改革的重要任务，是破解农户林业收入增长趋缓问题的迫切需要。

有效率的产权制度为社会提供正面的激励，促进经济增长（科斯，1994）。历经土地改革时期的分山到户、初级合作社的山林入社、人民公社的山林集体所有和集体经营、林业“三定”、家庭承包经营制等多个阶段的数次改革，仍然普遍存在着经营机制不灵活、利益分配不合理、农户林地投入不足、集体林地产出水平不高、林业生产效率偏低等问题（高岚等，2012；谢彦明、支玲，2011；张智光，2010；刘伟平、陈钦，2009；王文烂，2009）。新一轮的集体林权制度改革将落实产权，促进资源增长、农民增收和生态和谐为主要政策目标，农户增收成为林权改革的主要内容之一。2015 年国家林业局《深化集体林权制度改革　提升经营发展水平》中强调：深化集体林权制度改革是推动林业发展的动力源泉、提升林业经营水平、促进农民农业增收的有效途径。2015 年 5 月，习近平总书记再次强调：要坚持不懈推进农村改革和制度创新，充分发挥亿万农民主体作用和首创精神。因此，集体林权制度深化改革是我国农村经营制度的又一重大变革，它同土地家庭承包经营一样，对于发展林业生产力，提升农户林地经营水平、提高农民收入水平，具有重要而深远的历史意义。

（2）探索林地适度经营规模是实现林地劳动力、资金、技术等生产要素的优化配置，不断提高林地经营效率、促进农民就业和增收的重要途径。林地规模经营模式选择是一个受多因素影响的农户复杂决策过程，探索农户林地规模经营模式选择行为决策的关键影响因素及其作用机制，是我国集体林地规模化经营政策过程的关键科学问题。

林地适度规模经营的大小关系到林业的经营效率，也关系着中国“三农”问题的解决。它是指在一定的技术经济条件下，林地经营主体通过扩大经营规模，实现可支配的土地、资本、劳动等各类生产要素的最优配置，进而获取最优产出的林地生产行为。为了实现林地适度规模经营，2016 年 1 月 19 日，江西省林业厅出台了《关于加快培育新型林业经营主体促进林地适度规模经营的指导意见》（以下简称为意见）。意见重点明确了扶持专业大户、家庭林场、农民林业合作社、资源培育型林业龙头企业等新型林业经营主体的主要内容和政策措施。因此，尊重农户自身意愿并借助市场力量实现林地经营规模的逐步集中，从如何实现家庭劳动禀赋和土地禀赋的最大化利用这一家庭决策视角，定量回答了“农户究竟需要多大的林地经营规模”这一核心问题，对提高林地经营效率、促进农民增收有着重要的价值和意义。

林地经营是一典型的劳动密集型传统产业，在工业化与城镇化逐步吸收大量农业剩余劳动力以后，经营规模的逐步扩大，有利于林地经营效率的提高。农村劳动力外出务工给农户林地规模经营选择带来了什么样的具体影响？目前的研究还无法回答这一问题。林业社会化服务能为林业生产者提供多形式、全方位服务，随着市场经济的深入发展，林业社会化服务对林业生产和销售所起的作用将越来越重要。林地资源是农户进行林业投入的重要生产要素，也是参与林业收入分配的重要形式。农户拥有的林地资源数量、质量和经营类型等禀赋特征不同，以及区位与地形因素都会对农户投入产出水平产生不同的影响（孔凡斌等，2014），从而影响林业规模经营的选择。因此，研究林业社会化服务、劳动力转移、林地资源禀赋、区位与地形因素等对农户林地规模经营的影响机制问题，有助于增强人们对农户林地经营困境的全面认识，可以为政府制定鼓励农户提高林地投入水平，提高林地产出效率的具体政策提供重要依据。

（3）林业规模经营模式决定着林区农户林地经营产出的分配模式，在很大程度上决定着农户林业收入长期增长的潜在能力，建立有利于农户林业收入增长的林地经营模式引导机制，是当前深化林权制度改革的重要内容，也是保持林业经济持续增长的必要条件。

农户林地经营困境已引起了广泛的社会关注，政府与社会各界把解决这一问题的希望寄予于农户能够根据自身的条件选择合适的林地经营方式或经营模式。2008 年 6 月，在确立农民作为林地承包经营权的主体地位以来，如何放活经营、提高林地经营效率，引起了林地经营者、政策制定者及学者的关注。选择合适地林地规模经营模式是放活经营、提高林业经营水平、实现农民增收的首要条件（徐晋涛等，2008）。集体林权制度改革后，小规模的家庭经营模式成为中国集体林地经营主要模式，但随着改革的深入，出现了许多大户通过入股加入林业合作社、或通过林地流转实现家庭林场、或工商资本参与等多种林地经营模式，从而形成了多种林地规模经营模式。分析集体林区不同的林地规模经营模式在现行政策中存在的问题，农户在何种条件制约下会选择何种经营模式，哪些因素会制约农户的选择行为，以及这些影响因素对农户选择行业的作用机理尚不明确。通过对农户林地经营模式选择行为的分析，厘清影响农户选择行为的因素，为后续政策的完善提供科学依据，成为学界和政府决策部分关注的重大问题。

（4）对不同林地规模经营模式的综合效益进行评价，是检验林地规模经营模式选择是否科学的一种有效方法，是求解林地适度经营规模的重要方法和科学依据。

不同林地规模经营模式有着不同的绩效水平，在一定条件下，哪种林地经营模式会更有效？迄今为止，还无法回答以上的问题。因此，评价不同经营模式在一定条件下的经营效率和综合绩效，客观认识林权制度改革背景下不同林业经营模式的绩效差异，可以为今后制定林权制度深化改革意见及其配套政策提供重要的理论依据。林地产权结构是探索集体林地经营模式绩效这一科学问题的关键视角。产权为人们的经济行为提供了相应的激励机制，从而保证了资源分配和使用的效率（罗必良，2014）。因此，要提高林业生产效率，实现林地规模化经营，提高林地融资能力，需要赋予农民对林地更多的财产性权利（蔡立东、姜楠，2015）。党的十八届三中全会通过的中共中央《关于全面深化改革若干重大问题的决定》提出承包权与经营权分置，建立所有权、承包权、经营权三权并行分置的农地权利体系。“盘活经营权”是深化改革的核心。因此，从农户林地经营模式角度厘清经营权分置结构的权能关系（图1-1），以及分析这些分置结构和相互关系对农户林地经营模式绩效的影响机理有着重要的意义。这是研究南方集体林区林地经营模式绩效问题一个崭新而又十分重要的观察视角。

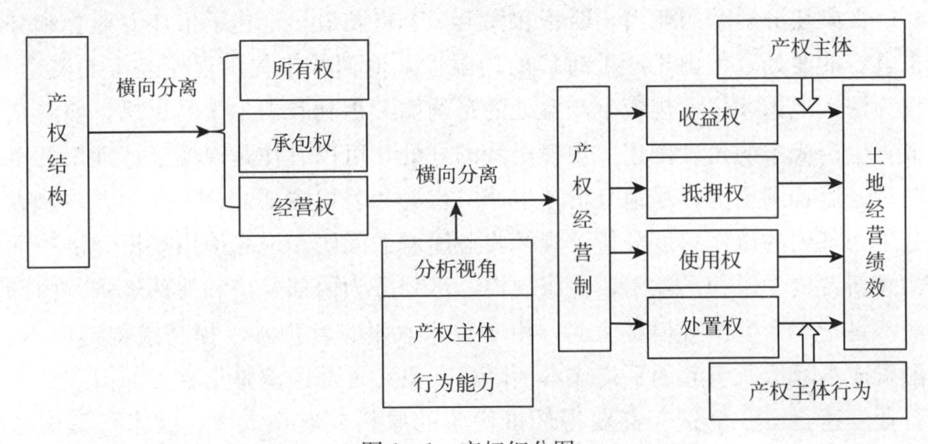

图1-1 产权细分图

1.2 理论基础

1.2.1 规模经济理论

规模经济理论是基本经济学理论之一，按照《新帕尔格雷夫经济学大辞典》(1996年）对“规模经济”的权威性定义：在既定的技术条件下，生产一单位产品的成本，如果生产规模区间的平均成本递减，就可以说该区间存在规模经济（Eatwell et al.，1996)。通常根据平均成本是否随产量增长而下降来判断是否存在规模经济。简单来说，规模经济就是通过扩大规模的方式来降低生产的平均成本。若随着规模的扩大，单位产品的平均成本反而上升，就是规模不经济。由此，可以将规模经济运用到林业领域：扩大产出对平均成本的影响形成林业经营规模经济和不经济。当长期平均成本下降时，即可认为林业经营规模趋于经济合理，当长期平均成本上升时就产生规模不经济（彭群，2016）。此外，在研究林业规模经营时需要区分“规模经济”与“规模报酬”的本质，两者之间既有联系也有区别。“规模报酬”是指在既定的技术水平下，当所有投入物的数量发生同比例变化时产量的变化率，或各种生产要素按相同比例变化时，所能得到的产量变化（胡代光等，2000）。从定义可以看出，“规模报酬”的条件比“规模经济”更加严格。“规模经济”主要讨论产出变动和成本之间的关系；而“规模报酬”主要讨论投入要素按相同的比例发生变动对产量的影响（许庆等，2011）。此外，规模报酬递增是规模经济产生的原因之一，但规模经济的产生并不必然会存在规模报酬递增（Coase，2006）。

古典经济学派的亚当·斯密和大卫·李嘉图最早论述了生产专业化和分工具有的益处，但由于所处时代的局限性，他们并未提出规模经济的概念。较为深入地论述了大规模生产益处的是约翰·穆勒和卡尔·马克思，前者从节省生产成本的角度阐述了规模经济的好处，可以看作是规模经济理论的奠基者；后者则更为详尽地分析了生产、市场和公司内部的分工问题，并从以分工为基础的协作角度分析了规模收益递增的问题。最先使用规模经济一词的是新古典学派的马歇尔，他将规模经济划分为内部经济和外部经济。内部经济是指厂商生产规模扩大时，由于技术水平、管理水平提高或购销成本、融资成本降低所引起的平均成本下降的现象；外部经济是指相关部门或整个行业发达，会令个别厂商获得低价优质的原料或实现人才、技术等资源共享，从而带来成本的降低或产量的增加（马歇尔，1994）。制度经济学派的科斯认为由于外部交易费用与内部协调费用的存在，企业规模不可能无限扩大，但两种费用相等时，企业将达到最佳规模。威廉姆森则从资产专用性的角度剖析了规模经济，认为企业规模与资产专用性、交易次数和不确定性成正相关。

实质上，规模经济是对生产成本的不断摊薄，生产规模通过影响生产成本而引起经济效益的变动。处于现代市场经济环境的企业可以通过扩大生产规模，减少单位成本，树立价格优势，利用规模经济效益在市场争夺中占据优势地位。林业的规模经济是指随着林地经营规模的扩大，林产品的平均生产成本将会不断降低。农户可以充分利用和优化配置林地、人力、资金等有限的生产资料，提高生产效率，降低经营成本，最终实现林业的规模效益。

规模经济产生的根源可以从内部和外部两个方面寻找，一个是生产要素合理配置情况下的协同作用，以较低的成本产生较高的效率和利润（蔡昉等，1990）；另外一个来源是分工后由于专业化水平的提升造成技术积累外溢效应而产生的范围经济（方红星，2016）。林业产权制度改革后，林地细碎化问题在一定程度上导致农户生产成本上升，使土地投入的资源与要素难以达到最优组合，如果只是单纯扩大林地经营规模，却没有同时保证资本、技术、农户行为能力等相关要素的匹配，土地规模扩张所带来的好处则可能被抵消，产生“规模不一定经济”的现象（胡新艳等，2018）。林地产权的特殊性隐含高昂的交易成本（罗必良，2016），通过流转实现土地规模经营变得举步维艰。因此，基于上述理论分析，扩大林地经营规模只是经济发展的表面现象，改善林业规模经济性，必须从仅仅强调单一的土地要素转向到注重多要素投入的均衡匹配领域，从关注规模经济性的成本节约转向关注分工深化的报酬递增机制。

1.2.2 社会分工及专业化理论

分工理论主要论述劳动分工与市场范围的关系，是经济理论中重要的组成部分。早在1776年著名的经济学家亚当·斯密，在其经典著作《国富论》的开篇中指出：分工是发展劳动生产力、实现经济增长的决定性因素。1975年著名的无产阶级革命家马克思在《资本论》中提道：分工是合作的基础，分工与合作对产出的提升源于专业化生产。分工后的生产需要通过不同分工主体的合作来完成原本由一个主体完成的工作，特殊的工具在专业工人的操作下发挥了额外的效应，合作使得劳动工人集结在一起，通过不同环节的网状连接和生产资料的充分利用从而节约生产成本。1928年Young对斯密的分工理论进行扩充，认为劳动分工与市场规模相互依赖，分工和专业化是报酬递增得以实现的关键。新兴古典经济学家杨小凯认为报酬递增取决于劳动分工的发展，现代形式的劳动分工的主要经济，是以迂回或间接方式使用劳动所取得的经济。基于上述理论可知，规模经济的本质在于分工与专业化（贾根良，1996），分工不仅决于市场范围的大小，而且由分工引发的专业化生产销售环节的多少及其网络效应也会影响分工。由此，揭示报酬递增的自我实现机制“分工一般地取决于分工”的理论，这是杨格在斯密劳动分工思想的基础上提出的迂回生产和社会收益递增概念。从目前中国农业生产和劳动力转移情况来看，农户从事农业生产的机会成本越来越高，社会化服务作为替代要素，在具有专业化优势和竞争性低价格的情况下，会逐渐嵌入农业经营（仇童伟、罗必良，2017）。农业生产中的分工与合作，即原本由农户自给自产，到农户将一部分农业生产销售环节交由不同的服务主体完成，从而提高产出效率。农户不论是选择社会化服务进行生产，或是选择成为服务供给者，都能通过“迂回路径”提高农业生产效率，以“服务规模化”实现“规模经营”。因此，农业专业化分工发展才是农业经济发展的动力和源泉，是解决中国“三农”问题的重要途径（罗必良等，2008）。

1.2.3 农户行为理论

在传统研究中，有关农户行为理论的研究可以分为四个学派（张林秀，1996）。①“实体经济学派”，代表人物是苏联经济学家恰亚诺夫。该学派认为小农的生产以满足家庭消费为主，追求生产低风险而非利益最大化。他们的行为遵循经济法则（Chayanov，1986），厌恶风险（Scott，1976）。②以舒尔茨（1964）为代表的“形式经济学派”，该学派认为小农也满足“经济人”假设，小农经济是“贫穷而有效率”的，农户会通过合理使用和有效配置资源追求利润最大化（Popkin，1979）。③以美国黄宗智（1985）等为代表的“历史经济学派”，该学派认为小农在实际生产经营中，既表现为追求利益最大化，同时又约束于风险最小化的动机。④“社会心理”学派。该学派认为农户更有可能追求一种满意的社会内在或更为丰富内涵的目标（徐勇、邓大才，2006）。传统学派的理论对于农户行为研究具有方法论意义，但由于研究学派处于不同的历史时期，传统理论的研究对象存在一定的局限性。计划行为理论（TPB）在研究农户行为领域取得广泛的研究成果。该理论认为，行为主体一般比较理性，通过系统整理和分析，利用搜集到的信息，考虑是否执行某项行为以及预测行为发生的影响（Ajzen，1980）。理性行为理论认为，意向是行为的直接诱因，同时受行为态度和主观规范的影响（Fishbein & Ajzen，1975）。行为是一系列复杂的过程，意愿是行动的先导，一般认为行为与意愿呈高度正相关关系（王静，2011）。

农户对于生产要素价格和农产品价格变动作出农业投入与产出的反应或决策称为农户行为（池泽新，2003）。对农户行为理论的传统分析，习惯把农户当作是理性选择的个体，其中最具有代表性的学者是舒尔茨，舒尔茨（1999）认为农民同样具有资本家的特质，都是以利益最大化为目标，对资源的调配趋于最优。舒尔茨认为小农虽然贫困但是不愚昧，而是类似会盘算的生意人，并提出“贫困而有效率”的命题；同样地，波普金也认为农户会在权衡关于自身的各种利益风险之后，偏向于追求利益最大化的选择（波普金，1994）。总体而言，一部分学者认为无论小农是否受到市场化和商品化的冲击，小农都会做出符合经济利益最大化的选择（潘峰，2006）。而以黄宗智为代表的历史学派，在研究小农家庭经济行为中发现：一方面，由于人口与土地资源的不匹配，农户会采取一种“过密化”的生存策略，但这种“过密化”的生存策略是与企业家理性不同的，企业家则单纯地追求利益最大化，因此该学派认为小农在实际生产经营中，既表现为追求利益最大化，同时又约束于风险最小化的动机。以上学者的观点大部分还是将农户作为一个理性的“经济人”，他们认为农民是理性经济人，能够独立地进行价值判断，其个人行为完全由理性支配。

与“经济人”理论相对应，“社会人”学派对农民的经济理性提出了质疑。他们提出农户是非理性的或者说非有限理性的，在对俄国的家庭农场做了大量的观察和研究之后，认为小农是在家庭经营过程中非理性的，并提出“饥饿地租”、“自我剥削”、“亏本经营”等与资本主义市场经济不同的概念（伊特韦尔，1992）。农户与资本主义时代的“经济人”没有共同之处，他们并不是冷冰冰的“理性动物”。因个人行为受制度、社会结构等外部环境的约束，在实际行动中，人们往往违背了自己的主观愿望（吴绍田，1998）。该学派的学者认为农户并不是完全理性的，其决策受自身个体、相关环境等因素的综合影响，只能在自身价值观下，追求效用最大化。

对于不同的农户行为理论，可能的原因是由于研究时期、研究对象与研究方法不同，导致在不同情况下农户的行为产生偏差。基于上述理论分析，本研究设定农户为有限理性的社会人，其在政策制度环境以及市场环境影响下，考虑自身资源禀赋以及依据价值观，作出理性行为的决策，以达到效用最大化。

在林业社会化服务体系中，农户在经营过程中选择服务的决策行为中，意愿与行为不一致明显，且意愿与行为之间的差距已被心理学行为领域证实（Sheeran et al.，2016）。农户的需求意愿并非转换为行为的充分条件。农户意愿与行为不一致通常存在2种情况：①农户表达的意愿并不是其真实意愿的表述，即农户不愿意购买社会化服务，但是却表达愿意购买，比如出于虚荣心等原因在口头上表示愿意购买。②农户表达真实的意愿想法，即农户内心是愿意购买的，但是由于主观和客观原因阻碍了其行为的实现（廖西元，2011）。显然，本文研究的农户行为决策属于第二种情况。舒尔茨（1987）认为，小农作为追求利润最大化的“经济人”，其行为是经济理性的。当农户面临多个选择方案时，往往会选择效用最大的方案。农户在林业生产过程中，通过“成本—收益”的比较，农户会选择把一部分不适合自己完成的环节交给专门的服务组织（或个人）去完成，特别是劳动投入较大和技术含量较高的环节。在这个过程中如果耗费的交易成本低于生产成本，农民就会渴望得到服务，形成初步的意愿形态。在理性行为与计划行为理论框架下，农户意愿会对行为表现出较强的解释能力。因此，大部分农户表现出需求的意愿与行为是一致的。然而，受到资源禀赋和外部政策等条件的制约，如：种植面积、土地细碎化程度等土地资源禀赋变量和政府的补贴政策、农技人员的技术指导情况等因素（张燕媛等，2016），一部分农户会表现出需求意愿与行为不一致的情况。陈风波等（2007）认为农户行为实际上就是农户在一定市场环境、政策环境、生产条件和经济发展水平下如何利用其拥有的资源禀赋进行生产决策和消费决策的过程。基于上述理论分析，本研究设定农户为追求利益最大化的“经济人”，在政策制度以及经济环境约束下，兼顾自身行为能力与资源禀赋差异，作出理性行为的决策。

林业社会化服务是林业生产专业化的表现，从上述理论可知，分工受到市场容量的影响，服务规模经营是促进农业规模经营的有效手段，从当前我国农村生产力和劳动力转移情况来看，小农从事的林业生产的机会成本越来越高，农户在权衡务农与非农的利益比较后，会呈现两种趋势：①劳动力完全转移，农户退出农业领域，将林地进行流转或抛荒，通过流转可以推动“土地规模经营”。②农户选择继续从事农业领域，以“资本”替代“劳动力”的趋势会越来越明显。农户选择林业社会化服务，成为服务需求方的主要需求者，促进林业纵向分工并提高农户收入水平；或者选择成为服务供给方的供给者，促进林业经营主体的发育，“迂回路径”也会促进服务纵向分工及网络分化，从而实现“服务规模经营”的目标。因此，对于林业生产而言，林业社会化服务对林业产出的作用效果主要是林业生产过程中平均生产率的提高和技术的正外部性。

1.2.4 产权理论

产权最早被定义为社会工具，用于界定人们受益或受损的范围和方式，以规范人们形成合理的行为预期（德姆塞茨，1967）。阿尔钦（1991）将产权看作是社会强制选择经济品使用的权利，产权所有者具有任意选择物品使用方式的权利。伴随着社会经济的发展，财产形式不再局限于有形物品，也将服务吸纳其中，产权定义随之改变。诺思（1997）定义产权为个人或群体对物品和服务的他性权利，本质是一种占有，是集合法律、组织规则和行为规范的函数。

尽管学者对产权有着不同界定，但总体而言，产权是一组权利束，目的在于明确主体之间的权责利。产权具有排他性、收益性、可转让性等。产权的排他性是指只有唯一个主体拥有使用资源的权利；非排他性则是指至少两个主体拥有同一资源控制权利。一般而言，公共土地、集体产权及社团产权等存在的排他性较弱。产权的可分离性与可转让性使产权能够发生流转，促使资源从低生产力所有者流向具有更高生产力的所有者。作为经济学的研究对象，产权理论在对传统的微观经济学和福利经济学的根本缺陷进行批判和思考的过程中，科斯提出了现代产权理论，其以交易成本为基础，以科斯定理为基本原则（董国礼，2009）。现代产权理论认为产权是以所有权为基础，以使用权为核心并以获利为最终目的的权利，它是一种规范人与人之间关系的最基本原则，其包含了产权主体、产权客体以及与权力相关的内容（科斯，1994）。Alchian（1965）提出，“产权是一个社会利用强制手段选择一种经济品使用的权利”，主要强调的是使用权，这种使用权的有效性取决于政府的力量、日常社会行动，以及通行的伦理道德行为规范等社会强制。菲吕博滕和佩杰威齐（1994）把产权定义为：“产权是指由于物品的存在及对这种物品的使用而引发的人与人之间相互认可的行为关系……这是用来确定每一个人对于稀缺物品使用时的一种经济和社会关系”，这里产权强调的是一种经济和社会权利。平乔维奇（1999）也认为产权是“一种人与人之间由于稀缺物品的存在而引起的相关的关系”。

根据新制度经济学理论的解释，集体林权制度改革是把集体林地经营权和林木所有权落实到农户，确立农民的经营主体地位，是将农村家庭承包经营制度从耕地向林地的拓展和延伸，是对农村土地经营制度的丰富和完善。产权的界定明确了权利主体的行为边界，确保了产权主体对林地使用权和林木所有权的享有，使其对未来产生稳定的期望，从而增强林地经营者的积极性。农户作为市场行为的主体，将产生追求更高期望收益的愿望。同时，产权明晰性建立了所有权、激励与经济行为的内在联系，产权通过对人的行为的影响来实现对绩效的影响，提高经济效益是产权影响行为的最终目的（罗必良，2013）。农户对林地经营权的追求，是以增加收入为基础，并综合考虑收益与成本的行为结果。也就是说，当农户收益增长的需求产生时，随着林地经营意愿的增强，农户将及时做出新的决策，调整自身生产行为。另外，林业具有明显的外部性，通过有效的产权安排可以将外部性较大程度的内部化，解决激励问题。改革明确了产权，将其进行合理分解，并转让给相应的个人或群体，既规范了林地流转，又降低了农民之间的交易成本。农户可以转让自己的林地和树木，借助不同产权组合，实现林业资源合理配置，最终达到增产、增效或降低成本的目的（丰雷等，2019）。

国内其他学者对产权也做了不同的解释，董国礼（2009）认为，产权是一组包括物品的所有权、使用权、处置权和收益权等的财产权利，他主张产权并不是指人与物之间的关系，而是指由物的存在及关于它们的使用所引起的人们之间相互认可的行为关系，强调的是行为关系，这与上述国外的学者观点一致。产权的安排规定人与人、人与物之间的行为规范，一旦不遵守这种行为规范，则需要承担不遵守这种关系的成本。周雪光（2005）认为产权包括一系列权利，主要是三个部分，一是资产使用的剩余决定权；二是资产所得收入的支配权；三是资产的转移权（周雪光，2005）。

产权理论在制度经济学中占有很重要的地位，学者们普遍认为明晰产权有助于降低机会主义行为，减少交易的不确定性，降低交易成本。科斯提出，如果产权被明确界定，并且所有的交易成本为零，则不论谁拥有产权资源的使用将完全一样。当然并不是所有的产权都是界定清晰的，结合我国的农地流转市场，由于我国土地产权的特殊性，罗必良（2017）提出可能存在与明确的产权结构目标不一致的情况。集体林权可以将所有权、林地承包经营权和林木进行流转，产权的明晰则可以减少在林地流转过程中的机会主义，降低流转交易不确定性，维护农户权益，促进整个林地产权交易市场的高效运行。本文正是基于这一理论，才提出从市场培育程度角度出发，研究对农户林地流转行为的影响。

1.3 文献回顾

1.3.1 林地经营效率

有效率的产权制度必为社会提供正面的激励，促进经济增长。在历经土地改革时期的分山到户、初级合作社的山林入社、人民公社的山林集体所有和集体经营、林业“三定”、家庭承包经营制向林业延伸等多个阶段的数次改革之后，林业仍然普遍存在着经营机制不灵活、利益分配不合理、农户林地投入不足、集体林地产出水平不高、林业生产效率偏低等问题（孔凡斌等，2013；徐晋涛等，2008）。在吸取历史经验和教训后，我国一直在寻求林业发展的突破口。2008 年《中共中央　国务院关于全面推进集体林权制度改革的意见》的出台，开启了新一轮以“明晰产权”为主要目标的集体林权制度改革，使广大林农成为林业财产权利的主体。在深化推进集体林业产权制度改革的最近10年里，集体林区林业资源和经济有明显改善，林区农民生活水平有所提升。从长远来看，集体林权制度改革所带来的林农增收“制度红利”，必将有赖于农户加大林地经营投入以及林地产出水平的提高，农户林地投入和林地产出水平最终决定着农户林业收入增长水平及潜力。集体林权制度改革后，林农成为集体林区最主要的林业经营主体，其林业投入产出水平和效率是衡量集体林权制度改革和整体发展水平的重要标志。因此，农户林业投入产出效率被众多学者视为集体林权制度绩效和农户林地经营水平的最重要、最核心内容，也是农民增收的核心问题（徐晋涛等，2008；张海鹏等，2009），通过对农户林业投入行为与产出水平的分析，厘清影响农户林地投入及效率的主要因素，这些研究对我国林地投入产出效率的提升有着重大的意义。鉴于此，本文对国内外近几十年有关中国林地投入产出效率的相关文献进行回顾、梳理和总结，最后对上述问题提出未来可能的研究方向，以期为开展深入研究奠定基础。

(1) 林地投入产出效率的测度

效率，指在给定投入和技术等条件下、最有效地使用资源以满足设定的愿望和需要的评价方式。也指在特定时间内，各种投入与产出之间的比率关系，包括生产效率和配置效率，分别是指生产或提供服务的平均成本和投入要素的最佳组合来生产出“最优的”产品数量组合。许多学者已对林地投入产出效率进行测算，当前学者们主要采用两种方法：一种是数据包络分析（DEA）非参数方法，另一种是随机前沿生产函数（SFA）参数方法、BC2 - DEA模型。针对全国及福建、江西、广东、湖南、广西、北京、辽宁等省作者作了大量研究，取得许多不一致的结论，综合起来主要有以下几种：

①1993—2012年期间，中国林地经营效率总体水平较高（田淑英等，2012），并处于增长状态（黄安胜等，2015）。其中，2006年林业整体效率水平较低（李春华等，2011），但相对美国，中国林地的土地利用效率和经济效率较低（邓永辉等，2013）。

②2004—2016年期间，福建省林业经营综合效率处于较低水平（杨仙艳等，2017；韩雅清等，2018），但以南平、龙岩、三明等地的农户数据表明大部分农户的经营水平相对较高（刘振滨等，2014），且联户和股份公司的经营水平均高于单户水平（李寒滇等，2018；申津羽等，2015）；也有作者认为福建省林业经营效率处于较高水平的（王季潇等，2017）、特别是毛竹林的经营

规模效率比较高（柯水发等，2016）。另外，辽宁省（柯水发等，2015；徐立峰等，2015）、湖南综合效率也呈现偏低水平，其中配置效率较低、规模不经济是拉低林地经营综合效率水平的重要因素。

③2000—2011年期间，江西（廖冰等，2014）、广东（赖作卿等，2008）、广西（韦敬楠等，2016）、北京（张颖等，2016）的综合效率较高，但江西省赣南农户的林地经营效率较低（廖文梅等，2014）。江西省农户林地经营的效率平均值比广东的效率平均值要高，广东农户的杉木经营效率较高、桉树较低，而江西农户的毛竹经营效率比杉木的经营效率要高（韦浩华等，2016）。

（2）林地投入产出效率的测度指标

全国各地林地经营效率测算的结果差异较大，除了研究时间、研究地点存在不同外，还有投入产出指标选择各有所指。对于林地投入产出效率指标的选取，大多数学者基于生产函数模型，把生产要素划分为劳动、土地、资金和技术等，从宏观数据分析看，劳动力要素投入普遍是采用林业系统从业人员人数、或在岗职工年均工资，土地要素投入采用森林面积（杨仙艳、邓思宇、刘伟平，2017）、或林地用地面积（赖作卿、张忠海，2008），资金要素投入指标有营林固定资产投资额（黄安胜等，2015；张颖等，2016）、或政府林业预算（李春华等，2011）、或林业年度投资完成额（王季潇、黎元生，2017）、或政府林业预算＋林业中间消耗（赖作卿、张忠海，2008）。产出指标则为林业产业总产值（廖冰、金志农，2014）、林业产业总产值＋林木绿化率＋造林面积（张颖等，2016）、或林业产业总产值＋林地改造面积＋林业增加值（李春华等，2011）、或林业第一产业产值＋森林蓄积量＋木材产量（黄安胜等，2015）、或林业产业总产值＋当年造林面积＋森林蓄积变化量（王季潇、黎元生，2017；赖作卿、张忠海，2008）、或林业产业总产值＋造林面积＋农民人均林业纯收入、或林业第一产业产值、造林面积和农民人均林业收入（田淑英、许文立，2012）。从宏观数据指标选择来看，资金要素和产出指标选择差异较大，产出指标有的研究仅考虑了林业产出的经济价值，而另外一些研究同时考虑林业产业的经济、生态价值和农民收入效应，这更符合林业产业特点。

基于微观数据分析的投入指标选择差异较大，如，劳动力要素投入采用家庭自投工数、或劳动天数（杨仙艳等，2017）、或自投工数＋雇工数（李寒滇等，2018；柯水发，陈章纯，2016；柯水发等，2015；徐立峰等，2015）；资金要素投入包括种苗费＋农药化肥使用费＋林地使用费（申津羽等，2015；韦浩华、高岚，2016）、或种苗费用＋农药费用＋化肥费用＋林地使用费＋工具费用＋其他费用（刘振滨等，2014；李寒滇等，2018）、或经营林业固定资产＋机械动力投资折旧＋林业生产经营费用支出（杨仙艳等，2017）、或包括种苗费用＋化肥农药费用＋机械或畜力支出＋税费等其他经营支出（柯水发等，2015）、或化肥费用＋农药费用＋种苗费用＋病虫害防治费用＋林木防火费用＋管护费用＋其他经营管理费用（廖文梅等，2014）等相关指标。产出指标则为农户用材林收入＋经济林收入＋竹笋收入＋净蓄积量×当年平均价（李寒滇等，2018）、毛竹林地面积＋杉木出材量＋毛竹收益（申津羽等，2015）、或笋竹经济林收入＋木材销售收入＋蓄积量增加值×年林木价格（刘振滨等，2014）、或林产品销售收入＋用材林蓄积量增量市场价值总和（许佳贤等，2015）、或经济林的直接收入＋间接收入（廖文梅等，2014）等指标。从微观数据来看，尽管众多研究的产出指标设置有一定的差异，但产出基本都是从农户收入类型角度来分解。

（3）林地投入产出效率的影响因素

土地细碎化程度。集体林权制度改革促进了产权经营主体多元化的实现，同时也进一步加剧了林地的细碎化程度（孔凡斌等，2014）。对土地细碎化问题研究较早，主要表现为农地细碎化研究，大部分学者认为农地细碎化对投入产出效率的影响是负面的，提高农业生产成本，带来了规模不经济，降低了农业产出水平和生产效率（王嫚嫚等，2017；卢华等，2016；黄祖辉等，2014）。主要表现为土地细碎化增加了农户的劳动投入、物质要素和农业生产机械费用投入（卢华等，2016）。也有持相反意见的研究，认为人多地少并存在大量农业剩余劳动力的特定条件下，农地细碎化对农业投入产出的影响是积极的，农地细碎化利于多样化生产经营，可以分散农业生产风险，充分利用劳动力资源，提高了物质投入效率（李功奎等，2006），从而与提高农民的总收入水平呈正相关的关系（许庆等，2008）。随着林业产权改革后，林地细碎化也开始引起众多学者的关注，中国集体林地细碎化程度已达到0.41，且空间分布由高到低依次顺序是浙江、江西、湖南、辽宁、四川、福建、广西和山东（孔凡斌、廖文梅，2013）。研究认为林地细碎化可以增加经营模式多样化、具有促进林地流转的积极作用（朱烈夫等，2017），同时也缩减了林业生产投入、降低了林业生产效率以及减少了林业产出和收入等，降低了农户投资林业的热情（孔凡斌等，2012）。主要表现为林地细碎化影响了农户对林地要素投入的积极性，如农户林业科技采纳（廖文梅等，2015），当林地细碎化程度与农户林地投入的关系曲线呈现N形，当处于0.22～0.51之间时，林地细碎化程度越大，农户林地投入显著下降，但当农户林地细碎化程度低于 0.22 或高于 0.51 时，农户投资林地的积极性则呈现相反的变化趋势。除竹材没有影响以外，农户林地细碎化程度对林地其他林产品产出构成负向影响（孔凡斌、廖文梅，2012；2014）。也有呈不同结论的研究，徐秀英认为竹林地细碎化对竹林生产技术效率的影响不显著，但降低了农户竹林生产的规模经济效应，也影响了竹林的产出（徐秀英等，2014）。

林地经营规模。林业产权改革之后，家庭经营成为中国集体林地经营的主要模式，林地经营出现了分散化、细碎化和小规模化的特点，此时，众多研究开始关注林地经营规模与林地投入产出效率的关系，主要有三个方面：一是正向关系。小规模家庭经营的组织化程度低，资源利用率低，融资困难，难以发挥林业拥有的规模经济效益（翟秋等，2013；侯一蕾等，2013），为了克服小规模林地投入产出效率低下的问题，林地经营特征逐步从细碎化、分散化向适度规模化、集中化方向转移（徐秀英等，2014），随着林地的规模变大，林地的投入成本递减，因此带来了效率的提高（李晓格等，2013；石丽芳等，2016）。二是负向关系。并不是林地规模越大，林地投入产出效率越高，随着地块规模的扩大，单位面积林地总投入总体上呈现出逐渐减少的趋势，由于农户林地经营不善，林地要素配置效率不高，同样会出现林地经营规模不经济，这是导致林农经营规模效率低下的主要原因（郑逸芳等，2011），也是拉低农户林地综合技术效率的主要原因（李桦等，2015）。三是倒 U 形关系。林地经营规模跟投入产出效率并不是简单的正向或者负向关系，而是存在一种倒 U 形曲线关系，而且林业生产要素配置效率还存在很大的提升空间（田杰等，2017），而且农户林地规模显著影响农户对林地投入，一般林地经营面积在 3.33～6.67 公顷之间的中等户（石丽芳、王波，2016）、竹林林地为 4～4.67 公顷（柯水发、陈章纯，2016）适度规模时，林地投入产出效率才能达到最优状态。四是两者无关。有一些学者提出林地规模与林地投入产出效率并没有必然的相关性，在不同的农户类型中都存在个体经营效率的差异，农户之间的林地规模差异只是确定林地经营中要素资源配置的初始格局，使得农户在整合吸纳其他资源要素的林地经营活动过程中形成不同的资源配置结构（石丽芳，2016）。

劳动力转移因素。林地经营是一种典型的劳动密集型的传统产业，劳动力作为林地经济产出及其增长的主要生产要素，其供应的有效性既能直接影响农户林地投入决策行为，进而又能影响农户林地产出效率。有学者认为农村劳动力外出务工减弱了农业生产的劳动力，但增加了农户收入中的非农份额，农户收入中非农份额的增加会显著降低农户在农业生产工具购买上的支出，对农业生产的资源配置产生不利影响，从而对农户农业产出带来负影响（盖庆恩等，2014）。从农业投入来看，家庭非农就业劳动力的比例是影响其农业投资的一个重要消极因素（刘承芳，2002），劳动力外出务工程度越高，农户对各类农业技术的需求越少（展进涛等，2009）。也有学者持不同观点，认为劳动力外出务工对农户农业产出带来正面的显著影响，外出务工的农民通过汇款流入的方式增加农民资本财富，新增的购买资本要素足以补偿或部分补偿劳动力流失对农业生产的消极作用，从而对农业生产产生积极作用（Taylor J E，2003）。同样也有研究表示，由于机械化因素，劳动力外出务工对农业产出没有影响（马忠东等，2004；张宗毅等，2014）。从现有的文献来看，关于劳动力转移对农业投入的影响问题并没有达成一致的观点，劳动力外出务工与农户对农业长期投入之间的关系很复杂，进一步的研究需考虑时间和环境变化对两者之间关系的影响。国内有关劳动力转移这一关键因素对农户林地投入产出影响研究刚刚开始，有研究表示劳动力转移程度对农户林地投入产出水平、林业生产效率都存在显著的负向影响（廖文梅等，2015；韩雅清等，2018），同时与林业产业产出的影响弹性呈现出完全相反的态势（臧良震等，2014），中国农村劳动力转移促使林业产业总产值不断提高，并且影响效应越来越大。这些与农村还存在“剩余劳动力”的推论相悖，许多研究进一步证实当前中国农业剩余劳动力的转移已基本完毕，“刘易斯拐点”已经到来（盖庆恩等，2014）。

产权制度与政策。从产权理论上来看，林权制度改革能够促进农户对土地进行投资，以林权作为抵押物使农户获取贷款和土地交易成为可能，安全土地权属导致增加对土地的投资，土地权属具有提高土地利用效率和扩大土地交易范围的激励作用。一些学者认为产权改革对林地经营投入产出效率产生正向影响：集体林业产权改革能通过提高林地资源配置效率促进林地规模经营效率水平的提高，同时通过减轻林业税费提高了林地流转价格，由此增长了农民林业收入（苏时鹏等，2012）。同时中国集体林权制度改革对农户投入的积极性也有正向影响（Yin R S，2013）；合理的产权安排是农户进行经营活动的基础，明晰的产权安排可以使农户合理地利用和经营林地（高立英，2007）；一个稳定的产权结构可以为农户提供一个稳定的预期，从而产生产权激励（张海鹏、徐晋涛，2009），农户通过各种产权交易安排可以实现林地的流转与重组，促使林地从规模较小的农户流转到规模较大的农户，改变经营规模，实现资源优化配置，在一定程度上提高林地投入产出效率（陈珂等，2008）。但是也有学者研究认为集体林权制度改革对林地全要素生产率是负向影响（郑风田等，2009；柯水发等，2018），林业产权改革仅仅是改变了权属结构、提高了林地细碎化程度，导致林地投入产出效率整体水平不高（石丽芳、王波，2016）。另外，采伐限额制度和林业政策的稳定性（谢彦明，2010）、退耕还林等政策影响农户林地的投入积极性。在制度因素方面，采伐限额制度、林业政策稳定性等也影响着林农投入（李桦等，2014）。

区位地理条件。区位地理条件作为影响农户林地投入和产出效率的重要因素，也引起学术界不少研究的探讨。一是地形因素。山地农田系统人工能量的转换效率随地块高程的增加而呈现降低态势，坡度与农田系统能量产投比之间呈现显著负相关，坡向、坡度和坡位等因素影响农田投入产出水平（李小建等，2004），并且不同地形区稻谷生产经济效益差异显著，地形条件会显著影响机械化投入（周晶等，2013），导致稻谷劳动力投入同样存在较大的差异（吴振华，2011）。同样，农户林地产出水平的高低受地形条件影响显著，山区和丘陵的林地产出水平明显高于平原地区，而山区的林地产出水平略高于丘陵地形。二是区位条件。也有少量的文献研究了区位地理条件（如林地地形地貌、立地条件以及区位经济条件）等因素对农户经营投入行为的影响（高立英，2007；杨绍丽等，2011）。不同立地条件、区域（南方和北方）对农户投入与产出带来不同的影响（谢屹等，2009），区位条件对农户投入产出的影响也具有显著差异性，农村经济发展水平、通达程度和人口聚集度对农户林地投入和产出水平影响显著（孔凡斌等，2014）。农户林地投入产出效率测算具有较大差异的原因除了指标选择不同以外，还有未考虑区域地理上的差异。

其他因素。林业生产是一个复杂的过程，除了以上因素可能对林地投入产出效率造成影响以外，学界比较一致地认为农户个体特征、社会政治资本、投入资金资本、制度因素及市场因素等对农户林地投入产出效率也有重要影响。一是市场因素。木材价格对农户造林行为具有显著的正向影响，而造林成本和利率对农户造林行为具有显著的负向影响（Zhang D，2001）。另外，收益分配比例、林业市场风险也会成为林农参与林业投资的不可忽视障碍（袁榕等，2012）。二是社会化服务。社会化服务水平的高低在一定意义上会影响农户投入产出水平。如中介服务、投融资服务（袁榕等，2012）、技术服务（冷小黑等，2011）等社会化服务条件也会影响农户投资林业的积极性，另外，是否参加林业合作社，是否参加林业培训对林地投入产出效率有正向影响（吴俊媛等，

2013）。三是投入资金资本。林业资金需求、资金来源渠道、资金获取的难易程度等因素影响农户林地投资强度和方向（陈珂等，2008），而资金投入量则受林地规模和立地条件的显著影响（黄安胜等，2008）。四是农户家庭特征。户主年龄、受教育程度（薛彩霞等，2014）、农户兼业程度（许佳贤等，2013；翟秋等，2013；冉陆荣等，2011）对林地经营投入产出效率都有显著影响。

（4）综合评述及展望

综上所述，在本研究的相关研究领域，国内外已取得了一定的成果，对于影响林地经营投入产出效率的因素研究提供了理论基础和得出了一些实践结论，本著作对已有的文献综述总结出几点结论以及不足之处，并提出了以后可以深入研究的方向。

一是从研究内容上看，学者们在关于林地经营效率的理论和计量评价方法方面已经进行了不少定量研究，选择农户林地投入产出指标，测量出我国林地经营效率的水平。由于农户林地投入产出指标选择存在差异，研究结论存在一些迥异之处，但众多研究认为目前我国大部分区域林地投入产出效率不高，要素配置效率不高，存在规模不经济等，缺乏探究林地投入产出效率低下背后更深层的原因，特别是产出指标仅用林业经济产出明显拉低了林地投入产出效率水平。另外，根据林业生产的特点，林地产出并不是农户同期林地投入的结果，根据不同的树种，林地产出可滞后林地投入 10 年或 20 年甚至更长时间，现有研究普遍采用同期的投入产出量，偏差了林业投入产出效率的结果；此外，林地较高的投入量在前 3 年最高，随着树木的成长，投入量呈逐年递减趋势，在不同林龄采集数据，计算林地投入产出效率偏差较大。影响林地经营效率的因素较多，大部分研究仅仅关注其中一个或两个影响因素，没有在统一的框架下来进行设计和比较研究。二是从研究样本区看，已有的研究都是针对某一省级区域样本下进行测度林地投入产出效率，并且重复研究较多，缺乏大样本区域微观尺度和全国层面宏观统计的比较分析。另外，林地经营效率的指标设置相对随意或缺乏统一标准，导致结果千差万别，使得相同时间测算同一区域，结果出现较大偏差。三是从研究方法上看，学者在农户投入产出水平研究方面取得了最新进展，计量分析方法大多利用数据包络分析（DEA）非参数方法，并取得了初步进展，但是这些方法相对简单和浅显，很难发现更深层次的问题。

因此，今后研究可能方向：一是考虑林业投入与产出不同期的特征，在研究过程中产出水平应该区分不同的树种及树种的轮伐期或收获期，使得林地产出更要接近林地投入的真实结果。二是尽量使投入产出指标在统一生产函数的框架下构建，保持指标设置科学性和一致性，使得研究结果具有可比较性。三是研究林地投入产出效率时加大样本区域微观尺度和全国宏观层面的研究，使得研究结果具有无偏性和全局性。四是效率研究除了传统的DEA方法以外，还可将传统DEA延展到三阶段DEA、或四阶段DEA，可以有效分离环境因素的影响。另外，测算投入产出效率还有方向距离函数（SBM）、随机前沿法（SFA）、自由分布法（DFA）、厚前沿分布法（TFA）等方法，每种方法各有优劣，可以根据问题需要进一步深入探索。

1.3.2 林地经营模式研究

林业属于大农业的范畴，同时林地也属于农地的重要组成部分。就我国现行的土地制度安排而言，农地与林地在经济属性和权力主体等方面具有很大的相似性。鉴于此，本研究首先对农地经营及农地经营模式等进行了相关的综述，以期对本研究提供借鉴意义，然后对林地经营、林地制度变迁、林地经营模式、林地经营模式选择的影响因素以及绩效进行综述。

（1）农地经营模式研究

国内外学者对农业经营制度、经营主体和经营规模开展了大量的理论和实证研究，其中很大一批研究成果集中在农地规模（farm size）上（Eastwood et al.，2010；Buera and Kaboski，2012；Adamopoulos and Restuccia，2014；张忠根、史清华，2001；梅建明，2002；李谷成等，2009；张忠明、钱文荣，2010）。党的十八届三中全会以来，政府出台了一系列政策以培育新型农业经营主体，发展新型的农业经营模式、实现规模经营成为中国实现农业现代化的必然选择（周应恒等，2015）。根据可获数据，全球大约有5.7亿个农场（farm），其中90%以上、约5亿多是家庭农场（farm），这再一次有力地证明了家庭经营是农业生产最为有效的方式（FAO，2011，2012，2013，2014）。除家庭农场以外，其他类型的农业经营模式也在不同国家得到了发展，例如美国的公司农场、欧洲国家涌现出的农业法人团体、日本和韩国的法人经营体等。众所周知，美国农业经营主体以大规模农场为主，近30年来，美国农场数量在200万个左右波动，变化并不大（Sumner，2014）。

在家庭联产承包责任制基础上，各地出现了新的农地经营模式，如大户经营、合作经营模式、股份合作制、公司经营模式、农地产业化经营模式等，学者们对其绩效进行了分析：家庭联产承包责任制在一定时期有效促进了经营效率的提高，使农户获得了努力的边际报酬率的全部份额，节约了监督费用，在最大程度上激励了劳动者积极性（林毅夫，1994），同时促使劳动力更为合理的分配与使用，把大批农村劳力从土地中解放出来，更为合理地配置农村劳动力资源。但是家庭联产承包责任制的法律归属模糊，使得农民应享受的收益权利也连带受损（钱忠好，2003）。家庭联产承包责任制已经不能完全适应生产力的发展，各地出现了新的农地经营模式：大户经营、合作经营。农业大户是家庭联产承包责任制的进一步发展，对推进农业土地适度规模经营具有重大意义（石晓平等，2013）。合作经营模式可以弥补农地经营中资本的稀缺，提高劳动生产率，实现农地的规模经营（于洋，2005）。为了应对新时代的要求，许多地方出现了农业公司经营模式。如“龙头企业合作组织农户”或“市场合作组织农户”的经营模式，可以引导和组织农民参与市场竞争，缓解农户分散经营与大市场的矛盾，提高农民企业化组织化程度，增加农民的收入（张笑寒，2009）。契约型“公司＋农户”具有广泛的适应性，认为其利益分配机制灵活多样，适应不同资源禀赋条件区域的不同选择，也可缓解产业化经营中的制度变迁需求和制度变迁供给之间的矛盾等（庄丽娟，2000）。非农收入占比成为农户选择农地经营模式的重要影响因素（高海秀等，2015）。

根据相关经济学原理，一定的生产力条件下，农地规模经营有一个最佳度，规模过小，会存在效率损失。规模过大，会导致粗放经营，产生土地浪费（郭庆海，2014）。我国农地的经营规模离目前具备的生产力水平所要求的最佳经营规模有较大差距，现在提高一个单位的农地经营规模会产生较高的单位面积纯收入（黄季焜等，2000）。但是也有人持相反观点，大量实证研究基本否定了这种乐观预期，如，Fleisher & Liu（1992）基于江西、江苏、吉林、河南和河北5省，许庆等（2011）基于中国农村居民问卷调查，上述实证结果基本否定了“规模报酬递增”的存在，甚至发现粮食生产中存在许多“规模报酬递减”的事实，即所谓“反向关系”的存在。但是还有学者认为在农地经营规模不断集中成为不可逆转的趋势下，仍陷于“规模报酬递增”还是“规模报酬递减”的争论已无太大意义，尊重农户自身意愿并借助市场力量实现农地经营规模的逐步集中是今后农地经营的趋势（倪国华、蔡昉，2015）。

（2）林地经营模式研究

林业经营模式。集体林业产权初始配置的三种模式为：国有经营模式、集体经营模式和分户经营模式；林业产权模式的再配置过程出现以下模式：家庭经营模式、合作经营模式、企业经营模式、托管经营模式、租地经营模式、转让经营模式，其中合作经营模式有：联户经营、合作社经营、股份合作经营、企业合作经营，则联户经营又可进一步分为：农民之间合作经营，企业或大户与农民合作经营（廖文梅等，2009；孔凡斌等，2013；张海鹏等，2009；张红霄、张敏新等，2007）。目前股份合作、承包、转让等模式逐渐发展为福建山林经营的重要模式（孙妍等，2006）。股份合作社经营、公司化经营、家庭林场、大户经营等是浙江的林地规模经营模式（姜雪梅等，2008），延续性林场、合作社经营、租赁经营、家庭经营、股份合作经营成为江西省较为常见的经营模式（孔凡斌等，2013）。而林业专业大户、家庭林场、林业专业合作社、林业龙头企业等新型农业经营主体随林权改革的深入不断发展壮大（柯水发等，2015）。学者们对不同林地经营模式的绩效进行了多方面的研究。分山到户可以促进林业的发展，随着分山到户后责任山和自留山上经济林的迅速增长，荒山面积也迅速减少（乔方彬等，1998）。联户经营有效地降低了交易次数，其优势在于成员多、信息广，这样在林产品以及林业生产资料市场上较容易以较低的成本寻找到适宜的交易对象，降低了外部交易费用和不确定性。但是相对于单户经营而言，联户经营自身存在较高的协调、运营等内部成本（孔凡斌等，2013；银小柯，2012）。股份合作模式能提高农民经营林地的积极性，提升林业生产力，保障森林资源的可持续经营，也使得具有专业技能的林业经营者拥有目标多样性的管理选择（Song，1997；逮红梅，2012），股份合作林场解决了农户单独发展之苦，解决了林地流转与林农再次失山的矛盾、村级增财与林农增收的矛盾（谢旺生，2008），但是存在收入分配不公平的问题，对收入效应的贡献显得不足，值得重视的是林业股份合作制对森林资源的培育和管护可能带来消极影响，同时这一制度在实际操作过程中并没有将经营权完整的给予农民这一权利主体，导致其收益权利缺失（孔明等，2000；刘伟平，2005）。“轮包制”不仅顺应了改革趋势，而且符合林地所有成员的法律属性，最终实现了林地初始分配时集体成员的公平分配，满足了林农对集体山林公平经营与收益的需求；它不仅能够实现森林资源的持续经营，而且有利于维护林地产权的稳定与安全（张红霄，2007）。

（3）林业经营模式选择的影响因素研究

林业经营模式的选择受到很多因素的影响，主要有以下几个方面：

①林地经营规模的影响。集体林权制度改革后，农户林地经营规模的大小关系着其收入的高低，并影响着森林经营效率。目前，对林地经营规模的研究才刚刚起步，研究成果主要为探索农户林地经营规模的影响因素等方

面，如，Chinzorig等（2013）从农户意愿出发，采用定量方法对结果进行分析。研究表明，家庭户均林地面积、家庭劳动力数量和农户的职业是影响农户期望的林地经营面积的重要因素。实现经营规模的途径呈现地区差异特点，如平原林区难以通过大规模的林地流转实现林地集中型的规模经营，不断涌现的林业专业合作社为实现林业规模化经营开辟了一条更为现实的道路（陆岐楠、展进涛，2015）。

林木具有生长周期长、投入林业生产劳动时间短等特点，在林地规模的主流认识中，普遍认为林地经营具有规模经济（Alchian，1972），正规化的林业属于规模化经营性质的产业（孔凡斌、杜丽，2008）。因此，林地面积较小、地块分散，则难以实现林业经营的规模效益（詹礼辉等，2016）。刘振滨（2016）利用DEA模型，对不同林业规模的经营效率进行测算分析，结果表明，小规模的林业经营效率不如中、大规模，这是因为小规模林业生产的技术水平相对较低所致。而农户作为一个理性经济人，追求收益最大化，其生产决策行为受到利润最大化动机的影响（Schutz TW，1964）。为了实现林业的规模效益，农户或许会根据林地面积、细碎化的程度进行林地经营模式的调整。

有些学者认为林地规模越大，农户越有可能选择单户经营。一方面，较多的林地块数往往意味着较大的林地面积，此时的林地经营行为比较容易开展，农户很大可能选择单独家庭经营；而拥有较少家庭林地的农户，更趋向于选择联户或股份经营。并且，林木质量越高的农户经营积极性越高，越倾向单户经营（申津羽等，2014）。另一方面，林地面积多，表明农户的自然资本丰富，更容易形成连片经营（韩利丹、李桦，2018），具有的规模效益也就越明显，减轻了林地细碎化造成的弊端，农户会更倾向于选择单户经营，以获取更多的收益（刘滨等，2017）。另一些学者认为当农户家庭林地面积较大时，更偏好于选择合作经营或集约化经营，从而减少时间成本和管理成本、分担单户经营带来的风险（吴静等，2013）；并且单户经营是林地面积较小的农户的最佳选择，既能够独立决策，又不会存在权责不清的问题，还可以根据自身的投入获得产出，收益分配明晰稳定（陈章纯、柯水发，2017）。

虽然学者们关于林地面积、林地块数对林地经营模式的影响没有达成一致，但通常认为，林地分散程度较高的农户更倾向于选择联户经营或合作经营，以降低成本和风险（沈屏等，2013）；林地细碎化程度越高，农户越倾向于选择联户经营，这也是农户应对林地细碎化的理性经营方式（谢芳婷等，2018）。受林业具有规模经济效益的影响，林地面积越大，农户越倾向于扩大投资。因此，不论选择哪种经营模式，林地总面积对农户经营模式的变动都有正向影响。也就是说，一方面，单户经营的农户可以通过承包、租赁等方式经营更多的林地面积，以获取更高的林业收益；另一方面，农户还可以选择联户经营以降低经营风险，而以上两种行为都会影响林地的经营模式。

②林业社会化服务的影响。Denis（2011）等指出，农户林业生产离不开政策的支持。集体林业产权制度改革作为林业政策变革的先驱，对农户的林业生产影响深远，与之配套的社会化服务也不容忽视。孔祥智（2009）认为农业社会化服务体系是指以家庭承包经营为基础，为农业生产的各个环节提供服务的各种机构和个人形成的网络。而林业社会化服务属于传统的第三产业范畴，是农业社会化服务体系中的一部分，其概念也经农业社会化服务的概念演变而来，一些国家称其为综合服务、林业支持服务或社会化林业服务等（王良桂等，2008）。国内一些学者将林业社会化服务称为林业综合服务，即由经济技术专业部门、农村合作组织和其他社会组织为林业生产提供的各项服务。林业社会化服务的内涵虽然在字面表述上不尽相同，但所传达的信息却是相同的，即林业社会化服务体系是指为促进林业发展达到更高水平而在产前、产中和产后提供的各种林业服务的总和（丁胜等，2003；吕杰等，2008；林琴琴等，2011）。

集体林业产权改革及其配套政策对农户林地经营模式产生了或多或少的影响。自改革以来，集体经营的林地面积明显减少（裘菊等，2007），各种产权模式增减互现，林地经营方式呈现多样化发展，主要包括家庭单户经营、联户经营、村小组经营、集体经营等方式（张海鹏等，2009）。农民对于集体林业产权制度改革相关政策是否理解（高岚等 2012）、林权证、承包租赁、采伐指标、林权抵押贷款等因素也影响着林地经营模式的选择（冯峻等，2014）。完备的林业社会化服务，特别是政策咨询服务、产品信息服务和技术教育培训服务，有利于提高农户的生产积极性，深化集体林业产权制度改革（王鼎等，2017）。农户在生产过程中对具体社会化服务项目已表现出强烈需求（廖文梅等，2014），如资金服务、技术服务（李宏印等，2010）。联户经营、转让、委托经营、合作经营、股份制等新型林业经营主体需要林业技术、价格信息及林业政策法规服务，需要单一类别的服务，例如林下种植业、养殖业等（赵娟娟，2013）；需要多元化的服务，例如由金融机构提供的贷款及其他服务（崔继红，2006）。出于对更加完备的林业社会化服务的需求，农户更倾向于选择参加合作组织（秦邦凯，2012），但是如果林业合作组织所提供的公共服务价格较高，农户参与林业合作组织的积极性将会降低（杨云，2018）。与此同时，资金缺乏、技术有效供给不足等问题的存在限制了林业的可持续发展，在一定程度上影响了农户对于林地经营模式的选择，应构建由政府、市场和社会共同参与的多元社会体系，促进林业生产和实现林业现代化（吴守蓉等，2016）。

③农户特征的影响。集体林业产权制度改革之后，明晰了集体林地产权，农户成为林业生产决策的主体，被赋予林地经营模式的选择权利，农户自身特征与行为能力、认知能力密切相关，探讨农户特征对于林地经营模式的影响显得尤为重要。已有文献主要从户主年龄、文化程度、家庭林业收入及家庭劳动力数量等方面对农户的林地经营模式选择行为进行分析。户主年龄越大，就越倾向于独立经营，户主越年轻，就越倾向于合伙经营（黄莉莉，2012）。这是因为年龄越大对林业的依赖程度越高，从事非林工作可能性相对较低，更倾向于单户经营，因而与参与股份经营的意愿呈现负相关关系（史冰清、钟真，2012）。也有研究认为户主年龄对农户林地经营模式并无影响（潘薇，2015）。户主受教育程度越高、对股份经营未来发展趋势的认可度越高，越倾向于选择股份经营（黄和亮等，2008），而张砚辉（2018）则认为文化水平较高的单户，通常会选择单户经营，主要是因为他们的观念中，将家庭视为抗市场风险能力较强的因素。陈时兴（2010）认为探究林业经营模式的选择行为时，除了考虑林业经营的特性和社会公平等影响因素外，还应考虑农户经营能力、收入水平等家庭结构因素。林业收入比例大的林农家庭，更愿意选择单户经营；家庭林业收入较高等条件下，农户更倾向于选择家庭单户经营模式，反之更倾向于选择股份合作经营模式（戴君华、李桦，2015）。增加农户家庭收入，特别是提高农户家庭林业收入，能够显著地增强农户森林经营的积极性（朱海霞、包庆丰，2018）。

④区位因素的影响。中国林业区域经济发展的大格局下，各省区的林业经济发展在资源禀赋、产业发展和区位条件等方面均呈现出较大差异性（陈丽荣，2011）。区位条件中，农村经济发展水平、通达程度和人口聚集度对农户林地经营水平影响显著（孔凡斌、廖文梅，2014）。家庭林地距最近公路距离对农户参与林地股份合作社的意愿有显著的正向影响（徐寒建，2015），距离越远，表明农户需要花费的时间、精力越多，在收益同等的情况下，农户对劳动力、资金的配置越倾向于其他产业。沈月琴等（2010）指出地域因素对农户的经营模式选择也有显著影响。产业化组织模式应结合地区发展水平的差异，因地制宜的发展，譬如“合作组织＋农户”模式适用于

欠发达地区，“公司＋大户＋农户”或“公司＋协会＋农户”模式适用于经济发达地区（陈军等，2007）。另外，林地经营模式也应根据森林的不同特点差别化选用，例如退耕还林还草后，生态林实行政府集中管理，经济林实行规模化经营（曾小舟，2002）。不同发展水平的地区提倡不同的产业化组织模式：经济不发达地区适宜“合作组织＋农户”模式，经济发达地区适合“公司＋大户＋农户”或“公司＋协会＋农户”模式（曾小舟，2001）。区位条件中，农村经济发展水平、通达程度和人口聚集度对农户林地投入和产出水平影响显著（孔凡斌等，2014）。

除上述以外，还有以下的影响因素：一是林地特征。森林的特点不同应采用不同的经营模式，即退耕还林还草后生态林应该采取政府集中经营模式，经济林采用专业规模经营模式。二是产权结构形式。林业经营的产权形式不同应采用不同的经营模式，同时建议国有林区应实行资产经营责任制，非国有林区应推行林业股份合作制（高岚等，2012）。三是劳动力情况。劳动力比例等影响村级产权制度的安排（孙妍，2008；吴静等，2013；戴君华、李桦，2015），劳动力转移程度对农户林地投入产出水平存在显著的负向影响，劳动力就地转移和异地转移对农户林地投入产出水平的影响程度存在差异，就地转移的负向影响程度高于劳动力异地转移（廖文梅等，2015）。四是社会资本。社会资本、替代性收入、土地产权的稳定性、村干部行为等均影响林地经营模式的选择（徐晋涛，2008）。五是政策因素。林权改革政策也是影响农户林地经营模式选择的重要因素（杨小军等，2015）。

1.3.3 林地经营行为研究

（1）林地流转行为

早期关于林地流转的研究，主要是围绕集体林权制度改革与农户林地流转展开，林地流转的政策前提是集体林权制度改革，集体林权制度改革明确提出要规范林地、林木流转，在依法、自愿、有偿的前提下，林地承包经营权人可以采取多种方式流转林地经营权和林木所有权。林权制度改革使得林业产权主体更加清晰，且林权的产权主体更加分散，一定程度上为林权流转奠定了稳定的制度基础（孔凡斌等，2008），同时产权制度变革赋予农户家庭经营承包权，农户对林地产权处置的自主决策能力得到提升，强化了农户经营林地资源的产权强度和禀赋效应（高岚等，2018），使农户更倾向于选择可持续性的林地经营方式（孙妍等，2011；俞海，2003），对土地而言，产权的不完整性和不稳定性将会导致资源的退化（Otsuka et al.，2001）。因此集体林权制度改革为林地流转提供了稳定的制度基础，有利于促进林业的可持续发展。

林业政策制度，始终是以经济效益为导向，目的在于提高林农收入，对于林地流转的经济效益，许多学者也进行了丰富的研究。一方面，林地流转在促进农民增收成效方面是显著的（张海鹏等，2009），另一方面，林权流转有利于促进林地经营效率的提高，实现林业资源的有效配置，提升林业产业的生产水平（聂影，2010），有利于提升林地资源的科技进步成果利用率，提高林业经营中的资本利用率，从而使得劳动生产率和经营效益得到提升（祝海波，2006），并可以通过林地使用权流转或者林地承包权流转实现林地的适度规模经营。

对于我国林地流转问题的研究，学者重点关注林地流转影响因素分析。我国土地流转率偏低，因为土地人格化财产特征的强化，抑制了农户进行林地流转（罗必良，2014）。每个家庭的资源禀赋差异，对家庭决策也产生影响，其中包含户主基本特征、家庭的劳动力数量（徐秀英等，2010）、家庭收入结构（孔凡斌等，2011）、农户的非农就业（张寒等，2018）、林地资源禀赋（李尚蒲等，2012）等因素对农户的林地流转行为有显著影响。一般来说农户的年龄越小，受教育程度也越高，接受新生事物的能力和适应能力较强，那么发展新型林业经营的愿望就越大，因而对林地流转意愿也越大（张文秀等，2005）；非农林收入占比高的农户，其林地转出行为明显高于其他收入结构的农户，而其林地转入行为却低于其他收入结构的农户；家庭劳动力数量越多，转入行为增加，转出行为减少（孔凡斌等，2011）；非农就业对林地转入存在显著的抑制作用，对林地转出未产生显著影响（张寒等，2018）；林地细碎化程度越高，会显著增加流转难度（李尚蒲等，2012）。在制度约束方面，政府的林业扶持政策、林权证、林权纠纷和采伐指标等对林地转入具有显著影响，获得林业扶持政策的农户更愿意转入林地经营，林业产权的稳定影响农户心理预期，从而影响农户的林地流转行为，农户发生林权纠纷则不利于农户进行林地流转行为，同时获得采伐指标更容易的农户更加倾向于转入林地（许凯等，2015）。学者还研究了影响林地流转的其他因素，农户的流转行为也受到产权交易市场的影响，如果某地区服务中介机构的数量有限，农户获取的林地产权交易信息有限，因而影响农户林地流转率（吕杰，2011）。综上来看，学者已经从制度层面及影响因素等方面对林地流转开展了许多研究，其中关于家庭资源禀赋差异与产权市场对林地流转行为的影响等为本文提供了研究基础。

（2）林地流转市场的培育行为

集体林权制度改革推行后，经营权的灵活转让，使得林业产权交易市场逐步建立起来，林地作为一种自然资源，开始被引入市场机制。从制度经济学的角度来看，林地使用权的不稳定会阻碍流转市场的发育（Dong，1996），最初的流转交易市场或者平台主要是在林业部门的具体指导下，并给予适当的财政补贴下的市场运作（肖化顺，2009），明晰的产权关系有利于我国逐步建立发育林地流转市场。林地流转市场应该包括林地流转管理、森林资源资产评估、经济仲裁等机构（孔凡斌等，2008），与其他的亚洲国家相比，我国的制度环境创造了有效的土地租赁市场，而土地租赁市场的建设可以降低土地转让的交易成本（Huang，2016），对于要素市场建设而言，林地交易市场则是不完全的要素市场，因为所有权是归集体所有，承包权由村民垄断，经营权受管制的合约安排，因此流转市场的发育主要体现在土地使用权的交易市场上（罗必良，2017）。但集体林权制度改革推行后，我国的林地流转市场仍处于初步阶段，市场建设不健全（樊喜斌，2006），林地流转呈现弱市场化特征（陈念东等，2012），对于这一现象的解释：第一是由于在林地流转过程中产生的信息成本、契约成本、履约监督成本、违约追偿成本使得林地产权交易的交易成本过高；第二则是由于政府职能部门缺位，职能定位不清，并且存在相互的利益关系，不能充当林权流转市场主体间的公正执法者和有力协调者（邵权熙等，2007），部分村集体也存在在林权流转过程中干预农户交易，以试图瓜分利益的现象（翟洪波，2015）；第三是产权交易中介组织的缺位，我国现今还未形成一批成熟的林地产权交易中介组织，缺少大批量的小规模农户组织者，因此不能完成转入者与转出者之间的对接，制约了林地产权交易市场的发育（翟洪波，2015）。针对林地流转市场发育缓慢的现象，学者们普遍提出首先要从制度方面要进一步完善林权制度建设，加强对林地使用权流转的规范化管理，规范流转合同制度并制定规范的林权流转与纠纷处理程序（孔凡斌，2008）；其次要培育完善林权交易市场建设，加强林权流转中介服务建设，实施有效的监督机制，用由农民牵头的土地合作社或中介组织替代村集体作为连接供给方与需求方的纽带（翟洪波，2015）。

（3）服务市场的培育研究

服务规模经营作为实现林业规模经营的另外一条路径，主要依靠为农户提供社会化服务从而实现专业化分工（罗必良，2017）。一般指服务组织通过市场和互助合作的方式，为家庭经营提供各种产前产中产后服务（罗必良，

2017)，并且服务市场是相对于生产来说的，消费品从设计、组织生产到产品的物质形态，并最终进入消费领域，其间要经历许多个生产和流通环节，马克思称之为社会生产总过程。这个总过程中的一部分环节被称作生产，另一部分环节被称作服务（龚广道，2000）。大多数学者认为相比依靠土地流转的规模经营，通过产权细分达到农业服务规模经营，能够显著提升农业经营效益（胡新艳，2016）。林业社会化服务体系成为我国新型农业社会化服务体系建设的重要组成部分（廖文梅等，2016），但当前我国的服务市场发育并不完善，其服务功能、目标、组织结构方面还需要进一步提升（孔祥智等，2010）。基于微观层面，许多学者对社会化服务需求行为研究发现，农户对林业社会化服务的需求呈现一种多样化的趋势，但相比于需求，社会化服务的供给模式相对较单一，难以满足广泛的农户需求，且大多数林业社会化服务仍主要由政府部门提供，造成服务过程具有非竞争性和排他性（孔凡斌，2016），且农户对社会化服务中的技术服务、种苗服务和市场信息服务的需求比较高（程云行，2012）；对农户对社会化服务需求影响因素的研究也较多，学者们普遍认为户主特征和家庭收入特征以及区位因素对农户的社会化服务的需求产生显著影响（孔祥智，2009；程云行，2012）；当前我国存在林业社会化服务供求不平衡的情况（王瑜，2007），提高林业社会化服务的有效供给水平有助于激发农户的林业社会化服务需求意愿（廖文梅等，2016），针对如何完善林业服务市场，建议主要有以下几点：一是创造良好的政策、法律和制度环境，政府履行好在社会化服务中的职责（程云行，2012）；二是要促进林业社会化服务的专业化、市场化、规模化，形成林业生产小规模、服务经营大规模的经营模式，在一定程度上可以克服由于林地细碎化、兼业化导致的生产成本高、产品市场弱化等障碍（孔凡斌，2018）；三是服务内容应该符合农民需求，以林农为中心，针对不同的农户需求，采取不同的林业社会化服务推广策略，以提高林业社会化服务工作的有效性（孔祥智，2010；宋璇，2016）。

此外，影响规模经营行为的因素也较多，主要有以下几个方面：一是产权制度和市场因素。产权制度和市场因素对农户造林投入行为具有正向的影响（Zhang and Pearse，1996；Zhang and Owiredu，2007；Yin，2012；Y Xie and Y Wen et al.，2013）。如中国的集体林权制度改革提高了农户投入的积极性（Yin，2013），在市场因素的作用下，木材价格对农户造林行为具有显著的正向影响，而造林成本、利率和税收对农户造林行为具有显著的负向影响（Zhang and Flick，2001）。不仅如此，农产品价格影响农户造林积极性

(Korhonen，2012)。二是产权主体。林地产权主体的差异也会影响造林积极性（Sun and Zhang et al.，2015；Zhang and Sun et al.，2015)。三是政策因素和技术援助。政策因素与技术援助有时能成为影响农户造林行为的重要因素(Li and Zhang，2005)。四是社会人口特征。如户主的特征（如：年龄、性别、教育等）水平都成为影响造林行为不可忽视的因素（Mercer and Pattanayak，2003)

(4) 文献评述与启示

从文献梳理来看，许多学者已经在集体林权制度改革背景下，对林地流转以及我国农业服务市场环境方面开展了研究，为本研究奠定了重要基础。从研究视角和研究内容来看，以往的研究聚焦于微观主体农户角度，主要研究林地流转的内涵和外延、流转现状、流转效应和行为影响因素，对于市场培育的研究主要涵盖的是服务市场与产权交易市场的存在逻辑，农户对社会化服务需求等。已有的文献大多是从某一方面或者两方面研究市场培育程度或者林地流转，关于市场培育程度与林地流转之间的影响机理关系并未做深入的探讨。

国外对林地经营的研究较多，侧重点主要在林业经营规模、林地经营模式和农民行为等方面，这些理论研究起步较早，研究成果比较丰富，为我国林地经营模式和经营理念的发展提供了参考，同时也为本研究奠定了良好基础。就研究内容来看，国内学者对于农户林地经营行为的研究大多集中于林地经营模式的分类、林地是否流转及其影响因素、农户生产投入规模及其产出效率上，也有学者从集体林业产权制度改革的角度，分析了改革前后林地经营模式变化的影响因素，但是缺少对改革后林地经营新模式及其影响因素的研究。就研究对象而言，主要集中在研究农户的意愿方面，在研究农户行为方面不足。本研究以“理性小农”为逻辑起点，从农户选择林地规模经营的行为角度，探讨农户选择林地经营行为的背后选择机理，试图发现我国林业发展存在的问题，并提出相应的对策，从而提高林地经营水平，促进林业经济发展。

第 2 章 林业规模经营现状及政策演变

2.1 林地规模经营的现状

2.1.1 林地细碎化的现状

随着 20 世纪 80 年代初的集体林区“林业三定”政策的推行，我国集体林地制度由集体所有、集体统一经营变为集体所有、农户家庭承包经营，即单个农户的林地经营取代了生产队集体统一经营，使得我国集体林地划分细碎、使用分散。这一现象的出现是由于当时的林地平均分配机制，即按照农户家庭的人口（或劳动力）、林地的质量、地块离家的远近等将林地分配给农户家庭。林业部统计表明，到 1984 年，南方集体林区 9 个省（不包括海南省）约 90%的集体林地户均 0.43 公顷，人均 0.04 公顷。其中“二户一体”（林业专业户、重点户和林业联合体）经营发展到 400 多万户（陆文明，2002）。狄升（1994）认为，“三定”其实就是把集体林地的经营权管理权由集中向农户家庭分散的过程。2003 年集体林权制度改革政策的推行，将保留的集体统一经营林地进一步均山到户，使得集体林地空间分散化、细碎化程度进一步加深。2008 年 6 月，中共中央、国务院发布《关于全面推进集体林权制度改革的意见》，明确提出要确立农民作为林地承包经营权人的主体地位。截至 2009 年底，全国已确权林地面积超过 1 亿公顷，占集体林地的 59.4%，发证面积约 0.8 亿公顷，占已确权面积的 75%（贾治邦，2009）。林权制度改革促进了产权经营主体多元化的实现，也进一步加快了林地细碎化进程（孔凡斌，2008）。

在理论界，很多学者关注土地细碎化问题，尤其是农地细碎化问题的影响与效应，国内大量实证研究表明，中国农地细碎化有其存在的合理性，农户所拥有的地块数与农民的总收入呈正相关的关系（许庆等，2007），的确缩小了农民收入不平等的程度（许庆等，2008），分散了农户生产投入的风险，增加了农业投入总量（吴洋等，2008），在人多地少并存在大量农村剩余劳动力的特定条件下，农地细碎化的存在有利于农户进行多元化种植，合理配置并充分利用农村劳动力，以维持或增加农户的种植业净收入（李功奎等，2006）。但另外也有研究表明，农地细碎化提高了使用机械的物质费用成本，降低了粮食生产的劳动生产率、土地生产率和成本产值率（王秀清等，2002），降低了农产品的产出水平以及存在土地有效面积的浪费等情况。同样，自20世纪90年代以来，有关林地细碎化及对林业生产经营影响的争论一直没有停止过。很多学者从规模经济的角度，对林地细碎化及分户经营模式提出了质疑，认为林权分散后的林地细碎化对林地投入和产出均会产生消极影响，依此提出各种农户联合经营林地的模式构想（Song et al.，1997；李智勇等，2001；王登举，2009；李近如等，2003；刘宝素，2000；曾华锋等，2009）。罗立平等（1999）以四川和广东等地的例子说明分户经营在经济效益上的缺陷。但也有的学者持反对意见。例如，高立英（2007）认为，分散经营条件下，林农必然加大劳动和资本的投入量，提高林地利用和产出水平，进而提高林产品产量，分户经营给林农带来的经营热情有可能使得净效益更高。由此可见，林地细碎化对农户林地投入和产出水平的影响程度和作用方向尚不明确。众多的争议，无助于政府和学界对林地分户经营政策选择价值取向的正确判断。同时，由于林地投入产出之间的关系远不像经营耕地那样直接有效，林木经营周期长，林地投入产出效率往往存在十分明显的时间滞后性，加上林地产出效率在很大程度上受制于自然力的影响，依据“投入-产出”法定量求证林地细碎化条件下的投入产出效率，以验证分散经营模式的经济合理性研究就变得相当困难。相对于农地细碎化问题研究而言，国内有关林地细碎化问题研究进展缓慢，成果积累很少，诸如林地细碎化定量评价方法、基于大样本的林地细碎化程度定量评价、细碎化条件下的农户投入以及林地产出水平实证等基础问题的研究也都显得十分薄弱。针对这一情况，本研究运用2009—2010年对江西省8个县602户农户的调查数据，对集体林分权条件下的林地细碎化程度作初步的分析，了解中国林地细碎化的现状，同时为林地细碎化问题或规模化经营相关研究提供可供参考的思路和方法。

（1）调查样本选择和调查内容

数据来源于2009—2011年3年对江西省8个样本县的实地调研，8个样本县分布在江西省3种不同的地形地貌类型：平原区、丘陵区和山区。平原区的样本点有：南昌的安义县、上饶的鄱阳县；丘陵区的样本点有：吉安的遂川县、九江的武宁、抚州的乐安；山区的样本点有：宜春的铜鼓、赣州的崇义和信丰。

采用农户问卷调查方法，调查对象为普通农户家庭，不包括林业经营大户。发放问卷650个，剔除不完整的问卷，最后整理有效问卷602份，有效问卷率92.6%。获取的农户家庭信息包括：林地类型、林地地块数量、林地距离主干道路的距离、林地面积、林分种类（分为用材林、经济林和竹林）、林地所处地形地貌特征、家庭收入及来源结构、林业收入、林地投入（包含物料投入、劳动力投入和资金投入）、林地产出（包括木材产量、经济林产量、竹子产量）、主要林产品销售价格、主要林业生产资料价格、劳动力价格。

（2）林地细碎化定义及定量衡量方法

林地细碎化定义。参照目前国内比较成熟的农地细碎化定义，将林地细碎化定义为：是指一个农户不得不经营一块以上的林地，而且这些林地中的多数地块面积较小且相互不连接。其中，多块林地互不连接且面积较小是形成林地细碎化的两个必要条件。本文对互不连接的含义更着重从经济学层面上分析，即更强调一种人为分割，也就是说这些地块虽然不相邻，可以通过农户间的相互交换而实现合并或者连接，但是由于人为分割的原因无法合并。同时，本文对于地块的“小”也主要是从经济学的角度进行考虑，更多的是强调一种“规模经济”（Zhang et al.，1997；Wadud A.，White B.，2000）。

作为本文研究对象的“林地细碎化”更多的是从经济学层面上考虑，除了“多块林地互不连接且面积较小”这两个必要条件外，还应该同时具备以下两个特征：①地块平均面积过小以至于存在未实现的地块规模经济；②地块的分割与地形无关，并且可以通过交换实现合并。

林地细碎化的衡量方法。有关对土地细碎化程度的衡量，目前学术界主要有两种观点：一种是用比较简单的单项指标，即单纯用地块数量和地块的面积大小来衡量土地细碎化的程度（Binns，1950）；另一种方法是建立相对复杂的指标体系来衡量土地细碎化程度，例如，King等（1982）运用了包括农场面积、地块数量、地块面积、地块形状、地块的空间分布以及地块的粒度分布6项指标，并构建S指数、J指数、I指数，以此综合衡量土地细碎化程度。3个指数的表达式分别如下：

$$S=1-\frac{\sum_{i=1}^{n}\alpha_i^2}{(\sum_{i=1}^{n}\alpha_i)^2} \quad J=\frac{\sqrt{\sum_{i=1}^{n}\alpha_i}}{\sum_{i=1}^{n}\sqrt{\alpha_i}} \quad I=\frac{(\sum_{i=1}^{n}\alpha_i)/n}{100}\times\sum w \tag{2-1}$$

式（2-1）中，n 指农户拥有的地块数量，α_i 指每一地块的面积，w 指地块间的距离或家到每一地块的距离。

S 值与 J 值均介于 0～1 之间；S 值越大，则土地细碎化程度越高；与 S 值相反，J 值越小，则土地细碎化程度越高。J 值和 I 值都是运用了地块的数量与地块的面积，但却无法从最后的细碎化程度中得出到底是地块的数量还是地块的面积所产生的影响。为此，本文将用 S 指数作为对林地细碎化程度衡量的一个重要补充。

（3）集体林地细碎化程度及其变化描述

以林地地块数量衡量的林地细碎化程度。表 2-1 是对江西省 8 个县 602 户农户调查统计结果，该表显示了各县集体林权制度改革前后农户水平的林地地块数量及其变动率情况，8 个县户均林地地块数量增加了 0.36 块。

表 2-1　集体林权制度改革前后农户林地地块数量变动情况

单位：块

地块数	崇义	信丰	铜鼓	武宁	鄱阳	遂川	乐安	安义	户均
林改前	7.25	5.53	4.33	4.64	2.32	3.5	3.4	3.24	4.28
林改后	7.66	5.74	4.58	5.52	3.06	3.53	3.68	3.34	4.63
变化	0.41	0.21	0.25	0.88	0.74	0.03	0.28	0.10	0.36
变化率（%）	6	4	6	19	32	1	8	3	8.38

从表 2-1 中 8 个县林改前后农户林地地块数量变化情况看，农户林地地块数量平均增加了 8.38%，8 个县农户林地地块数量最大增幅为典型平原县鄱阳县（32%），其次是武宁县（19%），其他 6 个县的增幅均小于 10%，增幅最小的为遂川县（1%）。这说明，在江西集体林区，林地细碎化问题本来就一直存在，“林业三定”时期已经将集体林地经营权分给了农户家庭，在林权制度改革之前，林地细碎化过程基本完成，集体林权制度改革后，林地细碎化得到了进一步加强，但是强度增量并不算大。表 2-2 数据进一步显示：有 30.6%的农户经营着 1～2 块的林地，28.1%的农户拥有 3～4 块林地，16.2%

的农户拥有5～6块林地，16.6%的农户拥有7～10块林地，其中拥有10～20块林地的农户还有8.5%，平均每个农户拥有4.63块林地（表2-1）。从各县统计数据来看，户均地块数最多的是山区县，处于平原和低丘地带的县户均地块数量相对较少，以林地地块数量表示的林地细碎化程度相对降低。出现这一现象的原因：鄱阳湖滨湖平原和吉湖盆地低丘地区的平缓地貌对林地自然切割强度弱，致使处于这些地带的农户林地自然细碎化程度低，而位于山区和深山区的农户林地则呈现相反的变化趋势。

表2-2　不同林地经营规模农户的分布情况

类型	经营林地地块数量					
农户	1～2	3～4	5～6	7～10	> 10	合计
数量（户）	184	169	98	100	51	602
比率（%）	30.6	28.1	16.2	16.6	8.5	100

以林地地块面积衡量的林地细碎化程度。表2-3统计数据显示，山区崇义县户均和块均林地面积均保持最高水平，户均面积7.858公顷（117.87亩），块均面积2.092公顷（31.38亩），其次是铜鼓、遂川和信丰县，安义和鄱阳两县林地地块数量则处于最低水平，鄱阳和乐安两县块均面积则处于最低水平。最大面积超过13公顷的地块出现在崇义、铜鼓、信丰和遂川等山区县，乐安、鄱阳和安义3个平原和低丘县地块面积整体偏小，但是最小地块面积分布与地形地貌之间并不呈现明显的规律性。从农户经营规模大小分组情况看，经营林地面积在（1.33～3.33公顷）之间的农户占54.54%，而经营规模特小（不足0.07公顷）的比例很小，仅占7.85%（表2-4）。这说明分户经营后，农户拥有的林地面积已经具备了一定的数量规模，块均面积也已经保持在一定的水平，与农地相比，农户家庭水平的林地面积细碎化程度并没有出现十分严重的情况。

表2-3　各样本县农户林地地块情况

单位：公顷

县	户均面积	块均面积	最大块面积	最小块面积
崇义	7.858	2.092	66.67	0.013
信丰	4.976	1.269	13.78	0.133
铜鼓	6.922	1.295	20.00	0.004

（续）

县	户均面积	块均面积	最大块面积	最小块面积
武宁	2.848	0.855	10.07	0.003
鄱阳	1.289	0.125	6.07	0.033
遂川	5.040	0.876	13.33	0.107
乐安	1.621	0.153	1.33	0.033
安义	0.698	0.208	2.40	0.013

表 2-4　不同规模的农户林地地块分布情况

地块面积（公顷）	＜0.07	1.33～2.66	2.66～3.33	3.33～4	4～6.67	＞6.67
块均百分比（%）	13.73	61.54	13.46	4.4	3.3	3.57
户均百分比（%）	7.85	40.9	13.64	7.85	11.16	18.6

以林地地块离道路距离衡量林地细碎化程度。一般观点认为，农户经营地块距离道路的远近会影响林业劳动生产效率，从道路到地块之间步行所花费的劳动时间，不仅消耗了劳动力成本，而且造成了生产设备的闲置，使得林业生产效率进一步降低。调查中发现，地块距离道路直线距离最远达 12 千米，从地块到道路的距离分布来看，距离远于 5 000 米的地块占 6.3%，距离在 100 米以内的占 2.6%，距离在 500～2 000 米之间的地块最多，占到 40.9%，4 000～5 000 米之间的为 4.3%（表 2-5）。

表 2-5　农户经营地块距离道路的距离分布情况

距离（米）	＜100	100～500	500～1 000	1 000～2 000	2 000～3 000	3 000～4 000	4 000～5 000	＞5 000
百分比（%）	2.6	8.7	21.1	29.7	15.5	11.8	4.3	6.3

以 S 指数衡量的林地细碎化程度。为了更加直观地描述林地细碎化程度，本文在林地经营地块数、地块面积以及距离这 3 个指标描述的基础上增加 S 指数的测量。表 2-6 数据显示，江西省样本县平均林地细碎化程度达到 0.55。在调查的 8 个县中，S 指数最高的是铜鼓县和安义，其次是乐安、武宁、信丰，最低的是崇义县。从地貌特征看，8 个县林地细碎化程度与地貌特征之间未出现明显的关联性，山区县农户林地地块 S 指数表示的细碎化程度并不明显地高于平原和丘陵县。

表2-6　全省及各县农户林地细碎化程度（S指数）

县（市）	全省	山区			丘陵区			平原区	
		崇义	信丰	铜鼓	武宁	乐安	遂川	鄱阳	安义
S指数	0.55	0.43	0.54	0.66	0.54	0.61	0.52	0.62	0.64

2.1.2　林业规模化经营的现状

2016年中央1号文件指出："坚持以农户家庭经营为基础，支持新型农业经营主体和新型农业服务主体成为建设现代农业的骨干力量，充分发挥多种形式适度规模经营在农业机械和科技成果应用、绿色发展、市场开拓等方面的引领功能。"说明了在农业现代化进程中，多种形式规模经营的重要意义。所谓"多种形式"，主要包括原经济发展水平较高的村集体没有把土地承包到户而形成的规模经营、农业产业化龙头企业大规模流转土地形成的规模经营、新型农业经营主体通过流转土地形成的规模经营、新型农业服务主体通过社会化服务而形成的规模经营等，所谓"适度规模经营"主要指后两种类型，前者可以简称为"土地规模化"，后者可以简称为"服务规模化"。

土地规模化即通过土地适当集中而形成的规模化。自2008年召开的中共十七届三中全会以来，农村土地流转比例逐年递增，各类新型农业经营主体也开始形成并逐渐成熟，主要包括专业大户、家庭农场、农民合作社和农业企业。这里的"农业企业"指工商资本和农民自办的企业，当然也包括部分农业产业化龙头企业，它们以农产品生产和服务（如种苗供给）为主要经营内容，土地流转规模不大，从而有别于大规模流转土地的农业产业化龙头企业。截止到2015年6月底，全国家庭承包经营耕地流转面积4.3亿亩，占32.3%；转包和出租占80.4%；转出农户6 542.1万户，占家庭承包农户总数的28.4%。在此基础上形成的经营面积在50亩以上的专业大户超过341万户，家庭农场超过87万家，依法登记的农民合作社140万家，龙头企业超过12万家。这些新型经营主体的土地利用效率明显高于小规模农户，是商品农产品供给的主体、新技术采纳的主体，也是农业现代化的主体。

428万家专业大户和家庭农场在2亿个农户总体中占比很低，意味着当前仍有2/3的土地由分散的小农户在耕作。小规模农户是中国农业现代化的重要组成部分，不断增长的人口数量与固定不变的土地资源的现实条件决定了需要不断提高土地资源的生产效率。如何提高小规模农户的土地生产效率，如何衔接农户的小规模与大市场，农业社会化服务发挥着重要作用，为小规模农户提供生产、销售等全方位服务，通过服务把小规模农户纳入现代农业的轨道，是中国特色农业现代化的核心。因此，各种各样社会化服务的主体孕育而生并逐渐发育成熟，共同构成了新型农业社会化服务体系。这些主体有农民专业合作社、专业服务公司、专业技术协会、农民经纪人、龙头企业，在改革中不断强化为农服务的供销合作社系统。通过社会化服务，使得小规模农户在不流转土地经营权的前提下实现土地经营的规模化，即服务规模化，比较成熟的是山东等地供销合作社正在着力推行的土地托管。

所谓土地托管，指外出务工的农民把全部或部分农业生产环节委托给新型农业服务主体，后者收取一定费用并保证劳动质量的农业社会化服务形式。在山东省，承接土地托管的新型农业服务主体主要是由基层供销社、村“两委”、农民专业合作社、农业企业、农村信用社等联合组成的“为农服务中心”，这样的“中心”把供销社的服务优势、村“两委”的组织优势、合作社和企业的经营优势、信用社的资金优势有机联合在一起，购置各种农业机械，共同开展农业社会化服务，实现多方共赢。土地托管分“全托管”和“半托管”两种方式，前者类似于土地流转，也可以由“为农服务中心”以入股的方式参与家庭农场、农民专业合作社的经营活动；后者是一种“菜单式”托管，围绕代耕代种、统一浇水和病虫害防治、统一收获等环节提供社会化服务，服务中心根据不同的服务收取相应费用。

从山东省的实践看，土地托管对小规模农户和专业大户、家庭农场等新型经营主体都是有效的。通过实施土地托管，粮食作物每亩可增产20%～30%，增效600～800元，经济作物可增效千元以上。土地托管主要是兼顾了一批不愿意流转土地同时种地积极性又不高的农民实现规模化经营的一条途径，在农民大量外出打工和新型经营主体大量出现的新形势下应运而生的一种农业社会化服务形式。当然，这里的“为农服务中心”也是一种新型农业经营主体。

2003年以来，我国各地陆续启动新一轮以“明晰产权、承包到户”为主要内容的集体林业产权制度改革，将集体林地经营权下放给农户家庭，落实处置权、收益权，规范流转，盘活了森林资产，但一定程度上造成每个农户拥有多块林地，每块林地面积大小不一，分布不连片，林地进一步细碎化。为此，近年来中央一直强调要促进林业规模化，推进林业适度规模经营。

2016年中央1号文件再次明确提出要完善集体林权制度，引导林权规范有序流转，截至2016年底，全国集体林地流转面积达2.83亿亩，占家庭承包林地的14.5%。林地年租金由林改前的每亩1～2元，提高到现在的约20元。全国新型林业经营主体达18.4万个，经营林地3.6亿亩。集体林地年产出率由林改前的每亩84元，提高到现在的约300元。南方林业产权制度改革助推了林业规模经营，提高了林业经营效率，促进了林业产业快速发展，有效拓宽了就业渠道。2016年，全国林下经济产值达6 000多亿元，林业产业总产值由2006年的1.07万亿增加到6.49万亿。带动3 000多万农村人口就业，农民纯收入近20%来自林业，重点林区林业收入占农民纯收入的50%以上。同时，林权抵押贷款实现了农村金融改革的重大突破，有效破解了林业发展融资难问题，2016年贷款余额850多亿元，比2010年的300亿元增长了近2倍。

而后，我国集体林区各省区也将林地流转作为深化集体林权制度改革的核心内容予以推进，取得了成效。截至2017年底，江西省已累计流转山林2 572万亩，占集体山林总数的18.9%；培育形成专业大户4 229户，家庭林场739个，民营林场618个，专业（股份）合作社2 637个，创建国家、省级示范社148家，创建国家、省级林下经济示范基地215个。但是，由于集体林地流转政策实施环境十分复杂，政府推动林地流转工作面临诸多困境，在实际工作中出现了一些亟待破解的新问题。

2.1.3　林地规模经营面临的困境

规模经营是党的十八大以后新型农业经营体系构建的重要途径，同时也是南方集体林区提高林业生产经营水平的重要手段。南方集体林区林改后资源权属的进一步明晰使森林资源经营主体产生了规模化经营的需求。本部分通过实地调研，对林地规模化经营面临的困境进行了梳理和总结，以期对南方集体林区林地规模化经营制度的建立和完善提供依据，具体如下。

（1）集体林权制度改革加剧林权分散化，林地细碎化程度相当高

林权制度改革对我国林地细碎化程度产生了显著影响。目前，我国集体林地细碎化程度已经达到相当高的水平，调查数据统计表明，林地细碎化程度指数达到0.41，接近于0.5。其中细碎化程度最高的是浙江省，其次是江西、湖南、辽宁、四川，最低的是山东省。江西、福建、浙江、辽宁省等4个林权改革的试点省份，林地细碎化程度都相对较高。

(2) 集体林地经营由单户经营向联合经营方式转变趋势明显

调查表明，除在有些地方生态公益林以及面积为数很小的商品林地保持着基于村组的集体和村组统一经营模式之外，90%以上商品林地集体统一经营模式几近瓦解。近几年来，我国各种以农民为主体的林业联合经营组织形式在向更高的组织程度发展，在促进林业产业发展和农民增收致富上扮演着越来越重要的角色。但从经营面积上看，联合经营模式尚未成为我国集体林地经营的主导模式。从长远看，以家庭林场和股份制家庭林场为主要模式的林农联合经营方式呈现快速发展的趋势，林地联合经营有可能成为我国集体林地规模化经营的主要方式。

(3) 大规模推进林地规模化经营的民意基础尚不牢固

调查显示，农民主动联合经营林地的主观意愿并不强烈，原因主要有：一是受经济因素影响。从农户样本数据来看，近几年农户家庭林业收入一直保持9%的增长，有的省份超过1万元，最高的超过2万元。同时，相当一部分农户每年可以获得额外且比较稳定的国家各项林业政策性补贴。林地资源市场价格持续保持着上升的趋势，增强了林农持林待售、待价而沽的心态；林地资源市场价格的上升，也增加了林地流入方的成本。二是受林地资源增长的自然属性影响。林地自然产出的特点，是农户不愿意放弃林地经营权也不愿意加大投资的重要原因之一。在较好的环境下，即使当农户对林地的劳动力投入和资金投入为零时，林地也会有较好的自然产出。三是受传统观念因素影响。目前，受传统观念影响，农民将林地和林木看成“祖产”的思想观念十分普遍。农民自我经营或者任林地资源“闲置”的偏好，在相当程度上加剧了林地规模化经营的难度。四是受农村家庭因素影响。当前，因农村家庭“分家”传统以及青壮年劳动力非农就业机会的增加，农村农户家庭户数呈现增加趋势，这在一定程度上加快了林地资源的二次细碎化，缩小了单户经营林地的规模，进一步增加了林地集中规模化的交易成本。

(4) 林地规模化经营存在激励政策不完善和政府过度干预的问题

林业专业合作组织的形成过程中尤其是形成初期，政府直接或者间接干预痕迹比较明显，常见的干预方式是通过工程项目立项、木材采伐指标分配向林业企业、专业合作组织以及林业大户倾斜，以促进林业专业合作组织的单一快速发展。但这种方式抑制了其他类型的林地规模化经营组织（如家庭林场）的成长，有些干预措施违背了林农意愿，侵害了林农利益，再加上许多林业专业合作组织“有名无实”，影响了林农参与林业专业合作组织的积极性。

2.1.4　林地规模经营模式

在促进林地适度规模经营方面存在的主要问题是林权流转困难、建设资金不足和市场、技术不足。由于林业建设周期长的特性，林业经营有许多不可预测的风险，大多数经营者没有一个清晰的发展模式和发展方向；编制森林经营方案又需要大量资金，而编制出的森林经营方案往往与市场脱节，作为林业部门难以提供让经营者信服的经营方向。由于林业生产经营过程长，林权流转时间长，火灾、病虫害和自然灾害等风险较大，经营者的利益难以保障，造成林地租金低，林农在林地上的收益不高，不愿意出租林地给他人经营。林地流转困难和实现林地经营者和林农收益合理分配是林地规模经营最难解决的问题。

林业产业化要求通过一定的利益连接机制，把一家一户分散经营的林地集中起来，进行规模化、集约化经营，实现林业生产效率和效益的最大化。推动林地适度集中是实现林业规模化经营路径之一，可促进林业产业化发展。山地流转是林业产业化发展的瓶颈，以全南县为例，剖析当前林业产业化经营中存在的突出问题，通过大胆尝试，在创新林地流转模式，破解林地流转难题等方面进行了积极探索，并有以下 6 种林地流转模式：

一是“一次性租赁”。林业企业按每亩 700 元，一次性支付租金给农户，由林业企业根据产业发展需要自主经营管理。并在建成林业生态旅游景点后，林业企业以旅游门票收入的 10％支付给林地出租人作为股份分红。此种方式主要适用于芳香产业核心园区，用于可建设成生态旅游区的范围内。目前这种方式已流转山地 0.7 万亩。此种方式既可让出租山地的农民获得当前山地出租收益，又可实现山地的可持续再次利益分配。

二是“返租倒包”。林业企业一次性支付租金租赁农户的土地，由林业企业统一规划种植芳香花木后，按 1 200 元/(亩・年) 的价格标准返包给农户经营管理，林业企业按承包面积支付经营和管理费给农户。此种方式主要用于芳香产业园区规模化种植桂花等芳香花木基地，返包农户人均可管理 20～30 亩，目前这种方式已流转土地 0.3 万亩。此种方式可让出租土地的农民获取土地出租收入，还可解决就业问题，并从经营中获取长久的劳动报酬。

三是“土地托管，实物分红”。①组建专业合作社对土地进行托管。由合作社与林业企业进行合作经营，对加入合作社的土地，按每亩预付 200 元定金，以 18 年为一个采伐期限，届时林业企业按每亩采伐 5 立方米杉木商品材销售收入的22%支付给合作社作为股份分红，合作社再将其中的20%分配给社员，2%留作合作社公积金。②由林业龙头企业对土地进行托管。对林业龙头企业托管的土地，在流转山地上种植厚朴、黄檗等林药植物，待林药有收成时，按林药实物市场价值的15%作为土地租金支付给土地出租人。目前通过土地托管、实物分红的方式已流转土地3万亩，大大降低了土地出租人因物价上涨造成土地出租收入减少的风险。

四是"土地入股"。组建合作社，农户以土地折价入股合作社，合作社再将土地入股林业企业，待林业企业经营产生利润后按股份分红。目前这种方式已流转土地0.4万亩，让农民从世代经营土地男耕女织的传统模式中解放出来。

五是"人入社，地不入股"。林业企业免费送给合作社成员芳香苗木幼苗，由合作社成员按要求自行种植和经营管理，林业企业按市场价格回收苗木或花果等林产品，同时林业企业按收购交易额的1%支付给合作社作为红利。目前这种方式已带动农户种植芳香花木面积5万亩；此种方式覆盖面广、经营灵活，带动性强。

六是"人入社，地入股"。农户的土地入股合作社后，对有一定技术或劳动能力的社员，采取发基本工资+年底分红的方式参与合作社经营管理。目前这种方式已集约土地0.3万亩，这种方式，既有效解决了农民就近就业的问题，又能让农户与合作社形成利益、风险共同体，激发农户参与合作社经营管理的积极性。

这6种土地流转模式，充分尊重了农户的意愿，既保障了农户林地流转的收益，又让农户从产业发展中获得收益，从而有效推动了林地流转。同时，也带动农户参与到林权改革中，不仅保证了林业产业发展的需要，更促进了农民增收致富。

2.2 林业规模服务的现状

加快建设面向新型林业生产经营主体的林业社会化服务体系是推进农业供给侧结构性改革和深化集体林权制度改革的迫切需要。2017年中央1号文件提出要加快完善农业社会化服务体系，林业社会化服务体系是我国农业社会化服务体系的重要组成部分。新型林业社会化服务体系在巩固集体林权制度改革成果和发展现代林业过程中具有不可替代的作用。国家林业局近3年的工作要点都明确提出要加快建立和健全林业社会化服务体系。为贯彻中央文件精神，江西省委2017年1号文件明确提出要加快培育新型农业经营主体和服务主体，推进农业供给侧结构性改革。近几年，江西省将建立和完善新型林业社会服务体系作为深化集体林权制度改革的重要任务加以推进，取得了一定的成效。但是，相对于农业社会化服务体系建设，江西省新型林业社会化服务体系建设成效还不够显现，还难以适应江西省深化集体林权制度改革、加快林业现代化建设的新要求。

2.2.1　江西省新型林业社会化服务体系建设面临的现实困境

（1）林业社会化服务供给难以匹配农户的需求

集体林权制度改革之后，林业社会化服务的供给与需求之间总量不平衡、结构不匹配问题尤为突出，尤其是在市场服务环节中生产、销售、融资环节。调查表明，在林业市场销售信息服务、林业融资服务、林业资产评估服务、林业良种及栽培技术服务和林业病虫害等“三防”服务等林业社会化服务中，分别有66.22%、59.40%、53.81%、45.17%、27.00%的农户是有需求、无供给的情况，有些需求长期无法得到满足。

（2）公益性服务机构引领支撑作用长期偏弱

一是乡镇林业服务机构被边缘化。江西省11个设区市有超过30%的林业工作站下放到所在乡镇管理，25%的林业工作站被撤并到农业综合服务中心。致使精干人才被调到其他岗位，导致林业工作无人监管，林业从业人员只占少数，还要承担维稳、拆迁、扶贫等中心工作。二是科技推广机构的职能不明确。江西省共有各级推广站98个，尚有1个市级推广站、9个县级推广站未纳入财政全额拨款。由于长期没有资金保障、无能力建设示范基地、又难以争取到推广项目，很多基层推广站长期无钱做事、无事可做，推广技术人员有的辞职、离岗。三是科技推广机构不健全。全省11个设区市中仍有鹰潭市没有建站，县一级的建站覆盖率也不足80%，而乡镇一级则没有推广站，相应的推广工作基本上由林业工作站承担。已设立的机构也有撤销、合并减少的趋势。例如，鹰潭市推广站已经撤销，全省县级推广站也由2006年的91个减少至现在的87个，并且还有相当一部分县级推广站也已到了撤销或合并的边缘。四是市县两级机构的建制、标准大多数不达标，甚至还有减弱的趋势。目前，江西省多数地市级推广站与市林科所合并，多数县级推广站建设也很不规范，仅有一块牌子，离“五有六化”的建站标准相差甚远，亟待改善与提高。

(3) 新型林业社会化服务供给主体数量及服务能力严重不足

一是新型林业社会化服务合作机构数量严重不足。所调查地区的农村林业合作社数量尚不到农民专业合作社的1/10，服务供给主体依然以政府为主。在所调查的72个村庄里只有8个村庄有农民林业合作组织。二是林业龙头企业数量严重不足。截至2016年，江西省国家林业重点龙头企业仅18家，在所调查36个乡镇中绝大多数乡镇并无林业龙头企业。三是服务机构组织力量不强。在所调查的林农中，能获得林业良种及栽培技术服务、林业政策咨询服务、林业融资服务、林业市场销售信息服务、林业资产评估服务供给的林农户数分别仅占总数的48.90%、35.64%、32.87%、30.66%、32.60%，在一定程度上说明了现有林业社会化服务组织供给组织能力不足。

(4) 新型林业社会化服务的服务能力有限

一是服务质量低下。产前信息提供不及时、不可靠，产中种苗培育、病虫害防治等技术推广和培训指导不到位，产后收购无保证、市场服务不及时，一旦出现价格、销路问题，服务无保障。二是服务内容过于单一和狭窄。目前的服务主要停留在农资供应、生产技术、产品销售环节上，无法满足林农内容全面、形式多样、层次拓展的综合服务需求。例如，提供给林农的融资、保险、销售、加工、品牌宣传、代营代管、营销网点等综合服务十分欠缺。三是服务区域跨度小。目前的服务范围及辐射性基本上限于本乡、本村范围之内，能提供跨乡镇经营服务、形成规模效应的服务很少。四是服务层次低。林业社会化服务只能解决林产品采伐、运输、销售、病虫病的防治等低层次服务，缺乏系列产品和高附加值的精深加工和产品经营服务。五是合作机制缺乏。多数经营性组织与农户之间没有形成利益共享、风险共担的合作机制，制约了农户的现实需求和经营性组织的发展。

(5) 新型林业社会化服务经营主体的带动力不强

一是许多林业合作社名存实亡。有的登记注册的林业专业合作社只是取得了市场主体资格，并没有能力进入市场经营。有些林业专业合作社注册是为了套取国家和政府的扶持资金；二是新型林业社会化服务经营主体创办时间短、规模偏小、市场开拓和抗风险能力较弱。在所调查的150家林业合作社中，拥有100人数以上仅有3家，人均年均收入超过1万元的林业合作社仅有29家，许多林业合作社的自身生存都面临危机，其社会化服务带动能力十分有限；三是林业龙头企业的林业社会化服务积极性不高。林业社会化服务投入大、收效慢，林业企业并不愿意承担社会化服务业务，而且其服务对象主要针对规模化经营主体以及企业合作的农户成员，难以发挥辐射带动作用。

2.2.2 新型林业社会化服务体系建设面临困境的原因剖析

(1) 集体林权制度改革之后的林地“规模不经济”降低了林农对林业社会服务的总需求

调查数据统计表明，目前江西省集体林地细碎化程度指数为0.55，林地细碎化程度已经达到相当高的水平，致使林农家庭小规模林地经营的“规模不经济”效应快速显现，其直接后果是林地规模化经营所特有的社会化服务总需求大幅度下降，直接降低了林农获得林业社会化服务的概率。

(2) 人才素质不高导致林业社会化服务效率长期低下

一是人才数量不足。缺乏一批懂技术、会经营、善管理的人才，人才供需矛盾突出，影响了林业社会化服务体系建设进程。调查表明，90%的基层林业工作站反映人才缺乏，人均负荷太重，有92%的合作社反映缺乏经营管理、市场营销等方面的人才，有76%的合作社反映缺乏专业技术人才。二是引进人才力度小。由于林业服务地点大多地处偏远地区，工作环境、各种待遇与城市相比差距较大，造成了林业服务人才引进难问题。据统计，“八五”“九五”“十五”“十一五”期间，全省县级林业部门引进人才占部门总人数比分别为21.5%、17.6%、4.6%、2.8%，引进人才数量急剧减少。三是人才素质不够高。林业合作社和林业工作站等服务主体存在人才年龄结构和层次结构不尽合理。调查表明，人才队伍老龄化现象严重、中青年人才非常短缺，50岁以上的占40%，40～50岁的占46%，40岁以下的仅占14%，其中的大专以上学历的占18%，中专以下学历的占76%，无学历的占3%。

(3) 建设资金投入不足导致林业社会化服务供给能力长期不足

一是林业社会化服务基础设施投入不足。江西省林业基层站所建设严重滞后，全省40%的乡镇林业工作站无固定业务用房，25%的站房属危旧房，近60%的站无机动交通工具。林业生产机械化程度低，森林防火、有害生物防治、野生动植物保护、资源监测等现代装备落后。二是林业社会化服务机构投入和推广资金不足、或滞后、或不到位，工资待遇偏低，从业队伍不稳。江西省林业工作站近20%的人员经费尚未纳入全额财政预算，但大部分地区只解决了基本工资，只能勉强维持职工基本工资的发放，长期处于“只能养兵、无法打仗”的局面，而且部分地方工资不能按时足额发放，工作经费更是捉襟见肘。

(4) 地方政府认识不足与重视程度不够削弱了林业社会化服务体系建设的基础保障

一些地方政府片面强调林业的经济效益，忽视其社会效益，对以综合服务和社会效益为主的林业社会化服务体系，采取不恰当的简单撤并方式，或者转化成经济实体，取消事业费的办法，使得公益性的林业社会化服务体系失去生存的保障，造成机构不稳，人心不定，正常工作难以开展。

2.3 林地经营政策的演化

本部分基于崔海兴（2009）的《改革开放以来我国林业建设政策演变探析》的基础上对中国及江西省林权制度改革的政策进行概括，重点介绍2003年以后的主体改革政策配套改革的情况。对于集体林权制度改革之前的林地制度变迁历程，学术界有不同的分类法，有“四阶段说”、“五阶段说”、“六阶段说”和“八阶段说”等4种（贺东航、朱冬亮，2010）。孙妍（2008）把新中国集体林权制度改革的阶段划分为4个阶段：土地时期分林到户阶段（1950—1953年）；农业合作化期间的山林入社创段（1953—1957年）；人民公社时期的山林三级所有、生产队统一经营阶段（1958—1981年）；家庭承包经营体制改革阶段（1981—2002年）；林业产权制度的主体改革阶段（2003年至现在）。章天飞（2006）把江西林业改革的历史演变分成5阶段：土地革命时期（1950—1953年）；合作化时期（1953—1956年）；人民公社时期（1957—1980年）；林业“三定”时期（1981—1991年）。在已有划分阶段的研究基础上，根据江西的具体情况，本研究把江西林业改革的历史演变分成5阶段，针对每一个阶段的集体林权制度改革政策演变进行了总结。

2.3.1 合作化时期（1953—1956年）

1953年2月15日，中国共产党中央委员会正式颁布《关于农业生产互助合作的决议》，全国各地开始普遍发展互助组和试办初级农业生产合作社。从一定的程度上提高了农民的经营积极性，合作化模式发展基本健康，但也出现了强迫农民入社、侵犯中农利益、盲目追求高级形式等现象。1955年1月，中共中央出台了《关于整顿和巩固农业生产合作社的通知》，指出合作化运动应基本转入“控制发展，着重巩固”的阶段，1955年7月，毛泽东在省、自治区、直辖市党委书记会议上做《关于农业合作化问题》的报告。1955年10月，中共七届六中全会通过《关于农业合作化问题的决议》。从此，农村就开始走合作化道路，进行了山林入社工作，对农民个体所有的山林、林权进行了改造。农民仅保留自留山及房前屋后的零星树木的所有权，山林及成片林木所有权通过折价入社，转为合作社集体所有。将林业生产划为副业生产，明确规定林业生产不“适合”私人管理的原则，要实施“一大二公”的集体统一经营。1955年下半年出现了农业合作化高潮；出现了要求过高的现象。1956年6月30日，当时全国人民代表大会常务委员会通过的《农业生产合作社示范章程》中规定包括林木在内的所有社会的所有土地必须交给农业生产合作社统一使用。允许私人对零星树木拥有所有权，但果园、竹园、茶园和桑园必须上交集体管理。

2.3.2 人民公社时期（1957—1980年）

从1957年开始至“文化大革命”时期，农村进行大规模土地调整，从互助组到初级社又到高级社，在贯彻执行1962年9月的中共中央《农村人民公社工作条例》（简称为人民公社六十条）时规定“人民公社的基本核算单位是生产队”。迫使农民加入了人民公社，将原合作社的山林全部划归为公社所有，同时也规定“公社所有的山林，一般就应该下放给生产队所有，不宜下放的，仍旧归公社或者生产大队所有。归公社或者生产大队所有的山林，一般地也应该固定包给生产队经营；不适合生产队经营的，由公社或者生产大队组织专业队负责经营”，国家实施采伐计划指标限制。至此，只有国家和集体拥有森林、林木和林地所有权。并在这一时期划定了“自留山”进行家庭经营；并规定在屋前屋后或者在生产队指定的其他地方种植果树、桑树和竹木永远归社员所有。在林地产权方面，六十条明确了土地所有权归集体所有、生产队行使所有权分离的产权模式。同时还重申了农民对其有使用权的土地上的林木拥有私所有权（孙妍，2008）。“合作化”与“人民公社”时期的林权制度改革政策详见表2-7。

表2-7　“合作化”和“人民公社”时期的林权制度改革政策

阶段	时间	政策名称	相关内容
合作化时期（1953—1956年）	1953年2月	中共中央委员会《关于农业生产互助合作的决议》	发展互助组和试办初级农业生产合作社

（续）

阶段	时间	政策名称	相关内容
合作化时期（1953—1956年）	1955年1月	中共中央发出《关于整顿和巩固农业生产合作社的通知》	指出“合作化运动”应基本转入“控制发展，着重巩固”的阶段
	1955年10月	中共七届六中全会通过《关于农业合作化问题的决议》	农村开始走合作化道路，进行了山林入社工作，对农民个体所有的山林、林权进行了改造
	1956年6月	全国人民代表大会常务委员会通过的《农业生产合作社示范章程》	包括林木在内的所有社会的所有土地必须交给农业生产合作社统一使用。允许私人对零星树木拥有所有权，但果园、竹园、茶园和桑园必须上交集体管理
人民公社时期（1957—1980年）	1962年9月	中共中央《农村人民公社六十条》	规定“人民公社的基本核算单位是生产队”，迫使农民加入了人民公社，将原合作社的山林全部划归公社所有

2.3.3 “林业三定”时期（1981—2002年）

从1981年起，我国在林权方面开始实施承包经营责任制。1981年3月，中共中央、国务院发布《关于保护森林发展林业若干问题的决定》（中发〔1981〕21号），强调了“确定山林所属，应以现有的权属为基础，一般不动，个别调整”；并落实了“社员在房前屋后、自留山和生产队指定的其他地方种植的树木，永远归社员个人所有，允许继承”；同时，严格控制采伐量。广大农民分到了自留山，承包了责任山，出现了承包荒山造林的专业户、重点户。从1982年森工企业开始实行承包经营责任制。1983年7月，林业部印发《关于建立和完善林业生产责任制的意见》，在南方集体林区，实施以“稳定山权林权、划定自留山、确定林业生产责任制”为主要内容的林业“三定”工作；在国有林区，实施向企业放权让利，扩大企业生产经营自主权。1985年1月，中共中央、国务院颁布了《关于进一步活跃农村经济的十项政策》，在集体林区取消木材统购，开放木材市场，允许林农和集体的木材自由上市，实行议购议销。1985—1987年全面推行局（厂）长负责制，开展林权制度试点改革。

此次改革的核心是在林地集体所有制不变的前提下，建立以家庭承包为主导的林地产权体系，这是农业家庭承包制改革经验在林业部门的推广和应用。林业部门希望通过林业“三定”，理顺林业产权制度，为林业经营者提供更好的产权保障，从而鼓励非公有制领域投资林业，详见表2-8。

表2-8　年林业“三定”时期林权制度改革政策

时间	政策名称	相关内容
1981年3月	中共中央、国务院发布《关于保护森林发展林业若干问题的决定》	“确定山林所属，应以现有的权属为基础，一般不动，个别调整。”并落实了“社员在房前屋后、自留山和生产队指定的其他地方种植的树木，永远归社员个人所有，允许继承。”同时，严格控制采伐量。从1982年森工企业开始实行承包经营责任制
1983年7月	林业部印发《关于建立和完善林业生产责任制的意见》	在南方集体林区，实施以“稳定山权林权、划定自留山、确定林业生产责任制”为主要内容的林业“三定”工作；在国有林区，实施向企业放权让利，扩大企业生产经营自主权
1985年1月	中共中央、国务院颁布了《关于进一步活跃农村经济的十项政策》	在集体林区取消木材统购，开放木材市场，允许林农和集体的木材自由上市，实行议购议销
1987年6月	中共中央、国务院颁布《关于加强南方集体林区森林资源管理，坚决制止乱砍滥伐的指示》	提出要“严格执行森林采伐限额制度”，“集体所有集中成片的用材林凡没有分到户的不得再分”，“重点采材县，由林业部门统一管理和进山收购”

鉴于林业“三定”并没有彻底对产权进行明晰，许多农户对政策的稳定性有疑虑，加上与之配套的政策和资源管理体系都不够完善，导致了一些地区出现了大规模的滥砍滥伐，森林资源遭到了严重的破坏。截至1986年，林业“三定”结束时，林业家庭经营的改革并没有像农业家庭联产承包责任制一样彻底改革下去，主要是1985年前后出现的大规模滥砍滥伐，动摇了政府分林到户的决心。1987年6月，中共中央、国务院颁布《关于加强南方集体林区森林资源管理，坚决制止乱砍滥伐的指示》，提出要“严格执行森林采伐限额制度”，“集体所有集中成片的用材林凡没有分到户的不得再分”，“重点采材县，由林业部门统一管理和进山收购”。随着该项政策的出台，落实执行年度森林采伐限额制度后，才停止了分山林到户的做法，木材市场重新恢复由政府木材公司垄断经营的格局，家庭承包经营的脚步也就此停歇，有些地区甚至出

现了把已经分下去的林地重新收归集体所有的现象。狄升（1994）认为林业“三定”的贡献在于它承认了森林资产所有权的分离，首先将森林资产所有权分离为土地所有权和林木所有权，然后又把林业基本生产资料土地所有权和经营权分离。自1992年以后的整个20世纪90年代直至21世纪初，伴随着中国开始新一轮的所有制改革，关于林权制度改革的研究进入了一个新的阶段。1992—1996年四大森工集团开始重组，进行现代企业制度的试点。林业“三定”时期的林权制度改革政策详见表2-8。

2.3.4 林业产权制度主体改革政策（2003—2008年）

（1）国家层面的主体改革政策

2003年6月，中共中央、国务院出台《关于加快林业发展的决定》（中发〔2003〕9号）指出，进一步完善林业产权制度，在明确产权的基础上，鼓励森林、林木和林地的使用权合理流转，鼓励各种社会主体通过承包、租赁、转让、拍卖、协商、划拨等形式进行流转（崔海兴、孔祥智等，2009）。自2004年我国新一轮的林权制度改革从江西、福建开始试点拉开序幕之后，全国进入林业产权制度主体改革阶段。自2005年1月1日起，财政部、国家发展改革委员会出台《关于公布取消103项行政审批等收费项目的通知》（财综〔2004〕87号）正式实施，取消林木采伐许可证和木材运输证工本费收费项目。2008年6月，中共中央、国务院通过《关于全面推进集体林权制度改革的意见》提出以明晰产权为主要任务的集体林权制度改革，指出，将用5年左右时间基本完成明晰产权、承包到户的改革任务。在此基础上，通过深化改革，完善配套政策，形成集体林业的良性发展机制，确定了林地的承包经营期为70年。指出要加大政策扶持力度，全面推进林权制度配套改革：组建省级林业产权交易所，推进政策性森林保险，完善林权抵押贷款政策，改革林木采伐管理制度，健全生态公益林补偿机制，扶持林业专业合作组织建设，加强乡镇专业扑火队伍建设。林权制度主体改革的总体国家相关政策详见表2-9。

表2-9 林业产权制度主体改革的国家层面政策（2003—2008年）

时间	政策名称	相关内容
2003年6月	中共中央、国务院《关于加快林业发展的决定》	在明确产权的基础上，鼓励森林、林木和林地的使用权合理流转，鼓励各种社会主体通过承包、租赁、转让、拍卖、协商、划拨等形式进行流转

（续）

时间	政策名称	相关内容
2004年12月	财政部、国家发展改革委员会《关于公布取消103项行政审批等收费项目的通知》	取消林木采伐许可证和木材运输证工本费收费项目
2008年6月	中共中央、国务院《关于全面推进集体林权制度改革的意见》	提出以明晰产权为主要任务的集体林权制度改革，指出，将用5年左右时间基本完成明晰产权、承包到户的改革任务。同时确定了林地的承包期为70年

（2）江西省主体改革政策

江西省作为全国三个集林林业产权制度改革试点省份之一，在林业建设、深化改革、体制完善及政策实施方面都成为全国的排头兵。本研究以江西省为例，梳理江西省林业产权制度改革政策演化过程，厘清地方政府政策制定的脉络和发展方向。

在2004年2月12日，根据中共中央、国务院《关于加快林业发展的决定》，为加快江西省林业发展，中共江西省委、江西省人民政府出台《关于加快林业发展的决定》规定：目前仍由集体统一经营管理的山林，要采取租赁、承包、招标、拍卖等形式，明确经营主体，落实经营责任。进一步落实“林业建设的财政支持力度，完善和落实林业税费政策，调整林木采伐利用政策”。2004年9月，为进一步激活林农参与林业建设的积极性，促进林业生产力的发展，中共江西省委、江西省人民政府制定了《关于深化林业产权制度改革的意见》（赣发〔2004〕19号）明确了新时期改革的内容为“明晰产权，减轻税费，放活经营，规范流转”，提出了进一步明晰林地使用权和林木所有权，放活经营权，落实处置权，保障收益权，加大林业政策的扶持力度，调动广大林农和社会各方面参与林业建设的积极性。2004年9月，为贯彻落实中共江西省委、江西省人民政府《关于深化林业产权制度改革的意见》，为确保试点工作顺利进行，制定了《江西省林业产权制度改革试点实施方案》，明确指出2004年9月至2005年4月，江西省将在铜鼓、崇义、遂川、德兴、浮梁、武宁、黎川等7个县（市）开展林权制度改革试点工作，有序推进林权制度改革试点工作。2005年5月，江西省进入全面主体改革阶段。

在减轻税费方面：取消了木竹农业特产税，取消了市、县、乡、村自行出台的所有木竹收费项目。为落实上述两项内容，2004 年 9 月，江西省财政厅下发了《关于取消除烟叶外的农业特产税有关问题的通知》（赣财农税〔2004〕19 号），同年 12 月江西省财政厅、省林业厅下发了《关于取消涉林违规收费和调整育林基金分成比例等有关问题的通知》（赣财综〔2004〕80 号），进一步明确：除保留经国家和省批准的育林基金、森林植物检疫费、林权勘测费、林权证工本费、林木采伐许可证和木材运输证工本费外，其他未经国家和省批准的对木竹的所有收费一律取消。对育林基金计费价格作了调整：调整育林基金平均计费价格。将定向培育的工业原料林、10 厘米以下间伐材计费价格调整为 180 元/立方米，其他商品材 360 元/立方米。标准竹每根征收育林基金 1 元。

2005 年 12 月，江西省第十届人民代表大会常务委员会第十八次会议通过了《关于加强森林资源保护和林业生态建设的决议》，实施天然阔叶林禁伐政策，建立森林生态效益补偿机制。各级政府必须根据《中华人民共和国森林法》和《中共中央、国务院关于加快林业发展的决定》中关于“建立森林生态效益补偿基金”的有关规定和“谁开发谁保护、谁受益谁补偿”的原则，加快建立森林生态效益补偿机制。有关林权制度主体改革的江西省相关政策详见表 2-10。

表 2-10　以“明晰产权”为主的林业产权制度主体改革江西省层面政策（2003—2005 年）

时间	政策名称	相关内容
2004 年 2 月	中共江西省委、江西省人民政府《关于加快林业发展的决定》	巩固和加强生态建设，着力抓好重点林业生态工程建设。自留山归农户长期无偿使用。分包到户的责任山，要保持承包关系的稳定。目前仍由集体统一经营管理的山林，要采取租赁、承包、招标、拍卖等形式，明确经营主体，落实经营责任
2004 年 9 月	江西省委、江西省人民政府《关于深化林业产权制度改革的意见》	明确了新时期改革的内容为“明晰产权，减轻税费，放活经营，规范流转”，提出了进一步明晰林地使用权和林木所有权，放活经营权，落实处置权，保障收益权
2004 年 9 月	江西省林业厅《江西省林业产权制度改革试点实施方案》	确定在铜鼓、崇义、遂川、德兴、浮梁、武宁、黎川等 7 个县（市）开展林业产权制度改革试点工作
2004 年 9 月	江西省财政厅《关于取消除烟叶外的农业特产税有关问题的通知》	取消了木竹农业特产税，取消了市、县、乡、村自行出台的所有木竹收费项目

（续）

时间	政策名称	相关内容
2004 年 12 月	江西省财政厅、省林业厅《关于取消涉林违规收费和调整育林基金分成比例等有关问题的通知》	调整育林基金平均计费价格。将定向培育的工业原料林、10 厘米以下间伐材计费价格调整为每立方米 180 元，其他商品材每立方米 360 元。标准竹每根征收育林基金 1 元
2005 年 12 月	江西省第十届人民代表大会常务委员会《关于加强森林资源保护和林业生态建设的决议》	实施天然阔叶林禁伐政策，建立森林生态效益补偿机制

2.3.5 集体林业产权制度配套改革政策（2006—2010 年）

（1）国家层面的配套改革政策

①总体配套政策。2009 年 1 月，中共中央、国务院印发《关于促进农业稳定发展农民持续增收的若干意见》（中发〔2009〕1 号），明确要求用 5 年左右时间基本完成明晰产权、承包到户的集体林权制度改革任务。2009 年 5 月，为规范育林基金征收使用管理，减轻林业生产经营者负担，财政部、国家林业局印发关于《育林基金征收使用管理办法》（财综〔2009〕32 号），改革了育林基金管理办法，合理制定育林基金的征收标准，逐步将其返还给林业生产经营者，用于发展林业生产，基层林业管理单位因此出现的经费缺口纳入财政预算。2009 年 7 月，国家林业局《关于改革和完善集体林采伐管理的意见》（林资发〔2009〕166 号）中加强了对集体林采伐管理改革，其中有简化森林采伐管理环节、林业用地上的林木继续实行采伐限额管理、强化木材运输检查监督。

2009 年 10 月，国家制定了《林业产业振兴规划（2010—2012 年）》三年内重点扶持 100 家国家级林业重点龙头企业和 10 大特色产业集群，林业产业总产值每年保持 12%左右的速度增长。在湖南、江西、四川、云南等省区建立油茶、油橄榄、核桃等高产油料林基地。2009 年 12 月，中央 1 号文件中共中央、国务院《关于加大统筹城乡发展力度进一步夯实农业农村发展基础的若干意见》明确指出要积极推进林业改革。主要包括以下内容：健全林业支持保护体系，建立现代林业管理制度。深化以明晰产权、承包到户为重点的集体林权制度改革，加快推进配套改革。规范集体林权流转，支持发展林农专业合作社。深化集体林采伐管理改革，建立森林采伐管理新机制和森林可持续经营新体系。完善林权抵押贷款办法，建立森林资源资产评估制度和评估师制度。逐步扩大政策性森林保险试点范围。扶持林业产业发展，促进林农增收致富。启动国有林场改革，支持国有林场基础设施建设。开展国有林区管理体制和国有森林资源统一管理改革试点。林权制度配套改革的国家总体政策详见表2-11。

表2-11 国家层面的林业产权制度配套改革政策

时间	政策名称	相关重点内容
2009年1月	《关于促进农业稳定发展农民持续增收的若干意见》	明确要求用5年左右时间基本完成明晰产权、承包到户的集体林权制度改革任务
2009年5月	财政部、国家林业局《育林基金征收使用管理办法》	改革了育林基金管理办法，合理制定育林基金的征收标准
2009年7月	国家林业局《关于改革和完善集体林采伐管理的意见》	加强了对集体林采伐管理改革
2009年10月	国家《林业产业振兴规划（2010—2012年)》	三年内重点扶持100家国家级林业重点龙头企业和10大特色产业集群，林业产业总产值每年保持12%左右的速度增长
2009年12月	中共中央、国务院《关于加大统筹城乡发展力度进一步夯实农业农村发展基础的若干意见》	明确指出要积极推进林权改革。健全林业支持保护体系，建立现代林业管理制度。深化以明晰产权、承包到户为重点的集体林权制度改革，加快推进配套改革

②相关金融贷款政策。为构建银林合作平台，拓宽林农的林业融资渠道，2005年5月，中央财政部、林业局根据《中央财政资金贴息管理暂行办法》以及《财政农业专项资金管理规则》联合制定实施《财政林业贷款中央财政贴息资金管理规定》（财农〔2005〕45号），规定了各类银行发放的林业贷款，中央财政根据中国人民银行规定的贷款利率变化情况调整相应贴息率。该规定在五个方面体现了中央财政贴息政策对林业的扶持。一是取消了5年调整一次的限定，实现了林业贷款贴息政策的长期性和稳定性。二是取消了对银行的限定，各类银行包括农村信用社发放的符合贴息条件的林业贷款均可享受贴息。三是取消了限制对林业系统的企事业单位造林项目贴息的规定。四是将天然林保护、退耕还林工程后续产业项目，以及森工企业、林场（苗圃）、林农和职

工个人多种经营贷款项目纳入贴息范围。五是采取了按整年而不再按月贴息的办法，有效解决了贷款项目足额贴息问题。贴息率1.5%至6%不等，贴息期限不超过3年。

2007年8月，国家林业局正式对外发布《林业产业政策要点》，第一次全面、系统地明确了在财政、金融、税收等方面扶持林业产业发展的政策。强调了严格执行国家已出台的各类林业税费减免优惠政策。完善并实施国家林业重点龙头企业扶持政策，国家对用于国内建设的速生丰产用材林、珍稀树种用材林等基地建设及其森林防火、生物灾害防治和林木种质资源保存利用、林木良种选育、繁殖、推广、使用，给予积极扶持。2007年9月，财政部《基本建设贷款中央财政贴息资金管理办法》把“速生丰产林基地建设项目，天保工程转产建设项目”纳入贴息范围。2008年12月，国务院办公厅《关于当前金融促进经济发展的若干意见》（国办发〔2008〕126号）明确提出要在扩大农村有效担保物范围的基础上，积极探索发展农村多种形式担保的信贷产品，指导农村金融机构开展林权抵押贷款业务。

2009年5月，中国人民银行、财政部、银监会、保监会、林业局联合制定了《关于做好集体林权制度改革与林业发展金融服务工作的指导意见》（银发〔2009〕170号）中合理确定贷款期限，林业贷款期限最长可为10年，速生林、油茶、竹林、能源林基地建设等及后续产业发展可达15～20年。对小额信用贷款、农户联保贷款等小额林农贷款业务，借款人实际承担的利率负担原则上不超过基准利率的1.3倍。要促进林区形成多种金融机构参与的贷款市场体系。引导多元化资金支持集体林权制度改革和林业发展。各地要把森林保险纳入农业保险统筹安排，通过保费补贴等必要的政策手段引导保险公司、林业企业、林业专业合作组织、林农积极参与森林保险，扩大森林投保面积。

2009年10月，财政部、国家林业局联合《林业贷款中央财政贴息资金管理办法》，废除了2005年的《财政林业贷款中央财政贴息资金管理规定》（财农〔2005〕45号），除继续保留过去已有的各项优惠政策外，新办法着眼于服务林改和现代林业建设，将非银行业金融机构——小额贷款公司发放的林业贷款纳入贴息范围，将林业贷款贴息率由原来的2%提高到了3%，将具体林业贷款项目的选择权和财政贴息资金的审核管理权下放到省级林业和财政部门，简化申报程序，贴息期限由原来规定最长2年提高到了3年，林农和林业职工个人造林贷款的贴息期限最长延长到了5年，详见表2-12。

表 2-12　国家层面的财政支持及森林保险政策（2005年至现在）

时间	政策名称	相关重点内容
2005年5月	《财政林业贷款中央财政贴息资金管理规定》	规定了各类银行发放的林业贷款，中央财政根据中国人民银行规定的贷款利率变化情况调整相应贴息率
2007年8月	《林业产业政策要点》	全面、系统地明确了在财政、金融、税收等方面扶持林业产业发展的政策。强调了严格执行国家已出台的各类林业税费减免优惠政策
2007年9月	《基本建设贷款中央财政贴息资金管理办法》	把“速生丰产林基地建设项目；天保工程转产建设项目”纳入贴息范围
2008年12月	国务院《关于当前金融促进经济发展的若干意见》	明确提出要在扩大农村有效担保物范围的基础上，积极探索发展农村多种形式担保的信贷产品，指导农村金融机构开展林权抵押贷款业务
2009年5月	《关于做好集体林权制度改革与林业发展金融服务工作的指导意见》	合理确定贷款期限，林业贷款期限最长可为10年。对小额信用贷款、农户联保贷款等小额林农贷款业务，借款人实际承担的利率负担原则上不超过基准利率的1.3倍
2009年10月	《林业贷款中央财政贴息资金管理办法》	除保留过去已有的各项优惠政策外，对贴息范围、贴息率、贴息期限重新进行了调整
2009年12月	《关于做好森林保险试点工作有关事项的通知》	明确了开展森林保险试点工作的具体事项
2010年12月	《共同推进森林保险的合作框架协议》	双方将在森林保险承保、理赔、防灾防损等方面开展全面合作

③森林保险政策。在森林保险方面，2009年12月15日，财政部、林业局、保监会在《关于做好森林保险试点工作有关事项的通知》中明确了开展森林保险试点工作的具体事项。2010年12月9日，中国人民财产保险股份有限公司与国家林业局林业工作站管理总站在京签订《共同推进森林保险的合作框架协议》，双方将在森林保险承保、理赔、防灾防损等方面开展全面合作。国家层面的财政支持及森林保险相关政策如表2-12。

④林业合作组织支持政策。2009年8月18日，国家林业局出台《关于促进农民林业专业合作社发展的指导意见》，用以规范农民林业专业合作社组织及其行为，鼓励家庭互助合作，推进适度规模经营，该《意见》从七个方面对

林业专业合作组织予以政策上支持：优先安排承担林业工程建设项目；大力扶持合作社的基础设施建设，如森林防火、林业有害生物防治、林区道路建设等基础设施建设，纳入林业专项规划；鼓励承担科技推广项目；鼓励创建知名品牌，积极支持开展林产品商标注册、品牌创建、产品质量标准与认证等认证活动；支持开展森林可持续经营活动；支持开展多渠道融资和森林保险，开展成员之间的信用合作；实行财政和税收优惠政策。促进农民林业专业合作社健康持续发展。

（2）江西省集体林权制度配套改革相关政策

①江西省林权制度配套改革总体政策。全面推进以“明晰产权、减轻税费、放活经营、规范流转”为主要内容的林权制度改革，取得了显著成效。随着改革的深入，林业发展面临了许多新情况、新问题，迫切需要采取综合配套措施加以解决。为进一步巩固和发展林权制度改革成果，逐步建立保护森林资源、加快林业发展、促进林农增收的长效机制。2006 年 8 月，江西省委办公厅、省政府办公厅结合江西省实际出台《关于推进林业产权制度配套改革的意见》（赣办字〔2006〕39 号），提出了建立“一个中心、六大体系”的配套改内容，即“建立森林资源管理体系、林业产业体系、林业投融资体系、林业科技人才服务体系、林业政策法规体系、林业保障体系和林业产权交易中心”，经过半年重点县（市）先行试点后在全省推开，江西进入配套改革阶段。

2009 年 5 月，为了精简林业行政审批事项，不断提升林业行政服务能力，江西省林业厅出台《关于进一步做好精简省级林业行政审批事项有关工作的通知》（赣林法字〔2009〕158 号）中强调要做好精简省级林业行政审批事项，简化审批手续，明确审批流程，提高行政效率，做到公开透明运行，接受社会监督。2009 年 5 月，省林业厅制定了《关于开展规范行业协会、市场中介组织服务和收费行为专项治理工作的实施方案》（赣林监字〔2009〕160 号），加强了林业组织行业协会管理及规范收费行为。

2009 年 7 月，为培植和壮大林业龙头企业，优化林业产业结构，提升林业产业建设水平，增加林农收入，《江西省省级林业龙头企业扶持办法》明确指出：力争到 2015 年，全省培植各类省级林业龙头企业 200 家左右，对省级林业龙头企业扶持重点与目标、认定标准和程序、扶持政策及组织管理做了明确规定。该办法的出台将对江西省林业企业做大做强产生重要作用。2009 年 8 月，为了加快推进配套改革进程，建立促进林业发展和林农增收的长效机制，

《江西省人民政府关于深化林业产权制度改革的若干意见》(赣府发〔2009〕23号)，提出要组建省级林业产权买卖所；要建立林业投融资平台，健全林权抵押贷款政策，推进政策性森林保险，改革林木采伐管理制度，健全生态公益林补偿机制，扶持林业专业合作组织建设，加强乡镇专业森林防火队伍建设。同时提出，推进造林绿化“一大四小”工程建设，大力发展油茶、毛竹等林业特色产业，促进林区基础设施建设；着力培育林业产业化龙头企业。2010年1月，江西省制定了《2010年全省林权制度配套改革工作要点》提出，一是加快南方林业产权交易所运营步伐；二是推进林业专业合作组织建设；三是加大全省林权登记管理信息系统建设；四是突出“构建更加广阔的融资平台，推进林业政策性保险和林权抵押贷款，做强省级林业担保公司”四个重点。江西省林权制度配套改革总体政策如表2-13。

表2-13 江西省林权制度配套改革总体政策

时间	政策名称	相关重点内容
2006年8月	江西省委办公厅、省政府办公厅结合江西省实际出台《关于推进林业产权制度配套改革的意见》	提出了建立“六大体系、一个中心”的配套改革内容，即“建立森林资源管理体系、林业产业体系、林业投融资体系、林业科技人才服务体系、林业政策法规体系、林业保障体系和林业产权交易中心”
2009年5月	《关于进一步做好精简省级林业行政审批事项有关工作的通知》	做好精简省级林业行政审批事项，简化审批手续，明确审批流程，提高行政效率，做到公开透明运行，接受社会监督
2009年5月	《关于开展规范行业协会、市场中介组织服务和收费行为专项治理工作的实施方案》	加强了林业组织行业协会管理及规范收费行为
2009年7月	《江西省省级林业龙头企业扶持办法》	力争到2015年，全省培植各类省级林业龙头企业200家左右，对省级林业龙头企业扶持重点与目标、认定标准和程序、扶持政策及组织管理做了明确规定
2009年8月	《江西省人民政府关于深化林业产权制度改革的若干意见》	提出要组建省级林业产权买卖所；要建立林业投融资平台，健全林权抵押贷款政策，推进政策性森林保险，改革林木采伐管理制度，健全生态公益林补偿机制，扶持林业专业合作组织建立，加强乡镇专业森林防火队伍建立

（续）

时间	政策名称	相关重点内容
2010年1月	《2010年全省林权制度配套改革工作要点》	一是加快南方林业产权交易所运营步伐；二是推进林业专业合作组织建设；三是加大全省林权登记管理信息系统建设；四是突出“构建更加广阔的融资平台，推进林业政策性保险和林权抵押贷款，做强省级林业担保公司”四个重点

②江西省森林保险政策。2007年4月，时任总理温家宝到江西视察林改工作，对江西林改给予高度评价，并就进一步深化林改工作提出要求。省政府出台的《关于贯彻落实温家宝总理重要指示全面深化林业产权制度改革的意见》中，明确建立政策性森林保险制度，并给予保费补贴，使江西成为全国第一个将森林保险作为林权制度改革配套措施的省份。

2007年10月，经江西省政府批准，江西省林业厅、江西省财政厅、中国保监会江西监管局三家联合下发了《江西省林木火灾保险试点工作方案》，在全省26个林业重点县开展政策性林木火灾保险试点，并创立由地方财政给予保费补贴和逐步建立后备风险基金的地方性政策保险模式。2008年9月，进一步将政策性林木火灾保险的试点范围扩大到全省。

2009年4月，江西省出台《政策性林业保险试点工作方案》（赣林计字〔2009〕187号），同时，江西成为全国首批中央财政森林保险保费补贴的三个试点省份之一。同年8月，江西省林业厅、财政厅、江西保监局、人保财险江西省分公司联合下发《江西省政策性林业保险试点工作方案》（修订版）赣林计字〔2009〕270号，该方案扩大了覆盖面，公益林由中央和省财政出资进行统保，保额500元/亩，费率1‰；增加了保险责任，在火灾责任基础上，增加了暴雨、暴风、洪水、泥石流、冰雹、霜冻、台风、暴雪、森林病虫害等自然灾害责任；提高了保额程度，公益林、商品林的保额由原来600元/公顷分别提高至7 500元/公顷、12 000元/公顷；加大了保险公司对投保林农给予的费率优惠，综合保险费率为4‰，火灾保险费率1.5‰，保险金额视树种树龄情况而定，最高不超过12 000元/公顷；五是提高了补贴比例，公益林财政补贴比例由原来的40%增至100%；商品林由原来的30%增至60%（中央财政30%、省财政25%、县财政5%）。同年9月1日，人保财险江西省分公司与省林业厅签订统保协议，出资2 550万元将全省公益林纳入保险范围。

③江西省林业产权抵押贷款的政策。江西省破解林业企业和林农贷款难问

题，促进银林共同发展，江西省农村信用社联合社、林业厅在 2005 年开展林权抵押贷款试点工作的基础上，于 2007 年 4 月联合下发《关于全面开展林权抵押贷款的指导意见》和《江西省农村信用社林权抵押贷款管理办法（试行）》，确定了林权抵押贷款的贷款对象和条件、贷款范围、贷款程序、贷款期限与利率、贷款管理及抵押物监管和处置。一是扩大林权抵押贷款的对象和用途。所有符合《贷款通则》、《江西省农村信用社信贷管理基本制度（试行）》中规定条件的客户都可以作为林权抵押贷款对象。林权抵押贷款资金，可以用于生产或消费等各种合法领域。二是合理确定抵押率。在林权抵押率的设定上，灵活多样，因林而异。三是确定贷款期限和利率。林权抵押贷款在期限设定上，最长不得超过 5 年。2007 年 8 月，江西省出台了《关于全面做好江西林权改革金融配套服务工作的指导意见》，完善江西林权制度改革的金融配套服务措施，引导江西省内金融机构积极稳妥开展以林权抵押贷款为核心的金融服务创新。2009 年 6 月 23 日，江西省人民政府办公厅《江西省强农惠农资金使用管理办法》出台，明确指出：全省各级财政安排用于“三农”的各项资金投入，包括农村基础设施建设资金、农业生产发展资金、对农业和农民的直接补贴资金、农村社会事业发展资金等。江西省林权配套改革财政支持政策情况如表 2-14 所示。

表 2-14 江西省林权配套改革财政支持政策情况

	时间	政策名称	相关重点内容
江西森林保险政策	2007 年 4 月	《关于贯彻落实温家宝总理重要指示全面深化林业产权制度改革的意见》	明确建立政策性森林保险制度，并给予保费补贴
	2007 年 10 月	《江西省林木火灾保险试点工作方案》	在全省 26 个林业重点县开展政策性林木火灾保险试点，并创立由地方财政给予保费补贴和逐步建立后备风险基金的地方性政策保险模式
	2009 年 4 月	《政策性林业保险试点工作方案》（修订版）	实行公益林政策性统保，商品林自愿投保
江西省林权抵押贷款政策	2007 年 4 月	《关于全面开展林权抵押贷款的指导意见》	确定了林权抵押贷款的贷款对象和条件、贷款范围、贷款程序、贷款期限与利率、贷款管理及抵押物监管和处置

（续）

	时间	政策名称	相关重点内容
江西省林权抵押贷款政策	2007年4月	《江西省农村信用社林权抵押贷款管理办法（试行）》	符合规定条件的客户都可以作为林权抵押贷款对象
	2007年8月	《关于全面做好江西林权改革金融配套服务工作的指导意见》	完善江西林权制度改革的金融配套服务措施，引导江西省内金融机构积极稳妥开展以林权抵押贷款为核心的金融服务创新
	2009年6月	《江西省强农惠农资金使用管理办法》	全省各级财政安排用于“三农”的各项资金投入，包括农村基础设施建设资金、农业生产发展资金、对农业和农民的直接补贴资金、农村社会事业发展资金等

2.3.6　林业产权制度深化改革政策（2011—2020年）

进一步深化集体林权制度改革，鼓励和引导社会资本积极参与林业建设，推进集体林业适度规模经营，释放农村发展新动能，实现林业增效、农村增绿、农民增收，现就加快培育新型林业经营主体提出如下指导意见。2011年起各林业工作部门开始出台林地经营政策文件，完善林业经营机制，促进规模经营。如，2016年1月国家林业局中国农业发展银行联合发布《关于充分发挥农业政策性金融作用支持林业发展的意见》明确各级农发行积极与林业主管部门做好衔接，通过多种方式为林业项目提供全面优质的金融服务。一要强化与地方政府合作，积极探索、重点推进通过公司类客户支持林业发展的信贷模式。二要为林业项目量身定制融资方案。努力创新金融产品，研发符合林业产业特点、与林业生产周期相匹配的信贷产品，延长中长期贷款期限，实施优惠利率，开展风险可控的林权抵押贷款业务等。三要提高服务意识，增强服务水平，优化贷款审批流程，提高办贷效率，加快贷款投放，对林业主管部门推荐的优质项目和国家重点工程，开辟绿色通道，在信贷政策上予以倾斜。

2013年9月，国家林业局出台《关于加快林业专业合作组织发展的通知》，主要落实《中共中央、国务院关于加快发展现代农业进一步增强农村发展活力的若干意见》明确提出“农民合作社是带动农民进入市场的基本主体，是发展农村集体经济的新型实体，是创新农村社会管理的有效载体”、“培育和壮大新型农业生产经营组织，充分激发农村生产要素潜能”。鼓励农民兴办林业专业合作社、股份合作林场、家庭林场、林业协会等多元化、多类型林业专业合作组织。重点支持林业专业合作组织开展林下经济、造林绿化、森林抚育、苗木花卉、经济林、加工储藏、流通运输、市场营销、生产经营、信息平台建设等生产经营和服务活动。

我国集体林地面积28亿亩，涉及1亿多农户，近5亿农村人口。集体林木经济价值达数十万亿元。2019年，新型经营主体达27.87万个，经营发展水平稳步提升。但目前，集体林地仍存在产权不明晰、经营主体不落实、经营机制不灵活、利益分配不合理等问题。集体林权制度改革已经进入深水区、攻坚期，2019年12月30日，全国林业和草原工作会议出台《工商企业等社会资本流转林地经营权管理办法》，并宣布：明年将进一步放活集体林地经营权。继续完善集体林权制度，保持集体林地承包关系长久稳定。2020年将健全集体林地“三权”分置运行机制，放活集体林地经营权，鼓励各种社会主体通过租赁、入股、合作等形式参与林权流转，培育新型经营主体，促进集体林地适度规模经营，详见表2-15所示。

表2-15　林业产权制度深化改革政策

时间	政策名称	相关内容
2011年6月	财政部、国家林业局《关于开展2010年造林补贴试点工作的意见》	对使用先进技术培育的良种苗木在宜林荒山荒地、沙荒地人工造林和迹地人工更新、面积不小于1亩（含1亩）的林农、林业合作组织以及承包经营国有林的林业职工进行造林直接补贴和间接费用补贴。①乔木林和木本油料经济林每亩补助200元，灌木林每亩补助120元，水果、木本药材等其他经济林每亩补助100元，新造竹林每亩补助100元。②迹地人工更新，每亩补助100元
2012年8月	国务院办公厅《关于加快林下经济发展的意见》	努力建成一批规模大、效益好、带动力强的林下经济示范基地，重点扶持一批龙头企业和农民林业专业合作社，逐步形成“一县一业，一村一品”的发展格局
2013年1月	国家林业局《关于切实加强天保工程区森林抚育工作的指导意见》	促使森工企业实现由以“木材生产为中心”向“以森林经营为中心”的转变

（续）

时间	政策名称	相关内容
2013年9月	国家林业局《关于加快林业专业合作组织发展的通知》	创建新型林业生产经营组织是推动现代林业发展的核心和保障。重点支持林业专业合作组织开展林下经济、造林绿化、森林抚育、苗木花卉、经济林、加工储藏、流通运输、市场营销、生产经营、信息平台建设等生产经营和服务活动
2014年11月	国家林业局《关于加快特色经济林产业发展的意见》	重点发展具有广阔市场前景、对农民增收带动作用明显的特色经济林，形成一批特色突出、竞争力强、国内知名的主产区，培育一批以特色经济林为当地林业支柱产业，产业集中度较高的重点县；建设一批优质、高产、高效、生态、安全的特色经济林示范基地。对符合小型微型企业条件的农民林业专业合作社、合作林场等，可享受国家相关扶持政策。符合税收相关规定的农民生产林下经济产品，应依法享受有关税收优惠政策。支持符合条件的龙头企业申请国家相关扶持资金。对生态脆弱区域、少数民族地区和边远地区发展林下经济，要重点予以扶持
2015年9月	国家林业局《关于组织开展创建全国林业专业合作社示范社活动的通知》	加快林业专业合作社示范社建设步伐，全面提升林业专业合作社发展质量和水平
2015年12月	国家林业局《关于严格保护天然林的通知》	“完善天然林保护制度，全面停止天然林商业性采伐”，“严格控制低产低效天然林改造”，“严禁移植天然大树进城”
2016年1月	国家林业局《中国农业发展银行关于充分发挥农业政策性金融作用支持林业发展的意见》	双方合作支持重点领域包括：一是国家储备林基地建设。二是天然林资源保护工程、生态防护林建设、森林抚育经营等林业生态修复和建设工程。三是林区道路、森林防火等林业基础设施建设。四是国有林区（场）改革转产项目。五是油茶、核桃等木本油料、工业原料林、林产品精深加工等林业产业发展。六是森林公园、湿地公园、沙漠公园等生态旅游开发
2016年3月	国家林业局《关于进一步加强集体林地承包经营纠纷调处工作的通知》	各地集体林地承包经营管理部门要建立健全纠纷调处工作规则和管理制度，积极推进县、乡、村林地承包经营纠纷调解仲裁体系建设，逐步建立健全乡村调解、县市仲裁、司法保障的集体林地承包经营纠纷解决机制

（续）

时间	政策名称	相关内容
2017年7月	国家林业局《关于加快培育新型林业经营主体的指导意见》（林改发〔2017〕77号）	坚持和完善农村基本经营制度，加快构建以家庭承包经营为基础，以林业专业大户、家庭林场、农民林业专业合作社、林业龙头企业和专业化服务组织为重点，加大财税支持力度、优化金融保险扶持、提高林业社会化服务水平等政策，大力培育包括林业专业合作社在内的新型林业经营主体，促进林地适度规模经营
	国家林业局、中国银监会、国土资源部印发《关于推进林权抵押贷款有关工作的通知》（银监发〔2017〕57号）	提出强化主体服务功能、创新金融服务方式、做好林权登记工作、提供一站式管理服务等重点任务，帮助经营主体解决贷款难、贷款贵的问题
	国家林业局《关于进一步放活集体林经营权的意见》（林改发〔2018〕47号）	引导具有经济实力和经营特长的农户，发展家庭林场、领办林业专业合作社，形成规模化、集约化、商品化经营
2018年5月	国家林业和草原局《关于进一步放活集体林经营权的意见》	推行集体林地所有权、承包权、经营权的三权分置运行机制；鼓励各种社会主体依法依规通过转包、租赁、转让、入股、合作等形式参与流转林权，引导社会资本发展适度规模经营；在林权权利人对森林、林木和林地使用权可依法继承、抵押、担保、入股和作为合资、合作的出资或条件的基础上，进一步拓展集体林权权能。鼓励以转包、出租、入股等方式流转政策所允许流转的林地，科学合理发展林下经济、森林旅游、森林康养等。探索开展集体林经营收益权和公益林、天然林保护补偿收益权市场化质押担保。积极推进家庭经营、集体经营、合作经营、企业经营、委托经营等共同发展的集体林经营方式创新
2018年9月	国家林业和草原局《关于加大政策扶持力度，加快森林质量精准提升的建议》林改发〔2019〕20号	将营林机械设备研发制造、推广应用、林区道路、营林房舍等基础设施建设纳入中央财政补贴问题

（续）

时间	政策名称	相关内容
2018年9月	国家林业和草原局《关于加快林业合作经济组织建设促进现代林业发展的建议》（2018年第7833号）	自2017年1月1日至2019年12月31日将小型微利企业享受减半征收企业所得税优惠的年应纳税所得额上限由30万元提高到50万元，其所得减按50%计入应纳税所得额，按20%的税率缴纳企业所得税，实际企业所得税税负为10%。符合条件的林业合作社均可按规定享受上述优惠政策
2019年3月	国家林业和草原局、民政部、国家卫生健康委员会、国家中医药管理局《关于促进森林康养产业发展的意见》林改发〔2019〕20号	培育一批功能显著、设施齐备、特色突出、服务优良的森林康养基地，构建产品丰富、标准完善、管理有序、融合发展的森林康养服务体系
2020年3月	国家林业和草原局《工商企业等社会资本流转林地经营权管理办法（征求意见稿）》	为引导和规范工商企业等社会资本依法投资林业发展，建立工商企业等社会资本取得林地经营权的资格审查、项目审核和风险防范制度
2020年5月	国家林业和草原局、国家市场监督管理总局《关于印发集体林地承包合同和集体林权流转合同示范文本的通知》	引导和规范合同当事人签约履约行为，减少了合同纠纷隐患。根据新修订的《中华人民共和国农村土地承包法》和《中华人民共和国森林法》等法律法规，以及《不动产登记暂行条例》有关规定，国家林业和草原局联合国家市场监督管理总局对《集体林地承包合同（示范文本）》和《集体林权流转合同（示范文本）》进行了修订

随后，地方政府紧跟国家政策的步伐，纷纷出台了一系列政策支持林业规模经营。如，2011年，福建省人民政府办公厅关于印发《推进农业适度规模经营重点工作任务分解方案的通知》鼓励有资金、懂技术、会经营的农村专业大户和农民专业合作社、农业龙头企业等适度规模经营主体受让农户流转的土地，开展多种形式的适度规模经营。四川省人民政府办公厅发布《关于加快发展现代林业产业的意见》突出特色优势，增强林业产业竞争带动能力；突出规模效应，优化区域布局和集群发展；突出科技支撑，推动林业产业提质增效；突出社会主体，促进多元化投入和参与；突出改革创新，完善林业产业化经营机制。中共湖北省委办公厅、湖北省人民政府办公厅《关于建立全省落实强农

惠农政策情况暗访督查制度的通知》如土地承包经营权的确权及颁证，林权改革，农村承包土地（林地）的流转和适度规模经营，国土整治和征地，水利建设中涉及群众利益的项目，农村社会保障体系建设等方面的政策落实情况。2014 年，湖南省人民政府《关于支持工商企业转型投资林业建设的意见》引导和支持工商企业转型投资林业建设，是加快转方式调结构，激发市场活力，实现江西省经济平稳较快发展的重要举措。

2016 年江西省林业厅出台了《关于加快培育新型林业经营主体、促进林地适度规模经营的指导意见》，强调要扶持专业大户、家庭林场、农民林业合作社、资源培育型林业龙头企业等新型林业经营主体的主要内容和政策措施。

2.3.7 改革开放以来林业建设政策演变规律探析

从以上集体林权制度改革 6 个阶段的政策演变可以看出：我国的林权制度改革是一个不断完善、不断深入的发展改革过程。我国林业制度变迁经过 30 年的实践和完善，形成了一套比较完善的林业产权制度政策体系，适用于我国的林业发展。确定了林农在林业建设的主体地位，林业发展在国民经济与社会可持续发展的生态核心作用。新中国成立以来我国林权制度改革政策呈现以下变化规律。

(1) 林地经营模式的转变是一个“统—分—合”的过程

新中国成立初期，1956 年 6 月，国家通过《农业生产合作社示范章程》规定：林木在内的所有社会的所有土地必须交给农业生产合作社统一使用。1981 年 6 月，党中央、国务院颁布了《关于保护森林发展林业若干问题的决定》中规定广大农民要分到自留山，承包责任山。“承包”两字开始运用到林地经营。1983 年 7 月林业部印发《关于建立林业生产责任制的意见》，在南方集体林区，推行林业“三定”工作，主要内容为“稳定山林山权、划定自留山、确定林业生产责任制”，开始尝试家庭承包经营责任制，扩大经营者的自主权。1985 年起开始推行厂长负责任制，进行林价制度改革试点工作。2003 年 6 月，中共中央、国务院出台《关于加快林业发展的决定》指出要明晰林业产权，在此基础上鼓励森林、林木和林地使用权合理流转。2004 年 9 月，江西省委、省人民政府《关于深化林业产权制度改革的意见》，明确了新期时改革的主要内容为“明晰产权，减轻税费，放活经营，规范流转”，提出了进一步明晰林地使用权和林木所有权，放活经营权，落实处置权，保障收益权，调动广大林农和社会各方面参与林业建设的积极性。2008 年 6 月，中共中央、国务院《关于全面推进集体林权制度改革的意见》提出以明晰产权为主要任务的集体林权制度改革，指出，将用5年左右时间基本完成明晰产权、承包到户的改革任务。2018年5月，国家林业和草原局《关于进一步放活集体林经营权的意见》推行集体林地所有权、承包权、经营权的三权分置运行机制；鼓励各种社会主体依法依规通过转包、租赁、转让、入股、合作等形式参与流转林权，引导社会资本发展适度规模经营。从政策演变可以看出，我们林地经营方式从新中国成立初期采用“合作化”、“人民公社”集体统一经营模式逐渐向“承包到户”的分散经营模式转变，然后在落实产权的基础上鼓励有条件的分散的林农通过参与林业合作组织（合作社）将分块林地集中起来，实现林地合作经营；或者将集体林地所有权、承包权、经营权的三权分置运行，通过转包、租赁、转让、入股、合作等形式将林地经营权向大户或社会投资人集中，实现林业规模经营。

（2）改革从“明晰产权”向“综合配套”、“深化改革”方向发展

新中国成立初期，1956年6月，国家通过《农业生产合作社示范章程》，规定了林木和林地的使用权属归农业生产合作社。1981年3月，中共中央、国务院发布《关于保护森林发展林业若干问题的决定》规定“确定山林所属归集体属有，自留山分给农民，允许农民承包责任山，以现有的权属为基础，一般不动，个别调整”。1983年7月，林业部印发《关于建立林业生产责任制的意见》，在南方集体林区，实施以“稳定山林山权、划定自留山、确定林业生产责任制”为主要内容的林业“三定”工作。2003年6月，中共中央出台的《关于加快林业发展的决定》明确规定了森林、林地、林木的所有权。这些年的改革使林业产权的权属在发生改变，从单一的权属明晰改革到以“森林资源管理体系、林业产业体系、林业投融资体系、林业科技人才服务体系、林业政策法规体系、林业保障体系、林业保险服务体系、构建林业产权交易中心、组建林业合作组织和简化审批手续、提高服务质量”等综合内容的配套改革。重点要建立林业投融资平台，健全林权抵押贷款政策，推进政策性森林保险，改革林木采伐管理制度，健全生态公益林补偿机制，扶持林业专业合作组织建立，加强乡镇专业森林防火队伍建设。

（3）政策从“适度从紧”到“国家财政重点扶持”方向转变

总结各阶段的改革政策看来，现阶段的改革能如此深入和彻底，与国家财政支持力度有非常密切的关系。2003年以前国家对林业发展的支持力度是适度从紧的，自2003年的新一轮集体林权制度改革后，国家从许多方面给予林

农财政方面的支持，首先是减轻林农的税费，2004年12月，财政部、发展改革委员会的《关于公布取消103项行政审批等收费项目的通知》，取消林木采伐许可证和木材运输证工本费收费项目。2005年5月，中央财政的《财政林业贷款中央财政贴息资金管理规定》规定了各类银行发放的林业贷款，中央财政根据中国人民银行规定的贷款利率变化情况调整相应贴息率。《林业产业政策要点》明确了在财政、金融、税收等方面扶持林业产业发展的政策，2008年12月，国务院办公厅的《关于当前金融促进经济发展的若干意见》指导农村金融机构开展林权抵押贷款业务。2009年5月，《关于做好集体林权制度改革与林业发展金融服务工作的指导意见》中合理确定贷款期限，林业贷款期限最长可为10年。对小额信用贷款、农户联保贷款等小额林农贷款业务，借款人实际承担的利率负担原则上不超过基准利率的1.3倍。同年10月，《林业贷款中央财政贴息资金管理办法》明确除保留过去已有的各项优惠政策外，对贴息范围、贴息率、贴息期限重新进行了调整。梳理改革以来的财政支持政策，可以看出，国家财政对林业的大力扶持，保障了新一轮林业产权及配套改革的顺利进行。

(4) 政策从“易调整性”向“稳定性”方向完善

从制度变迁的过程看，在新中国成立初期，到林业“三定”时期，我国的林业政策呈现不稳定、变化快、易调整的特点，导致在1985年前后出现的大规模乱砍滥伐，“分山到户”的家庭承包责任制没有继续下去，动摇了林农林业经营的决心。在中共中央、国务院《关于全面推进集体林权制度改革的意见》中明确规定林地的承包期为70年，同时加大了林业政策的稳定性趋向。

(5) 政策调控的重点从“经济属性”向“生态属性”转变

新中国成立初期，林业的主要目的是为了生产木材，重点发展经济属性，而且林业生产归于农副生产。改革开放以后，政府采用“经济属性”与“生态属性”并重的方针，一方面加大了对“生态属性”的生态公益林的财政投入，禁止采伐生态公益林，提高农户的生态补偿标准，弥补农户的经济收入，如2005年江西省第十届人民代表大会常务委员会出台《关于加强森林资源保护和林业生态建设的决议》提出要保护生态公益林，实施天然阔叶林禁伐政策，建立森林生态效益补偿机制；另一方面鼓励各种方式的植树造林，提高人工林的面积，满足林业生产的需求。2007年9月，国家发布的《基本建设贷款中央财政贴息资金管理办法》把“速生丰产林基地建设项目”纳入贴息范围。2015年3月，中央政治局会议上，正式把“坚持绿水青山就是金山银山”的理念写入中央文件中，这也标志着林业发展进入了重要的转型阶段。2014年，在黄河中上游和长江上游实施天然林采伐禁令的基础上，先在黑龙江龙江森林产业集团和大兴安岭林业实施了暂停采伐试点。2015年，黑龙江、吉林、内蒙古和河北省等重点国有林区的天然林商业性采伐全部被纳入停止砍伐范围。2016年，全国的包括非天保工程区的、国有林场的天然林商业采伐被停止，并扩大到所有国有天然林。2017年南方集体林区和个人的天然林商业性采伐被停止，2018年、2019年中央1号文件关于实施乡村振兴战略再次强调要“完善天然林保护制度，发展现代高效林业，实施兴林富民行动”、“全面保护天然林”。至此，意味着，林业政策的调控重点从经济效应属性向生态保护属性方面转变。

(6) 林权制度改革政策从“统筹安排”到“地方审批”简化手续的过程

改革开放以来，我国经济体制实行由“计划经济”向“市场经济”转变，产品的供求受市场经济调节与控制，但林业经营与生产有着其特殊的特性，其采伐供应还受国家计划下的统一调配，许多有关林业项目的审批要层层报批，然后由国家进行统筹安排。新的林权制度改革的内容之一为“简化手续”，降低林业项目的交易成本，提高工作效率。2008年《中共中央、国务院关于全面推进集体林权制度改革的意见》明确表示实行林木采伐审批公示制度，简化审批程序，提供便捷服务。2009年5月，为了精简林业行政审批事项，江西省林业厅出台《关于进一步做好精简省级林业行政审批事项有关工作的通知》中强调要做好精简省级林业行政审批事项，简化审批手续，明确审批流程，提高行政效率，做到公开透明运行，接受社会监督。2009年10月，财政部、国家林业局联合下发《林业贷款中央财政贴息资金管理办法》，将具体林业贷款项目的选择权和财政贴息资金的审核管理权下放到省级林业和财政部门。

第3章 农户林地规模经营行为研究

2003年以来，我国各地陆续启动新一轮以“明晰产权、承包到户”为主要内容的集体林权制度改革，将集体林地经营权下放给农户家庭。分山到户在一定程度上促进了林业生产的迅速发展、农民林地收入的快速提高，林改后的2005年与林改前的2000年相比，福建省和江西省农民平均林业收入都显著增加，福建省翻了一番多，江西省翻了两番多（刘伟平、陈钦，2009）。2004年各省农民人均林业总收入404.15元，2005年增加到529.16元，增加了125.01元，增长了30.9%。2006年增加到了682.87元，比2005年增长29.0%，比2004年增长69.0%（孔凡斌，2008），这是制度变迁的政策绩效。但是随着制度安排的改革进一步深化，其不足之处也逐渐暴露出来，如，分山到户造成每个农户拥有多块林地，每块林地面积大小不一，林地分布呈现为不连片和细碎化的特征，林地细碎化程度较高，S指数为0.55，无疑增加了农户林地投入的成本，呈现林地经营效率相对低下，难以对接大市场的竞争（孔凡斌、廖文梅，2012）。随着农村劳动力转移和林地细碎化程度加剧后，许多研究者认为农户的林地收入的增长不完全是林地投入产出增加的结果，而是税赋降低后还之与民的结果，仍未改变林地粗放经营的现象。政府寄以希望通过扩大林地经营规模来转变现代林业的发展方向，当林地经营规模达到一定适度后，使得林地经营要素得到进一步优化，林地利用效率得到提高，进一步改善了农村林业生产力低下的现状。

3.1 林地经营的最优规模测度

中共十八届三中全会以来，政府出台了一系列政策以培育新型农业经营主体，发展新型的农业经营模式、实现规模经营成为中国实现农业现代化的必然选择（周应恒、胡凌啸等，2015）。1987年中共中央在5号文件中第一次明确要采取不同形式实行适度规模经营以来，中央连续在若干重要文件和若干决定中多次提到要发展适度规模经营，说明它的重要性和中央对其重视程度。如，从2014年中央农村工作会议基本确定了《中共中央办公厅、国务院办公厅关于引导农村土地经营权有序流转发展农业适度规模经营的意见》（中办发〔2014〕61号）。林业经营属于广义农业经营的范围，林地适度规模经营同样重要。因此，2013年国家林业局提出《关于进一步加强集体林权流转管理工作的通知》，通过规范流转，推进多种形式的适度规模经营。因此本文从农户自身收入最大化原则出发，通过计量分析和数理推导，探究农户究竟需要多大的林地经营规模？确定农户的最优林地经营规模区间，为未来演进的均衡规模提供参考。

3.1.1 研究综述及相关理论分析

关于土地适度经营规模的研究，国内外学者开展了大量的理论和实证研究，其中大部分集中在农地规模上，并且得出了许多非常有价值的成果。规模经营来源于西方的规模经济理论，从中引出了农地规模经营的定义，即农地规模大小对农业经济效益的影响，提出农地规模经营是相对动态的概念，要确定好农地规模经营的“度”的问题，否则经营面积过大或过小都会带来不经济问题（伍业兵、甘子东，2007）。适度规模经营指的是在既有条件下，适度扩大生产经营单位的规模，使土地、资本、劳动力等生产要素配置趋向合理，以达到最佳经营效益的活动（许庆、尹荣梁等，2011）。很多发达国家在农业发展过程中都曾面临经营小块土地而规模不经济的问题，从而采取农地规模经营的策略，并且农地经营规模随着生产力的发展逐步扩大（任兵雪，1989）。在我国，1987年国务院农业发展研究中心对农业土地能否进行适度规模经营进行生产试验（农业部农村改革试验区办公室，1994），随后对浙江省、广东省和江西省等农村土适度规模经营做了一些探索（陈昭玖等，2016）。已有的研究表明，土地经营规模与产值之间呈倒U形关系，在一定规模下，土地经营呈现“规模报酬递增”，但经过这个拐点后则为“规模报酬递减”。因此，已有的研究对土地适度规模存在阶段有两种不同观点：一是规模报酬递增，中国的土地经营规模离目前具备的生产力水平所要求的最佳经营规模有较大差距（黄季焜、马恒运，2000），现在提高一个单位的农地经营规模会产生较高的单位面积纯收入（黄延延，2011）。二是规模报酬不变或递减，许庆等（2011）基于CERC/MOA中国农村居民问卷调查数据所做的实证分析，在考虑土地细碎化的影响后，我国粮食生产总体上而言规模报酬不变，否认了规模报酬递增的存在。

不管现阶段是处于土地规模报酬递增、还是不变，实现土地规模经营已经是不可逆的趋势（郭庆海，2014）。集体林权制度改革后，农户林地适度经营规模的大小也成为林业政策的制定者及学者极其关心的话题，但是对林地经营规模的研究才刚刚起步，研究成果主要集中探索农户林地经营规模的影响因素等方面。Chinzorig等（2013）和李慧（2013）从农户意愿出发，采用定量方法分析农户期望的林地经营面积的重要影响因素。实现经营规模的途径呈现地区差异特点，如平原林区难以通过大规模的林地流转实现林地集中型的规模经营，不断涌现的林业专业合作社为实现林业规模化经营开辟了一条更为现实的道路（陆岐楠、展进涛，2015）。根据相关经济学原理，一定的生产力条件下，林地经营规模有一个最佳度：规模过小，使一定的要素条件不能充分发挥作用，就会存在效率损失：规模过大；一定的要素条件满足不了现实的需求，会导致粗放经营，产生土地浪费。

规模经营是土地集约经营的基础。一般来说，小规模经营收入少，经营者增加物质技术投入的积极性较低，而较大规模的经营，商品生产的程度较高，收入多，经营者有积极性增加投入，提高土地产出率（许庆、尹荣梁，2011）。上述成果为本研究奠定了十分重要的理论基础，但是还是无法回答农户究竟需要多大的林地规模才为适度？因此，本文基于农户微观角度，从林地收益尺度确定林地的适度规模，以规模经营农户获取最大规模收益为目标来确定林地经营的适度规模，为林业部门的宏观决策提供参考。

3.1.2 计算方法、计量模型与数据来源

（1）农户最优林地经营规模的计算方法

不同标准衡量，存在不同的最优土地经营规模。不同的地形差异，由于机械化的影响，农地的最优土地经营规模存在差异，平原地形比山区地形更有利于机械化，平原地形的土地适度经营规模要比山区地形高一些，而林地受资源禀赋的影响，中国的林地资源分布在山区，且目前林业机械化程度不高的情况下，区位因素也是影响林业经营适度规模的重要因素。因此，本文力求考查区位差异因素的影响下农户最优林地经营规模大小，即指按家庭劳动禀赋和林地禀赋的最大化利用称量的最优林地经营规模。如果按确定的要素标准衡量的最

优经营规模是存在的，则本文根据倪国华（2015）的研究方法，以农户林地收入为因变量，以相关标准林地经营面积等为自变量，把相关函数关系拟合为二次函数：$Y = ax^2 + bx + c$。通过计量模型可以估计出系数 a 和 b，再分析系数 a 和 b 的显著性、二者之间的关系以及相关极值拐点是否存在，如果存在，则可以用拟合函数的一阶导数计算出对应的最优林地经营面积：$x_e = -\frac{b}{2a}$。

（2）计量经济模型的选择和指标设定

在特定条件下，在要素市场和产品市场充分发育的情况下，农户追求的目标是以货币衡量的收入最大化，即劳动和土地的效率最大化利用，求解农户最优林地经营规模的被解释变量：

$$Y_i = \beta_0 + \beta_1 Area_i + \beta_2 Area_i^2 + \sum_{j=3}^{n} \beta_j x_i + \varepsilon_i \qquad (3-1)$$

各变量的名称和含义如下：Y_i 是农户家庭林地收入，其含义是每年的家庭林地的货币收益。$Area$ 是农户经营林地总面积，单位为亩。$Area^2$ 是农户经营林地总面积的平方项，在模型中加入平方项的目的是计算农户林地总面积与家庭林地收入之间是否存在极值拐点，如果存在拐点，则可以通过拟合函数的一阶导数把农户的最优林地经营面积计算出来。X 是表示影响农户家庭林地收入的其他控制变量。

（3）数据来源和描述统计

本文数据来源于2014年课题组对江西省6个地级市农村林业经营户的入户调查。每个县随机抽取3个乡镇，每个乡镇随机抽取2个村，每个村随机抽取25个农户，随机抽取的农户不在家的，采用偶遇方式进行补充，偶遇无法补充则放弃这一农户的调查。此次调查收回问卷900份，在数据整理过程中严格剔除缺失数据的样本后，实际有效样本为862个。本文所用变量的描述性统计特征见表3-1所示。

表3-1　模型中变量的描述性统计特征

变量	定义	解释	均值	最小值	最大值
Year	户主年龄	户主的实际年龄	52.57	22	87
Culture	户主文化	小学以下=1，小学=2，初中=3，高中或中专=4，大专业及大专以上=5	2.586	1	5

（续）

变量	定义	解释	均值	最小值	最大值
Area	林地面积	农户实际经营林地面积	32.056	1	2 000
Labor	劳动力	家庭可用劳动力人数	2.817	0	9
Out	异地转移人数	实际转移人数	0.292	0	5
Local	当地转移人数	实际转移人数	0.209	0	4
Pro	林业收入占比	林业收入占家庭总收入的比重	19.79%	0	1
Fund	林业经营资金的主要来源	自有资金＝1，借贷资金＝0	0.919	0	1
Terrain_f	是否平原	是＝1，否＝0	0.104	0	1
Terrain_m	是否山区	是＝1，否＝0	0.572	0	1
Zone	农村经济发展水平	3 000≥1；3 000～3 999＝2；4 000～5 999＝3；6 000～6 999＝4；7 000～9 999＝5；10 000≤6	4.604	1	6
Distance	通达程度	偏远＝1，中等通达＝2，近郊＝3	1.728	1	3
Center	人口聚集度	低度＝1，中偏低度＝2，中偏高度＝3，高度＝4	2.429	1	4

注：当人口数小于 700 人，人口聚集度的级别为低级；当人口数小于 1 250 人，大于等于 700 人，人口聚集度的级别为中低级；当人口数小于 2 000 人，大于等于 1 250 人，人口聚集度的级别为中高级；当人口数大于 2 000 人，人口聚集度的级别为高级。

进一步说明的是，表 3-1 中样本地区的地形条件可分为山区地形、丘陵地形和平原地形三类，分类依据详见廖文梅等（2014）的相关研究。区位等级（因素）是反映经济地理条件的一种重要指标，本文区位条件采用农村经济发展水平、人口聚集度和通达程度三个指标来衡量。农村经济发展水平采用样本农户所在县（市）农村居民可支配收入指标来衡量，数据来源于各地 2014 年的统计年鉴，统计结果表明，样本县农村居民可支配收入的均值为 6 712.32 元，低于全国农村居民人均纯收入 7 917 元。通达程度采用样本村镇到中心城镇的距离来衡量，依此划分为近郊、中等通达、偏远三种类型，分别以 3、2 和 1 等数字表示，该数据通过农户所在的自然村调研所得。从表 3-1 可看出，通达程度均值为 1.728，意味着农户样本数据主要来自偏远地区。

3.1.3 实证研究结果

基于 862 户农户调查数据，运用 Stata11.2 统计软件，对农户需要多大的规模才适度进行回归模型估计，估计结果如表 3-2 的模型所示。为了验证计算结果的可靠性，本文还将随机抽取 351 个样本进行对照，结果如表 3-2 的模型（二）所示。

表 3-2　实证回归结果

变量名	模型（一）		模型（二）	
	系数	T 值	系数	T 值
Year	−0.083**	−2.72	−0.077	−1.37
Culture	0.091**	2.34	0.099	1.38
Area	0.002**	2.19	0.003**	2.60
Area×*Area*	3.0E−6**	−1.95	2.0E−6**	−1.98
Labor	0.121***	5.37	0.086**	2.46
Out	−0.188***	−5.81	−0.206***	−3.23
Local	0.022	0.38	−0.015	−0.16
Pro_income	0.081***	4.67	0.157***	4.15
fundsfrom	0.132	1.35	0.189	1.31
flatland	0.158	1.26	0.059	0.20
mountain	0.207**	2.82	0.267*	1.70
Zone	0.198***	6.84	0.329***	6.79
Distance	0.120**	2.73	0.061	0.74
Center	0.065**	2.09	0.089**	1.69
常数	−1.088***	−3.41	−1.622***	−2.90
样本	862		351	
R 方	0.148		0.2321	
适度规模	475		473	

（1）最优适度规模

回归结果表明，拟合农户林地最优规模经营模型，均可以观察到农户经营林地总面积的一次项和二次项对于被解释变量都在 5%显著性水平下影响显著或边际影响显著。其中二次项的系数为负值、一次项的系数为正值，这意味着拟合函数 $Y = ax^2 + bx + c$ 存在极大值的拐点，可以通过上述拟合函数的一阶条件计算出对应的最优林地经营面积 $x_e=-\frac{b}{2a}$。经计算，对于追求林地收入最大化的农户而言，通过调查数据计算出来的最优林地经营面积是475亩*，即在现有的林地生产力水平下家庭经营的拟合最优林地经营规模为475亩，是农地家庭最优经营规模138亩的2～3倍（倪国华、蔡昉，2015）。

为了验证上述分析结果的稳健性，从862户样本农户中随机抽取了351户再次回归，拟合的最优林地经营面积为473亩，非常接近于总体水平。按目前户均32.056亩的林地经营面积计算，只达到了本文确定的农户家庭最优林地经营规模475亩的6.85%。这就意味着如果要实现十八届三中全会的林地适度规模，即使保持现有林地生产力水平不变的情况下，我国的林地经营规模还需要提高近15倍。随着林地生产力水平的逐步提高，农户家庭最优林地经营规模还将进一步提高。

（2）影响因素

另外，根据表3-2模型（一）回归结果，除了户主年龄和异地劳动力转移对农户林地投入有着显著的负影响外，户主文化、林地面积，家庭劳动力、经济发展水平、通达程度、人口集中度、山区、林地收入比重均对农户林地收入有着显著的正向影响。

劳动力异地转移对于林地经营收入有显著的负向影响，劳动力异地转移越多，农户越倾向于将劳动力转向非农领域配置，导致林业收入受到影响。2015年江西省农民工转移总量为842万人，占全国的3%，占江西省常住人口的38.12%，江西省异地转移人口为561万人，占江西省总体转移人口的66.62%。林地经营规模适度集中和劳动力转移本身也是工业化和城镇化发展的必然结果，但是劳动力异地转移给林业生产的资源配置起到一定的抑制作用。

代表区位特征的经济发展水平、通达程度、人口集中度在表3-2模型（一）中都具有一定的显著影响，在控制其他条件不变的情况下，经济发展条件好、通达程度以及人口集中度高的地区，农户的林地收入就越高，源于以下几方面的原因：一是城市周边森林已经成为城镇市民休闲去处，森林旅游成为提高林地收入重要渠道。二是经济发展条件好、通达程度以及人口集中度高的地区，道路等基础设施建设较为完善，林木资源变现更为容易，对于提高农户

* 1亩=1/15公顷。

林地收入提供了较大的可能性。

3.1.4 结论及政策建议

在林地规模经营成为不可逆转的发展趋势下，尊重农户自身意愿借助市场力量实现林地逐步集中，这成为林业相关决策部门顶层设计的基本共识。基于此，本文从微观农户视角出发，利用862户农村住户调查数据，试图定量回答“农户究竟需要多大的林地经营规模才为适度”这一核心问题，进而得出：在现有的林地生产力水平下家庭经营的拟合最优林地经营规模为475亩，按目前户均32.056亩的林地经营面积计算，即使保持现有林地生产力水平不变的情况下，调查样本区的林地经营规模还需要提高近15倍。

确立林地适度经营规模有两方面的含义：第一，单纯出于提高林地经营效率的目标而大规模推行林地经营规模集中是不可取的，因为在林地生产力水平不变的条件下，高于林地的最优经营规模475亩后，会导致规模经营的边际效率下降；同时，规模过大，一定的要素条件满足不了现实的需求时，会导致粗放经营，产生土地浪费。第二，林地经营规模的适度集中是工业化与城镇化的必然结果，也是提高农户林地收入的必然需求。以现有的林地生产力水平分析，在家庭林场的林地经营规模低于475亩时，林地规模的集中可以提高各要素配置效率，进而增加农户的林地收入。因此，各级政府促进林地流转、推进林地适度规模时一定要慎重，切不可追求扩大经营规模，同时要规范好林地要素流转市场，降低林地流转的交易成本，不断提高科技和资本要素的投入，进而提高林地适度规模化水平。

3.2 市场培育程度与农户林地规模（流转）行为研究

我国通过集体林权制度改革，明晰农户林地的产权边界，强化农户对林地的产权强度。同时政策鼓励发展林业规模经营，鼓励农户规范进行林地流转，以促进现代林业发展，提高农户收入。但面临的问题是，在相同的林地产权强度下，还有什么因素制约着农户发生林地流转？关于这个问题，本研究从农地流转市场中找到了线索。对于农地的流转，有学者提出市场培育程度是农地产权能否进入或者多大程度进入交易的前提条件，市场的培育程度不仅会影响区域农地的总体规模还会使得农户的流转方式产生差异（何一鸣，2012)。因此，市场培育程度在农地流转过程中起到重要的作用。市场培育程度代表的是目标市场的发育成熟度，一方面完善的交易中介及交易载体是市场培育成熟的关键（陈永志，2007)，另一方面，外部行政干预对于农地市场培育建设有消极作用，减少行政干预有利于培育完善的交易市场（叶剑平，2006)。农地流转过程中往往因为受到交易成本约束，从而影响农户流转行为（何一鸣，2012)。而市场培育程度的提高有利于降低交易成本，这主要体现在以下几个部分：第一，通过组织协调降低交易成本。农村土地流转中介组织通过分配、交换、协调等环节的链接，可降低中间交易成本（王志章，2010)。同样地，服务市场组织由于存在要素合约网络，也导致要素市场的交易成本降低（罗必良，2017)。另外农户由于主体的分散，获取市场信息能力及谈判能力较弱，因此在市场中处于不利地位（陈永志，2007)，而交易平台的存在降低了信息不对称，有利于交易成本的降低；第二，通过降低不确定性来降低交易成本。这里的不确定性主要有两类不确定性，一是指农户行为的不确定性，二是制度环境的不确定性。首先市场培育程度越高，农户土地租赁时签订书面契约的概率越高，市场培育程度越低，农户之间租赁农地时签订口头契约的比例越高（洪名勇，2013)。虽然口头契约在早期的农地流转交易过程中发挥了短期均衡的作用，但随着交易域的扩大，农地流转主体增多，原来依靠口头契约的均衡被打破，需要新的市场机制介入（李霞，2011)，交易平台的存在有利于降低机会主义行为，从而减少不确定性；其次，市场培育程度越高，意味着在交易过程中，主要靠市场机制发挥作用，将减少外在的产权干预，降低环境政策不确定性（吴晨，2010)。将此逻辑运用至林地流转市场中，引出本文的研究框架，本文将产权交易市场与服务交易市场纳入市场培育程度一个框架下，构建市场培育程度—交易成本—农户行为的分析思路，考察产权交易市场培育程度与服务交易市场培育程度对林地流转行为的影响。

3.2.1 指标选取

本文被解释变量分为两部分：一是是否发生林地流转；二是分别研究是否有林地转入和转出行为。

（1）核心解释变量

服务市场培育程度。选取农户所在县的社会化服务种类数来衡量，根据调查的实际情况，将社会化服务类型主要分为 4 类，分别是技术指导与培训服务、病虫害防治服务、产品代收代售服务和政策法律咨询服务，采取农户所在县域样本的社会化服务拥有的种类数来衡量，本文未采用该农户所采取的社会化服务数量，这样的处理一方面降低了农户林地流转与社会化服务之间的内生性；另一方面，社会化服务种类数量可以一定程度上反映农户所在区域的社会化服务供给状况，从而反映该地区林业社会化服务市场的培育程度。

产权交易市场培育程度。这部分主要包括两个核心变量，一是是否有产权交易平台，产权交易平台的存在可以降低农户搜寻成本提高农户交易效率，属于衡量该地区产权交易市场的直接指标，该指标与产权交易市场培育程度正相关，为避免因果关系不明确内生性问题，是否有产权交易平台则是调查前一期的情况；另外一个指标是林地流转是否受到村组干预，在我国的土地流转过程中，村组成为国家意志的代理人，由村干部代表的群体所表达的社会认同决定农地流转秩序（谢琳，2013），这种来自外部对产权交易的干预，使得产权交易的不确定性增强，对整个产权交易市场的规范运行产生一定的消极作用。根据调查的实际情况，调查农户进行林地流转是否受到村组集体干预，林地的转入与转出是否需要村组的同意，该指标与产权交易市场培育程度负相关。

(2) 控制变量

林地资源禀赋。包括农户拥有的林地面积，因为本文的解释变量涉及林地的流转行为，如果利用林地现有的林地面积，对于发生过林地流转行为的农户，将产生因果关系不明确的内生性问题，因此本文选取的林地面积为农户在进行流转交易前所拥有的林地面积；林地细碎化程度，同样为避免上述的因果关系不明确的内生性问题，选取农户在林地流转前拥有的林地块数/农户在林地流转前的林地面积。

户主特征。包括户主的年龄、户主文化水平、户主性别、户主是否参加过林业技术培训。随着工业化、城镇化的推进，农户家庭迅速产生分化，由于不同类型的家庭经营主体的组织特征导致农户行为取向的差异化，即便小农户也表现出较强的异质性（赵佳，2015），一般来说户主的人力资本特性会影响家庭的决策，从而影响农户家庭的交易行为。

家庭特征。包括家庭总人口数、家庭总收入、家庭劳动力数量、是否有党员、是否有村干部。通过设置家庭特征变量有利于控制家庭诸多特征对林地流转行为的影响。

区位因素。一是林地离主干道距离，指农户拥有的林地离所在村庄主干道的距离，可以反映林地的交通运输条件；二是村委会离县中心的距离，在农村距离县中心的距离，反映了农户所在地的区位条件优劣；三是农户所在地的地形，由于林地具有依赖自然资源的特性，因此分为平原地区、丘陵地区以及山地地区。

3.2.2 数据来源及样本描述

3.2.2.1 数据来源

本文研究数据来源于 2016 年对浙江省、江西省、福建省、四川省、湖南省 5 个省份农户的调查。这 5 个省份均属于南方集体林区，以该 5 个省份作为调查对象，旨在探究集体林权制度改革之后南方山区农户经历林地产权变革的林地流转行为。本文调查的 5 个省份集体林权制度改革时间上并不一致，2003 年江西省、福建省在全国率先开始改革试点，浙江省紧随其后，在积累了一些成功经验之后，湖南省、四川省开始基础改革工作。本次调查利用分层抽样的方式，每个省抽取 2 个县，每个县抽取 2 个镇，每个镇抽取 2 个村，每个村随机抽取 30 户农户，共抽取样本农户 1 200 户。以家庭为单位抽取样本农户，如果户主外出务工则由其配偶或有家庭主事能力的成员代替，调查问卷内容主要包括农户的户主特征、家庭特征，以及关于林地经营特征及林地交易状况等部分，发放问卷 1 200 份，收回问卷 1 200 份，调查员根据问卷填写情况进行有效性评估，检查信息缺失及逻辑上是否有误，并对问卷质量进行打分，如问卷有关键信息缺失，比如未填写林地面积，未填写是否有林地流转，信息缺失达到 30%以上且有明显逻辑错误，则判定问卷质量为差，有部分非关键信息缺失且无前后逻辑错误则判定问卷质量为中，信息填写完整且无错误，则问卷质量为优。在经过筛选之后，剔除质量差的问卷，得到本文研究数据 1 086 份，问卷有效率为 90.5%。

3.2.2.2 样本描述

（1）样本总体流转情况

如图 3-1 所示，在调查的样本农户里面，发生林地流转的占总体样本 18.3%，有 199 户，未发生林地流转的农户占总体样本的 81.7%，有 887 户；发生林地转入行为的农户占总体样本 12%，有 130 户，未发生林地转入的农户样本 956 户；发生林地转出行为的农户占总体样本 6.4%，有 69 户，未发生林地转出行为的农户占总体样本 93.6%，有 1 017 户。

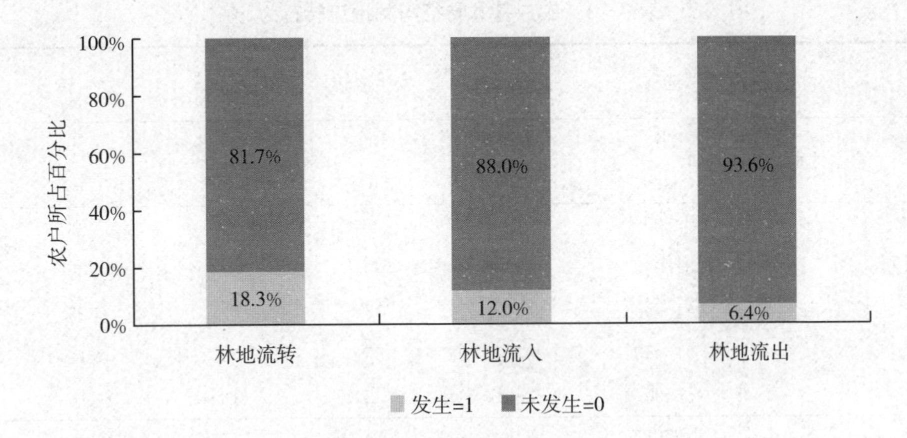

图3-1　林地流转情况

(2) 农户基本特征与林地流转行为

为了进一步更加具体地了解调查样本的情况，本章选取了家庭的经营情况及地形与因变量进行交叉分析。由表3-3可知，调查样本的户主性别为男性占比97.33%，有1 057户，其中发生林地流转行为的有193户，发生林地转入行为的有127户，发生林地转出行为的有66户。调查样本的户主性别为女性占比仅为2.67%，有29户，其中发生林地流转行为的有6户，发生林地转入行为的有3户，发生林地转出行为的有3户。农户年龄主要集中在41～50岁，占比34.16%，有371户，其中发生林地流转行为的有77户，发生林地转入行为的有52户，发生林地转出行为的有25户。户主的文化水平主要集中在初中，占比44.20%，有480户，其中发生林地流转行为的有94户，发生林地转入行为的有61户，发生林地转出行为的有33户。家庭总人口主要集中在4～5人，占比52.3%，达到调查样本一半以上，其中发生林地流转行为的有105户，发生林地转入行为的有63户，发生林地转出行为的42户。调查样本区域地形主要为山地地形，占比68.32%，有742户，其中发生林地流转行为的有135户，发生林地转入行为的有77户，发生林地转出行为的58户。调查样本区域调查农户位于平原地形占总体样本比例为7.73%，在平原地区农户中发生流转的农户有4户，发生林地转入的有1户，发生林地转出的有1户。调查样本区域农户位于丘陵地形占总体样本比例为23.94%，在丘陵地区农户中发生流转的农户有60户，发生林地转入的有52户，发生林地转出的有8户。

表3-3　农户基本特征与林地流转行为

指标	选项	占比（%）	发生流转	发生转入	发生转出
户主性别	男	97.33	193	127	66
	女	2.67	6	3	3
户主年龄	≤30	1.29	5	3	2
	31～40	11.60	30	21	9
	41～50	34.16	77	52	25
	51～60	30.94	55	38	17
	≥60	22.01	32	16	16
户主文化水平	小学以下	8.20	18	16	2
	小学	37.57	60	36	42
	初中	44.20	94	61	33
	高中	9.39	23	15	8
	大专及以上	0.64	4	2	2
家庭总人数	1～3	32.41	63	49	14
	4～5	52.30	105	63	42
	≥6	15.29	31	18	13
地形	平原	7.73	4	1	1
	丘陵	23.94	60	52	8
	山地	68.32	135	77	58

（3）服务市场培育程度与林地流转行为

如表3-4所示，社会化服务种类数量为1的地区农户总数有226户，占总样本数的20.81%，发生流转行为的有46户，其中发生转入行为的农户为6户，转出行为的为40户，从各自行为的占比来看，此地区的农户转出比例远远高于转入比例。由此可得知，相比该指标农户占总样本比例，发生流转的比例更高，且农户发生林地转出的比例大于林地转入比例。社会化服务种类数量为2的地区农户总数有333户，占总样本数的30.66%，发生流转行为的农户的有36户，其中发生转入行为的农户为18户，转出行为的为18户。从各自行为的占比来看，此地区的农户转出行为比例也高于转入行为，由此可知，相比该指标农户占总样本比例，发生流转的比例略低，且农户发生林地转出的比例大于林地转入比例。社会化服务种类数量为3的农户总数有 387 户，占总样本数 35.64%，发生流转行为的农户 108 户占总体流转比例最高达 54.27%，其中发生转入行为的农户为 102 户，转出行为的为 6 户。由此可知，相比该指标农户占总样本比例，发生流转的比例更高，且从各自行为的占比来看，此地区的与前两个区域情况相反，农户转入行为比例远远高于转出行为。社会化服务种类数量为 4 的地区农户总数有 140 户，占总样本数的 12.89%，发生流转行为的有 9 户，占总体流转比例达 4.52%，其中发生转入行为的农户为 4 户，占全部转入样本农户的 3.08%，转出行为的为 5 户，占全部转出样本的 7.25%，相比该指标农户占总样本比例，发生流转的比例更低，从各自行为的占比来看，此地区的农户转出行为比例略微高于转入行为。

表 3-4　服务市场培育程度与林地流转行为

指标	农户数	占比	发生流转	占比	发生转入	占比	发生转出	占比
社会化服务种类数=1	226	20.81%	46	23.12%	6	4.62%	40	57.97%
社会化服务种类数=2	333	30.66%	36	18.09%	18	13.85%	18	26.09%
社会化服务种类数=3	387	35.64%	108	54.27%	102	78.46%	6	8.70%
社会化服务种类数=4	140	12.89%	9	4.52%	4	3.08%	5	7.25%

（4）*产权交易市场培育程度与林地流转行为*

根据表 3-5 可知，不存在产权交易平台的农户总数为 789 户，占全部样本的 72.65%，其中发生过林地流转的农户有 136 户，占总体流转样本的 68.34%，发生林地转入行为的农户有 81 户，占全部转入农户的 62.31%，发生林地转出的农户有 55 户，占全部林地转出农户的 79.71%，由表 3-5 可以初步得知两个情况：第一，相比占农户总样本比例，不存在产权交易平台的农户发生流转的比例更低。第二，不存在产权交易平台的农户，发生林地转出的比例大于林地转入比例。存在产权交易平台的农户总数为 297 户，占全部样本的 27.35%，说明在调查的区域内，具备给农户提供林地各要素流转中心比例偏低，其中有产权交易平台的农户发生过林地流转的农户有 63 户，占总体流转样本的 31.66%。发生林地转入行为的农户有 49 户，占全部转入农户的 37.69%，发生林地转出的农户有 14 户，占全部林地转出农户的 20.29%。据此也可初步得知两个情况：第一，相比占总样本比例，有产权交易平台发生流转的比例更高。第二，有产权交易平台的农户发生林地转入行为的比例大于林地转出比例。

流转未受到村组干预的农户有 164 户，仅占总样本的 15.10%，其中发生流转农户有 162 户，占总体流转样本的 81.41%，发生林地转入的农户有 121 户，占总体林地转入样本的 93.08%，发生林地转出的农户有 41 户，占总体林地转出样本的 59.42%。由此可以初步得知：第一，相比占总样本比例，未受到村组干预的农户发生流转的比例远远高于农户占总样本的比例。第二，该指标下农户发生林地转入行为所占比例远远高于林地转出行为所占比例。流转受到村组干预的农户有 922 户，占总样本的 84.90%，说明大部分区域农户在交易过程中还是受到一定程度制约，其中发生流转农户有 37 户，占总体流转样本的 18.59%。发生林地转入的农户有 9 户，占总体林地转入样本的 6.92%，发生林地转出的农户有 28 户，占总体林地转出样本的 40.58%。由此可以初步得知：第一，相比该指标占总样本比例，受到村组干预的农户发生流转的比例远远低于农户占总样本的比例。第二，与上述情况相同，未受村组干预的农户发生林地转入行为所占比例远远高于林地转出行为所占比例。

表 3-5　产权交易市场培育程度与林地流转行为

指标	农户数	占比	发生流转	占比	发生转入	占比	发生转出	占比
产权交易平台=0	789	72.65%	136	68.34%	81	62.31%	55	79.71%
产权交易平台=1	297	27.35%	63	31.66%	49	37.69%	14	20.29%
村组干预=0	164	15.10%	162	81.41%	121	93.08%	41	59.42%
村组干预=1	922	84.90%	37	18.59%	9	6.92%	28	40.58%

3.2.3　变量描述与模型构建

3.2.3.1　变量描述

在进行模型实证分析前，本章对各变量先进行定义、解释及描述分析，为后续的实证研究提供基础。

本文的被解释变量为农户的林地流转行为，即是否发生流转行为，又具体分解为两种行为：是否发生林地转入行为和是否发生林地转出行为。并设置为虚拟变量，分类旨在考察农户这三种不同行为的影响因素差异。由表 3-6 可知，三种行为的发生率均不高，是否发生流转的均值为 0.183，是否发生转入的均值为 0.120，是否发生转出的均值仅为 0.064。

本文的核心解释变量有两个：一是服务市场培育程度。其利用调查农户所在的县所拥有的社会化服务类型数量来衡量，根据具体调查情况，本文把社会化服务类型分为四种：分别是技术指导与培训服务、病虫害防治服务、产品代收代售服务和政策法律咨询服务。根据表3-6可以看出，各县社会化服务类型数量的均值为2.4，最大值为4，最小值为1，说明各县现有的林业社会化服务类型并未完全覆盖，还存在一定的完善空间；二是产权交易市场培育程度。采取的是当地是否有产权交易平台以及林地流转是否受到村组干预来衡量。具有产权交易平台，说明该地的要素市场建设相对来说比较完善，根据统计结果显示，具有产权交易平台的均值在0.273，说明总体还处于一个较低水平。是否受到村组干预则采取对农户询问“在农户所在村组，如果农户未发生林地流转，那么如果需要流转是否需要经过村组的同意：如果发生流转，那么在流转过程中是否受到村组的干预”。从均值0.849来看，对于调查所在地区受到村组干预的现象比较普遍，大部分地区在农村林地的交易上，受到了除了产权管制以外的村级行政约束。

区位因素。林地离主干道距离，主要是指农户的主要经营林地，或者获得收益最高的林地离村庄主干道的距离，由表3-6可知，农户的林地离主干道距离均值为1.55千米。村委会离县中心距离，学者通常用村委会所在地到乡镇政府所在地的距离、村委会所在地到农资供应点的距离、村内通公路里程来表示所在村地理位置（李孔岳，2009），村委会离县中心距离则是每位调查员通过查看地图软件得出的精确值，所调查区域离县中心的平均值为35.15千米。另外，此次调查区域所在村庄的地形大多属于丘陵与山地。

林地资源禀赋。据表3-6可知，样本区域的调查农户平均拥有的林地面积为57亩，最大为1 305亩，最少为1亩，标准差较大。虽然集体林权制度改革的目的之一是均山到户，但因为各地林地资源差异，导致农户间的林地面积有较大差异。林地细碎化采用的是农户在林地流转前拥有的林地块数/农户在林地流转前的林地面积，从变量定义来看，数值越大说明细碎化程度越高。由表3-6数据可知调查农户的林地细碎化程度均值为0.204，代表每块林地的面积为5亩左右，林地细碎化程度最高的农户达到一亩林地分为6块。

户主特征。据表3-6可知，户主的年龄均值在50～60岁左右，调查样本农户的年龄偏大。户主的性别主要为男性。户主的平均受教育程度在小学到初中之间。对于是否参加过林业技术培训，一半以上的农户未参加过林业技术培训。

家庭特征。样本区域调查农户家庭平均有 4.15 人，其中最少的为 1 人，最多的户籍人口达到 9 人。家庭劳动力数量均值为 2.83。其中调查农户家中有党员与村干部数量较少，均值分别为 0.28 与 0.13，这也与实际的总体样本情况相符。调查农户中林业收入占比的均值为 16.9%，显示现在大部分农户较少依赖林业收入；家庭总收入均值为 3.59，为 38 898 元。

表 3-6 变量描述及定义

变量	变量解释	Mean	Std. Dev.	Min	Max
（1）被解释变量					
是否发生流转	是＝1；否＝0	0.183	0.387	0	1
是否发生转入	是＝1；否＝0	0.12	0.325	0	1
是否发生转出	是＝1；否＝0	0.064	0.244	0	1
（2）解释变量					
1）服务市场培育程度					
社会化服务种类数	所在区拥有的社会化服务种类数量	2.406	0.957	1	4
2）产权交易市场培育程度					
是否有产权交易平台	是＝1；否＝0	0.273	0.446	0	1
是否受到村组干预	是＝1；否＝0	0.849	0.358	0	1
3）区位因素					
林地离主干道距离	以实际距离计算（千米）	1.550	1.595	0	20
村委会离县中心距离	以实际距离计算（千米）	35.149	26.745	0	137
地形	平原＝1；丘陵＝2；山地＝3	2.606	0.628	1	3
4）林地资源禀赋					
林地面积	林地流转前的面积（亩）	57.068	100.179	1	1 305
林地细碎化程度	林地流转前块数/林地流转前面积	0.204	0.405	0.001	6
5）户主特征					
户主年龄	0～30＝1；31～40＝2；41～50＝3；51～60＝4；≥60＝5	3.608	0.994	1	5
户主性别	男＝1；女＝2	1.027	0.167	1	—
户主文化程度	小学以下＝1；小学＝2；初中＝3；高中＝4；大专及以上＝5	2.567	0.798	1	5
是否参加林业技术培训	是＝1；否＝0	0.448	0.498	0	1

（续）

变量	变量解释	Mean	Std. Dev.	Min	Max
6）家庭特征					
家庭总人口数	家庭户籍人口（人）	4.15	1.398	1	9
家里是否有党员	是=1；否=0	0.281	0.45	0	1
家里是否有村干部	是=1；否=0	0.133	0.339	0	1
林业收入占比	家庭年林业收入/家庭年收入	0.169	0.272	0	1
家庭年收入	小于 8 000=1；8 000～15 000=2；15 000～3 000=3；30 000～60 000=4；大于 60 000=5（元）	3.588	1.189	1	5
劳动力数量	家庭 18～60 岁人口数	2.832	1.166	0	9

3.2.3.2 模型构建

（1）基准模型构建

在影响林地流转的因素中，被解释变量为二分类变量，是典型的二元选择问题，可以采用二值响应的 Logistic 模型。设定如公式（3-2）的概率函数：

$$Y=\ln\frac{p}{1-p}=\alpha+\beta_1 S+\beta_2 C+\beta_3 M+\cdots+\beta_\kappa x_\kappa+\mu \quad (3-2)$$

把农户有流转行为（包含林地转入、林地转出）的概率设为 p（$y=1$）；则农户没有发生流转行为（包含无林地转入、无林地转出）的概率为 $1-p$（$y=0$），S 为社会化服务种类数，C 为村组干预，M 为产权交易平台，β_1、β_2、β_3 为各自对应的偏回归系数，x_k（$k=1, 2, \cdots, 15$）为影响农户流转行为的因素变量。

（2）交互项模型

研究不同交互项对林地流转行为的影响，由于被解释变量与上文一致，是林地流转行为。因此，在上述 Logistic 模型的基础上加入三个交互项。设定函数如下所示：

$$Y=\ln\frac{p}{1-p}=\alpha+\beta_4 S+\beta_5 C+\beta_6 M+\beta_7 SC+\beta_8 CM+\beta_9 SM+\cdots+\beta_\kappa x_\kappa+\mu \quad (3-3)$$

其中（3-3）式把农户有流转行为（包含林地转入、林地转出）的概率设为 p（$y=1$）；则农户没有发生流转行为（包含无林地转入、无林地转出）的概率为 $1-p$（$y=0$），x_k（$k=1, 2, \cdots, 15$）为影响农户流转行为的因素变量，S 为社会化服务种类数，C 为村组干预，M 为产权交易平台，其中 SC 为社会化服务种类数与村组干预的交互项，CM 为村组干预与产权交易平台的交互项，MS 为产权交易平台与社会化服务种类数的交互项；β_4 、β_5 、β_6 为交互项系数。此时 S、C、M 对解释变量 Y 的边际效应分别可以写为：

$$\frac{\Delta Y}{\Delta S}=\alpha+\beta_4+\beta_7 C+\beta_9 M \tag{3-4}$$

$$\frac{\Delta Y}{\Delta C}=\alpha+\beta_5+\beta_7 S+\beta_8 M \tag{3-5}$$

$$\frac{\Delta Y}{\Delta M}=\alpha+\beta_6+\beta_8 C+\beta_9 S \tag{3-6}$$

如（3-4）式所示，若 $\beta_7>0$ 则说明社会化服务种类数对林地流转行为的影响效果随着村组干预的增加而增加；若 $\beta_7<0$，则说明社会化服务种类数对林地流转行为的影响效果随村组干预的增加而降低；若 $\beta_9>0$，则说明社会化服务种类数对林地流转行为的影响效果随着产权交易平台的增加而增加；若 $\beta_9<0$，则说明社会化服务种类数对林地流转行为的影响效果随着产权交易平台的增加而降低。其余式（3-5）、式（3-6）的含义也同上。

在进行交互项处理中，一般来说存在共线性问题，因此本文采取交互项中心化处理，将所有基础变量首先进行中心化处理，然后将中心化处理的两个变量相乘，得到新的变量，如公式（3-7）所示：

$$Y=\ln\frac{p}{1-p}=\alpha+\beta_4 S+\beta_5 C+\beta_6 M+\beta_7(S-\overline{S})\times(C-\overline{C})+\beta_8(C-\overline{C})(M-\overline{M})+\beta_9(M-\overline{M})(S-\overline{S})+\cdots+\beta_\kappa x_\kappa+\mu \tag{3-7}$$

其实际含义分别是：

一是社会化服务种类数×村组干预（SC）：在社会化服务种类数存在高低差异时，村组干预对于林地流转行为是否有不一样的影响。

二是村组干预×产权交易平台（CM）：在村组干预存在差异时，产权交易平台对于林地流转行为是否有不一样的影响。

三是产权交易平台×社会化服务种类数（MS）：在产权交易平台存在差异时，社会化服务种类数对于林地流转行为是否有不一样的影响。

（3）异质性检验模型

此部分研究的因变量为二分类变量，同样采取 Logistic 模型，模型公式如下所示：

$$Y = \ln \frac{p}{1-p} = \alpha + \beta_{10} S + \beta_{11} C + \beta_{12} M + \cdots + \beta_{\kappa} x_{\kappa} + \mu \tag{3-8}$$

同样地，农户有流转行为（包含林地转入、林地转出）的概率设为 p（$y=1$）；则农户没有发生流转行为（包含无林地转入、无林地转出）的概率为 $1-p$（$y=0$），S 为社会化服务种类数，C 为村组干预，M 为产权交易平台，β_{10}、β_{11}、β_{12} 为各自对应的偏回归系数，x_k（$k=1, 2, \cdots, 14$）为影响农户流转行为的因素变量。

3.2.3.3　模型说明

本部分实证内容主要分为三部分：

第一部分主要研究市场培育程度对农户林地流转行为的影响，将服务市场培育程度、产权交易市场培育程度作为自变量，并选取了4类控制变量，将林地流转行为作为因变量。

第二部分研究产权市场与服务市场培育程度的交互项对林地流转行为的影响。服务市场、产权交易市场两个市场之间并不是完全独立的，换言之，不同市场培育程度对林地流转行为的影响，可能受到各自的调节作用，为了考虑服务市场培育程度、产权交易市场培育程度之间相互作用，本部分增加变量间的交互项，交互项分别为：①社会化服务种类数×村组干预；②村组干预×产权交易平台；③产权交易平台×社会化服务种类数。

第三部分研究不同区位因素下市场培育程度与农户林地流转行为。由于区位因素对农户的林业经营模式有显著影响（谢芳婷，2018），因此本文试图进一步探明，不同区位因素的农户林地流转行为受服务市场培育程度、产权交易市场培育程度影响是否具有差异，旨在为分区位指导农户进行林地流转提供科学建议。本部分采取“村委会离县中心距离”变量来区别区位因素差异，分组的依据则是利用平均值作为分界点，距离高于平均值的则划为远离县城农户，反之则为县城周边农户，据此分组得出县城周边农户数为658户，远离县城农户数为428户。

3.2.4　模型估计结果

3.2.4.1　基准模型估计结果

本节利用Stata15.0软件对数据进行分析，对农户林地流转行为、农户林地转入行为和农户林地转出行为进行了Logistic回归处理，模型总体拟合效果较好，模型估计结果如表 3-7 所示：

表 3-7 基准模型估计结果

变量	是否发生流转	是否转入	是否转出
社会化服务种类数	−0.490**	1.379***	−1.246***
	(0.235)	(0.282)	(0.236)
产权交易平台	0.241	1.387***	−0.690
	(0.377)	(0.436)	(0.425)
村组干预	−8.277***	−7.223***	−3.158***
	(0.843)	(0.738)	(0.353)
林地面积	0.003 00***	0.004 38***	0.001 45*
	(0.001 04)	(0.001 32)	(0.000 840)
林地细碎化程度	0.392*	0.692**	0.151
	(0.211)	(0.344)	(0.293)
户主年龄	−0.021 7	−0.358*	0.127
	(0.202)	(0.194)	(0.166)
户主性别	0.591	−0.062 8	0.385
	(0.867)	(1.767)	(0.649)
户主文化水平	−0.066 3	−0.150	0.081 6
	(0.263)	(0.256)	(0.207)
是否参加林业技术培训	0.355	−0.182	0.285
	(0.388)	(0.417)	(0.357)
家庭总人口	0.045 3	−0.168	0.076 1
	(0.129)	(0.124)	(0.109)
是否为党员	0.084 7	0.426	−0.108
	(0.427)	(0.455)	(0.366)
是否为村干部	−0.493	−0.775	0.162
	(0.660)	(0.573)	(0.470)
林业收入占比	0.056 6	0.626	−0.441
	(0.652)	(0.751)	(0.583)
家庭总收入	0.162	0.164	−0.051 0
	(0.177)	(0.161)	(0.123)
劳动力数量	−0.168	0.059 2	−0.194*
	(0.143)	(0.132)	(0.114)

（续）

变量	是否发生流转	是否转入	是否转出
林地离主干道距离	−0.358***	−0.374**	0.055 6
	(0.095 6)	(0.146)	(0.065 2)
村委会离县中心距离	0.007 80	−0.010 4	0.006 85
	(0.006 16)	(0.007 94)	(0.004 88)
地形	−0.022 4	−0.799**	0.507
	(0.293)	(0.366)	(0.375)
Constant	5.151***	1.714	−0.467
	(1.956)	(2.701)	(1.572)
Observations	1，086	1，086	1，086

注：***、**、*分别表示1%、5%、10%的统计水平下的显著性，括号内为标准误。

（1）服务市场培育程度与林地流转行为

表3-7显示了服务市场的培育程度与林地流转行为的影响，根据模型结果可以得知，社会化服务市场种类数对林地的流转行为产生了显著的影响，估计结果分为三种类型，社会化服务市场种类数抑制了林地的流转行为，说明社会化服务种类数越多，农户与服务市场的联系越紧密。因此，对于产权的分工有了偏向服务规模经营的路径选择，相较于经营权整体的流转，经营权的细分流转的可交易性更高，交易成本更低，因此农户对林地的流转会受到一定的抑制；另一方面，社会化服务市场种类数与林地转入行为的关系可作为一个很好的佐证，因为技术教育、病虫害防治以及产品信息市场的服务完善，社会化服务市场供给完善，相较于转入林地，利用社会化服务的要素成本远远低于林地流转的交易成本，因此，社会化服务市场的完善有助于农户转入林地。相反地，由于存在社会化服务的市场供给，一些即使受要素成本约束，靠自身的资源条件无法进行林地经营的农户家庭，社会化服务为其提供另外一种服务经营方式。因此，服务市场培育程度抑制农户林地的转出行为。

（2）产权交易市场培育程度与农户林地流转行为

①根据模型结果表3-7可知，总体上来说产权交易平台对农户的林地流转行为起到促进作用，尤其是对农户的林地转入行为。一般来说，当地有产权交易平台的地区市场信息相对完善，对于林地的转入方来说，由于林地转入方涉及承包经营的问题，承担相对较多的风险。因此，有一个市场中介监督机

构，可以降低交易不确定性带来的风险，另外一方面来说，对于有意愿进行林地规模经营的农户来说，完善的产权交易市场，农户只需要给作为林地流转收集与定价的中心签约者支付一个代理价格（罗必良，2017），因此会显著地降低交易成本，农户从而会更加放心地转入林地，所以产权交易市场培育程度会显著提高农户林地转入的可能性。

②根据模型结果表3-7可知，是否受到村组干预在1%的显著水平下影响林地的流转行为，这与预期的假设一致，村组的干预对农户发生林地流转行为有明显的抑制作用，不管是林地的转入还是林地的转出。这与学者们在研究村级产权干预对农地流转时得出的结论一致，农户在流转农地时受到村级的干预，对农地交易权的干预会使交易成本增加，并扰乱农地交易市场，阻碍农地的合理流动（孙小龙等，2018）。在农地的流转市场上，这并不是一个纯粹的要素市场，而是包含了地缘、亲缘、人情关系在内的特殊市场（罗必良，2014）。因此，在林地交易过程中，不仅仅要考虑市场交易价格等，还需要考察所处村组的内在制度环境的影响，存在额外的风险。相比与农地的产权改革时间，集体林权制度改革时间更早，在产权明晰方面先行先试，还存在不完善地方。调查区域的85%的农户在林地流转的过程中受到了村干部的不同程度干预，从而影响了农户的林地流转。

(3) 控制变量与农户的林地流转行为

从表3-7模型估计的结果来看，农户拥有的林地面积对林地的流转行为以及转入行为在1%显著水平上有正向影响，在10%的显著水平上对林地的转出有正向影响。农户作为一个理性经济人（或者说是不完全理性人），以追求利益最大化为原则，一般来说，在经营过程中会按照收益最大化来做出经营决策。农户拥有的林地面积越大，越容易形成规模经营，按照边际成本递减的规律，边际效益会得到提升，农户经营林地的意愿会加强。因此更加倾向于通过转入更多的林地来进一步扩大自身经营面积，达到规模效益，这与大部分学者的研究结论是一致的。

3.2.4.2 交互项估计结果

本节利用Stata15.0软件对数据进行分析，对农户林地流转行为、农户林地转入行为和农户林地转出行为分别进行Logistic回归处理，进行产权交易市场培育程度与服务市场培育程度交互项检验，模型的估计结果如表3-8所示：

表3-8　交互项模型估计结果

变量	是否发生流转（1）	是否转入（2）	是否转出（3）
SC	−1.043	−1.694***	0.774*
	(0.900)	(0.630)	(0.467)
CM	−12.44***	0.166	0.967
	(0.937)	(0.986)	(0.729)
MS	0.174	−0.147	−0.0710
	(0.441)	(0.484)	(0.477)
社会化服务种类数	0.421	1.989***	−1.620***
	(0.872)	(0.466)	(0.382)
是否有产权交易平台	12.69***	1.480**	−1.299**
	(0.898)	−0.618	(0.605)
是否受到村组干预	−7.976***	−6.691***	−3.022***
	(0.860)	(0.697)	(0.410)
控制变量	控制	控制	控制
Constant	2.547	−0.482	0.595
	(2.728)	(3.158)	(1.891)
Observations	1086	1086	1086

注：***、**、*分别表示1%、5%、10%的统计水平下的显著性，括号内为标准误。*SC*为社会化服务种类数与村组干预的交互项，*CM*为村组干预与产权交易平台的交互项，*MS*为产权交易平台与社会化服务种类数的交互项。

（1）社会化服务种类数×村组干预

由表3-8可知，在模型（1）中，“社会化服务种类数×村组干预”对林地是否发生流转行为未发生显著影响，在模型（2）中“社会化服务种类数×村组干预”对林地是否发生林地转入行为产生显著的负向影响，说明当社会化服务种类数作为村组干预的调节项时，社会化服务种类数的提高会显著抑制村组干预对林地转入行为的影响，社会化服务种类数越高地区的农户，其在林地转入过程中，受到村组干预的影响效果会降低，在模型（2）中，SC的系数为−1.694，并且在1%的水平下显著。可能的原因是，社会化服务市场较完备的地区，技术指导与培训服务、病虫害防治服务、产品代收代售服务和政策法规咨询服务等更倾向于由市场的中间专业服务商为农户“代理”完成。因此，对于家庭经营的林地，农民可以有更多的选择，在林地流转过程中来自外部环境的干预反应程度会明显降低，发生林地转入行为的农户，往往在林地经营具有比较优势，但在集体林权制度改革时所承包的林地面积较少导致人地要素不匹配，使得转入动机较为强烈。随着社会化服务市场的完善，这类农户参与农户林地经营的分工程度越高，为要素资源缺乏的农户提供林业社会化服务，也从而抑制了村组干预对其林地转入的影响效果。在模型（3）中可知，“社会化服务种类数×村组干预”对林地是否发生林地转入行为产生显著的正向影响，说明当社会化服务作为村组干预的调节项时，社会化服务种类数的提高会显著促进村组干预对林地转出行为的影响，也就是说，社会化服务种类数越多地区的农户，其在林地转出过程中，受到村组干预的影响效果会增强。这样的结论同样在农地调整研究中得到印证，通过研究宗族组织对农地调整的影响发现，非正式社会组织在社区重大事件决策中发生了功能性的转变，并形成宗族内部精英与政治的合谋，把基层的权利资本化（仇童伟，2019）。在林地流转过程中，村组作为村级的非正式社会组织，同样也存在一种“村治”，特别是对于林地要素的转出，涉及村级内部的利益，因此受到的村组干预较大，对林地流转具有制约作用。

（2）村组干预×产权交易平台

由表3-8模型（1）可知，“村组干预×产权交易平台”对林地流转行为产生显著的负向影响，系数为－12.44，并在1%的水平下显著。说明当村组干预作为产权交易平台的调节项时，村组干预的存在会显著抑制产权交易平台对林地流转行为的影响，也就是说，受村组干预越大的地区，其在林地流转过程中，受到产权交易平台的影响效果会降低。可能的解释是，在受到村组干预较强烈的地区，农户的林地交易行为一方面受到当地产权交易平台的影响，产权交易平台的存在会促进农户发生林地流转行为；另一方面，受制于村级亲缘、地缘关系的影响，农户想要通过交易改变要素不匹配问题，但村级的干预会增加交易过程中的谈判成本，从而使得交易成本增加。林地的流转市场是包含亲缘的市场，对于中国的乡村来说，以熟人连带关系为基础的熟人组织形成了非正式的组织，而这些非正式制度治理机制会影响农户关于流转的认知，从而影响到林地流转行为，在同等的条件下，受到村组干预比较强烈的农户会抵制林地流转行为的发生，相对来说，受到村组干预较少的农户选择林地流转的可能性会大一些。另外从表3-8模型（2）和模型（3）中可以看出交互项未产生显著影响。

(3) 产权交易平台×社会化服务种类数

由表3-8可知，产权交易平台与社会化服务种类数未对林地流转行为产生显著影响，说明是否有产权交易平台并不能作为社会化服务种类数的调节变量从而影响林地的流转行为。

3.2.4.3 异质性研究估计结果

本节分两个模型来分别解释自变量对农户是否发生林地流转以及对农户是否发生林地转入（转出）的影响，其中判断距离远近的则是利用平均值作为分界点，距离高于平均值的则划为远离县城农户，反之则为县城周边农户，并对这两组农户依次进行上述回归，模型结果如表3-9所示：

表3-9　异质性模型估计结果

	远离县城农户			县城周边农户		
变量	是否发生流转	是否转入	是否转出	是否发生流转	是否转入	是否转出
社会化服务种类数	−0.592***	1.845***	−1.413***	−0.367	1.158***	−0.968***
	(−0.233)	(0.649)	(0.541)	(0.250)	(0.346)	(0.309)
是否有产权交易平台	−0.286	0.882	−0.540	0.773	2.141***	−0.714
	(0.569)	(1.072)	(0.532)	(0.611)	(0.640)	(0.780)
是否受到村组干预	−8.438***	−6.812***	−3.518***	−9.464***	−8.103***	−3.297***
	(1.504)	(1.461)	(0.896)	(1.516)	(1.117)	(0.500)
控制变量	控制	控制	控制	控制	控制	控制
Constant	4.581	−2.926	0.546	7.409***	6.933***	−2.910
	(3.042)	(5.592)	(3.494)	(2.699)	(2.481)	(1.949)
Observations	428	428	428	658	658	658

注：***、**、*分别表示1%、5%、10%统计水平下的显著性，括号内为标准误。

(1) 服务市场培育程度

结合表3-9可知，对于远离县城的农户来说，社会化服务种类数在1%的显著水平下，对林地流转行为有抑制作用，但对于县城周边的农户来说，社会化服务种类数对林地流转行为并无显著影响；对于林地转入行为来说，远离县城的农户与县城周边的农户，都受到社会化服务种类数的正向影响；对于林地转出行为来说，远离县城的农户与县城周边的农户，都受到社会化服务种类数的负向影响。以上结果说明，在服务市场培育程度对林地流转行为影响上，区位因素导致的差异主要在于，远离县城的农户林地流转行为受到服务市场培育程度影响的可能性更大一些。同等条件下，远离县城的农户受到交通条件市场信息方面的制约，一方面农户可选择的生计策略较少，主要以农业活动为主，生产活动较为单一；另一方面，由于受自然条件的制约，林地资产变现能力较弱。因而林业经营收益相较于县城周边农户更少。由于在林业经营活动中缺少相应的经营利益，交易过程中缺乏交易收益，导致整个林业市场不活跃，因此，随着服务市场培育程度的完善，农户将更加倾向于选择社会化服务来满足林业经营过程中的需要，对于一些农户，可能会利用社会化服务继续扩大自身经营，从而转入一些林地，实现服务规模经营。

(2) 产权交市场培育程度

①根据模型估计结果表3-9可知，是否有产权交易平台对远离县城的农户的林地流转行为、林地转入行为、林地转出行为均未产生显著影响，但是对于县城周边农户，是否有产权交易平台对林地流转行为产生了显著的正向影响。根据表3-9可以看出，是否有产权交易平台对林地转入行为在1%的水平下产生正向影响，系数为2.141。说明随着产权交易市场培育程度的完善，县城周边农户会越倾向于发生林地流转和林地转入行为，但是对于远离县城的农户却未受到显著的影响。可能的原因是，一方面，县城周边地区的产权交易平台作为一种交易装置，是组织要素配置的合约网络（罗必良，2017），在其他条件对等的情况下，市场由于受市场容量、交易半径与分工深度的制约，市场的制约配置功能会受到影响，具体表现来看，县城周边农户交易半径优于远离县城的农户，因此对县城周边地区在促进林地规范流转方面发挥的积极作用更大；另一方面，县城周边农户对于产权交易平台的了解更加充分，部分远离县城农户对于产权交易平台缺乏了解，在流转过程中并未考虑通过此来进行交易，而是更加倾向于口头私下交易非合约化的流转方式，因此导致两种类型农户的差异。

②根据模型估计结果表3-9可知，不管是县城周边农户还是远离县城的农户，林地流转行为都受到村组干预的显著性影响，且均在1%的水平下显著，这两种类型农户在此方面并未有显著的差异。

3.2.5 结论与建议

3.2.5.1 研究结论

本文通过对1 086户农户的调查数据分析发现，当前我国林地流转率不高，仅占样本总体的18.32%，其中发生林地转入行为的农户占总体样本12%，发生林地转出行为的农户占总体样本6.4%。另外通过实证部分的分析，得出以下几点结论：

（1）服务市场的培育程度对林地的流转行为产生了显著的影响，对林地的转出行为具有抑制作用，但促进了林地转入行为。产权交易市场培育程度总体上来说对农户的林地流转行为起到促进作用，尤其是对农户的林地转入行为，其中产权交易平台促进了农户的林地流入行为，村组的干预对农户发生林地流转行为有明显的抑制作用，不管是林地的转入还是林地的转出。

（2）通过对变量进行交互项分析发现，社会化服务种类数作为村组干预对林地流转行为影响的调节项，抑制林地的转入并促进林地转出。村组干预作为产权交易平台对林地流转行为影响的调节项，对其产生抑制作用。在此研究中，未发现社会化服务种类数与产权交易平台的交互项对林地流转行为产生显著性影响。

（3）通过对区位因素的异质性分析发现，服务市场培育程度与产权交易市场培育程度对林地流转的影响存在区位性差异。具体来说，相对于县城周边的农户来说，远离县城的农户的林地流转行为在1%的显著水平下受到服务市场培育程度的影响。相对于远离县城的农户来说，县城周边农户的林地流转行为更加显著地受到产权交易市场培育程度的影响。具体来说，县城周边农户，是否有产权交易平台促进了林地转入行为。无论是县城周边农户还是远离县城的农户，林地流转行为都受到村组干预影响，且均在1%的水平下显著，这两种类型农户在此方面并未有显著的差异。

3.2.5.2　政策建议

（1）完善林业交易市场环境

集体林权制度改革鼓励农户进行林地有序地流转，有利于推进我国林地规模化经营。对于促进林地规范流转，有以下政策建议：一是要建立有效的林地产权交易平台，完善林地产权交易的市场建设，整合林业要素市场组织体系，完善产权交易装置。二是要做好供求双方的信息联结机制，建设网络信息平台，提供交易过程中双方协商洽谈的良好环境，提高交易效率。三是要做好交易后的跟踪与服务，处理好纠纷工作。

通过构建各类林业社会化服务平台，改善农户家庭的外部规模经济与分工经济，有利于提高服务市场容量。按照这个逻辑，提出的政策建议是：构建林业社会化服务供需对接机制，完善各类林业社会化服务交易平台，满足农户对于社会化服务的需求，从而实现林业专业分工，实现林业服务规模经营。

(2) 积极发挥村组在林地流转过程中的正向作用

村组作为我国乡村的一种组织，有着其特殊性，既是传统文化发育与传承的载体，也在乡村基层治理中发挥着重大的作用，作为集体的自治组织，在基层治理过程中便存在自洽性与延续性（仇童伟，2019）。在林地的流转过程中，由于村组干预，导致林地产权交易不确定性增加，一方面会增加交易供给方为了解本村村组对交易行为的态度而产生的信息成本，另一方面也会增加林地流转的交易链条，并增加谈判成本。因此，我们要坚决落实政府关于林地流转的各项政策，建立监督机制，避免在政策实施过程中遭受产权的干预行为；另外要减少村组对林地流转过程的干预，让农户有自主权地进行林地交易，保障农户的流转权利。

(3) 因地制宜科学有序地指导流转

区位因素不但会影响农户林地流转行为，区位因素的差异还导致服务市场培育程度以及产权交易市场培育程度对林地流转行为影响效应产生差异。因此，为了合理引导农户林地流转行为，应当分类安排不同区位因素的产权交易平台建设以及社会化服务建设。从本文的结论来看，应当加强对远离县城区域的产权交易平台建设，并且加强对农户关于林地产权流转的政策宣传与引导，让农户有更加规范的流转意识。对于县城周边区域，应当更加完善社会化服务建设，引导农户进行分工专业化种植，从而提高林业经营效率。

3.3 政策引导、贫困程度与农户林地规模经营行为

集体林权改革后，农户经营的林地在空间上呈现分散化、细碎化的特点，农户经营林地积极性受到一定的影响，产出也明显有下降趋势（孔凡斌、廖文梅，2012）。党的十八届三中全会以来，政府出台了一系列的政策培育新型经营主体，以促进林业适度规模经营。十九大报告中再次强调要发展多种形式的规模经营，林业规模经营及其经营形式成为当前学界和政界十分关注的话题（周应恒、严斌剑，2014）。在深化集体林权改革之后，各地都在积极探索林业规模经营的实现途径，稳定集体林地承包关系、放活生产经营的自主权，促进林地、林木的有效流转，实现林业规模经营。林地作为农户的重要生产要素，

需要以农户的林业规模经营意愿为先导，而后才能导致农户行为的产生。然而在现实生活中，往往出现农户意愿与行为不一致的情况，即农户有林业规模经营意愿但是实际上却没有发生林业规模经营行为，主要原因为农户意愿在向行为转化的过程中，会受到多种因素的影响，使得农户最终的行为与最初的意愿之间存在一定的差异。学者们关于林业规模经营的研究主要集中在林业规模经营的必要性（孔凡斌、廖文梅，2012；袁晓辉、王卫卫，2005）、规模经营的效率问题（翟秋、李桦、姚顺波，2013；侯一蕾、王昌海、吴静等，2013；柯水发、陈章纯，2016；田杰、石春娜，2017）、适度规模经营的目标及评价标准等方面的研究（石丽芳、王波，2016；柯水发、舒晏丹，2016；张自强、李怡、高岚，2018；高雪萍、廖文梅，2018）。农户分散化经营使得林业缺乏吸纳现代科技的内在能力，无法通过专业化分工、协调合作以及采用现代技术等方式促进生产效率的提高（袁晓辉、王卫卫，2005）。同时，农户层面的林地细碎化也造成了农户林地经营积极性降低，林地产出量出现一定程度上的减少（孔凡斌、廖文梅，2012）。有学者研究发现小规模家庭经营的组织化程度低、资源利用率低和融资困难等问题，难以发挥林业的规模经济效益（翟秋等，2013；侯一蕾等，2013）；也有学者提出相反观点，并不是林地规模越大，林地投入产出效率越高，随着地块规模的扩大，单位面积林地总投入呈现递减的趋势。另外，农户林地经营不善，林地要素配置效率不高，同样会出现林地经营规模不经济，这也是导致林农经营规模效率低下的主要原因（柯水发、陈章纯，2016）；也有研究表明林地经营规模跟投入产出效率并不是简单的正向或者负向关系，而是存在一种倒U形曲线关系，而且林业生产要素配置效率还存在很大的提升空间（田杰、石春娜，2017）。因此，林地经营规模存在一个适度问题，有研究表明林地经营面积在3.33～6.67公顷的中等户林地投入产出效率会达到最优状态（石丽芳、王波，2016），但同时也存在区域和林种差异，如辽宁省林地经营适度规模面积为29.76公顷，其中用材林的适度经营面积为56.21公顷，经济林的适度经营面积为9.7公顷（柯水发、舒晏丹，2016）；广东省、浙江省和安徽省3个省的毛竹、杉木与松木、果树的适度经营规模分别为97.71公顷、6.27公顷和5.41公顷（张自强等，2018）；江西省的林地适度规模为37.375公顷（高雪萍、廖文梅，2018）。林地经营规模受各因素的影响，大部分学者从意愿能够解释行为的角度出发，研究土地规模经营意愿的影响因素。这些学者认为外部市场和林改政策是林农扩大经营规模的主要影响因素（袁榕等，2012）；家庭资源禀赋、林业经营预期的影响和砍伐限额也是造成林地经营规模变动的重要变量（刘振滨等，2016）。舒尔茨认为农户是理性人，能够按照市场信号对自有的资源进行优化配置，以实现自身利益最大化（西奥多·W舒尔茨，1987）。农地规模经营理论认为在制度和法律约束下，生产技术既定，农地实现集中连片经营可以提高产出。但是在农户经营林地过程中，扩大经营规模的意愿与行为的不一致现象表现明显，且意愿与行为之间的差距被心理行为学的学者们所证实（Ajzen I，2011；Sheeran P，2016；Wegner D M，2002），农户的林业规模经营意愿并不一定转化成为行为，分析其出现差异的原因，可以为正确引导农户林业规模经营提供较为有效的政策建议。

3.3.1 数据与方法

（1）变量选取

被解释变量。为分析政策引导和贫困程度对农户林业规模经营行为的影响，本研究选择意愿与行为存在差异的视角，结合现有文献和调查数据，设定因变量分别为林业规模经营意愿（Y_1）和林业规模经营行为（Y_2）。因变量林业规模经营意愿是用农户是否愿意扩大林地经营的规模，林业规模经营行为是用农户是否通过流入林地来扩大规模，在模型的设定环节会具体阐述。

解释变量。核心解释变量是政策引导与贫困程度。①政策引导。林业政策调整直接影响农户经营林业的积极性和收益，集体林权制度改革的配套措施如林业产业优惠增长、林业经营补贴、森林保费补贴等，解决了农户营林、造林的后顾之忧，提升了农户造林、营林的热情（刘振滨、林丽梅、许佳贤等，2016）。因此，政策引导的指标设置为申请采伐指标是否容易（X_1）、是否获得造林补贴（X_2）和是否得到森林抚育补贴（X_3）。造林补贴和森林抚育补贴属于林业补贴政策，林业造林补贴政策旨在提高农户的造林积极性，森林抚育补贴则是提高农户的营林积极性（吴柏海、曾以禹，2013）。中国实行森林限额采伐，公益林理当受到限制，国家给以适当补贴，而商品林是以获取收益为目的，因此申请采伐指标对农户经营林业积极性有较大影响（曹兰芳等，2015）。②贫困程度。贫困问题一直是社会学、经济学等学科研究的热点问题，大部分林区都属于贫困较为集中的地区。多数的研究使用个体收入支出或者算术平均后的家庭人均收支来计算贫困率（周玉龙、孙久文，2017）。研究从区域宏观和农户微观两个维度来衡量贫困程度，其指标设置为家庭人均收入

（X_4）和地区经济发展水平（X_5），地区经济发展水平则采用该地区的人均可支配收入来量化。

控制变量。农户资源禀赋是指物化于农户身上所具有的能力、资本和资源拥有量，凝聚农户自身和其拥有的这些资源或能力（王春蕊，2010），也是影响农户林业规模经营行为的重要因素。农户文化程度（X_6）反映其综合的素质和能力。户主是家庭经营林业的主要决策者，其文化程度越高评估林业经营的风险和收益的能力越高，同时对林业政策认知和理解程度越高，扩大林业规模和提升林业收益的意愿越强（倪坤晓、王成军，2012），林业规模经营的意愿向行为转化的可能性越大。农户的年龄（X_7）越大，接受新事物的能力越小，发生林业规模经营的意愿和行为的可能性越小。家庭劳动力（X_8）越多，可配置的劳动力资源越多，农户规模经营的意愿越强（贺东航、田云辉，2010）。特别要说明的是，林业收入是驱动林业规模经营的重要因素，但是该变量存在内生性问题。因此，采用林业收入所占比例（X_9）作为代理变量，即林业收入占总收入的比例，一般来说林业收入所占比例越高，农户依赖林业程度越高。林地作为林业生产的载体和生产要素，林地经营面积（X_{10}）可以反映林地资源的禀赋。

（2）模型构建

政策引导和贫困程度对农户林业规模经营行为的影响可以分两个部分来探讨。第一部分是农户林业规模经营意愿与行为不一致分析，分别探讨政策引导和贫困程度对农户林业规模经营意愿或行为的影响。选用总体（$N=1\ 273$）样本建立2个二元Logistic回归模型，分别以农户是否有扩大林业经营规模的意愿和行为作因变量。第二部分在第一部分的基础上，研究约束林业规模经营意愿转化行为，排除非农户意愿的扩大经营规模行为，即“无意愿有行为”，这一部分同样建立2个二元Logistics模型进行讨论：模型3以“无意愿无行为”和“有意愿有行为”为样本组；模型4以“有意愿无行为”和“有意愿有行为”为样本组。通过这两个样本组来分析农户林业规模经营的意愿转化行为的约束条件。

农户是否发生林业规模经营意愿或行为决策是二元选择，Logistic模型如下（陈强，2014）：

$$\ln\left(\frac{p(Y=1)}{1-p(Y=1)}\right)=\alpha+\beta_i X_i+\varepsilon \tag{3-9}$$

式（3-9）中p表示事件概率，p（$Y=1$）表示有扩大规模经营的行为

（意愿），即农户转入林地（有扩大经营规模的意愿）。X 表示影响农户行为（意愿）的因素，α 为常数项，β_i 为估计参数，ε 为扰动项。

（3）数据处理方法

运用 SPSS 24 软件对样本数据进行 Logistic 回归分析，首先独立检验了农户林业规模经营“意愿”与“行为”的影响因素，模型（1）是探讨政策引导、贫困程度和农户禀赋对农户林业规模经营意愿的影响，被解释变量为农户林业规模经营的意愿，简称为愿意模型；模型（2）是探讨政策引导、贫困程度和农户禀赋对农户林业规模经营行为的影响，被解释变量为农户林业规模经营的行为，即转入林地的行为，以下简称为“行为模型”。其次对农户林地规模意愿转化行为的分析，模型（3）以“无意愿无行为”和“有意愿有行为”为样本组，模型（4）以“有意愿无行为”和“有意愿有行为”为样本组，都以是否发生林地流入为被解释变量。通过这两个样本组来分析农户林业规模经营的意愿转化行为的约束条件。采用 H－L（hosmer－lemeshow）指标检验二分类 Logistic 回归模型的拟合优度，当 H－L 指标大于 0.05 时表明模型拟合效果好，反之则不好（Hosmer D W，2013）。

（4）数据来源

数据来源于课题组 2015 年对浙江省、福建省、江西省、湖南省和广西壮族自治区这 5 个省份的农户调查。按照典型抽样与分层抽样的方法对样本区域进行抽样调查，在每个县区等距抽取 3～5 个乡镇进行调查，在每个乡镇随机抽取 3～5 个村庄，在每个村庄随机抽取 15 个农户，总共抽取样本农户 1 400 户。采用入户形式进行调查，一共发放问卷 1 400 份，收回问卷 1 400 份。其中，有效问卷 1 340 份，有效率为 95.71%。

根据研究目标，将样本进行分类，已经发生林地流入的为“有行为”样本 142 份，其中有农户有扩大林业规模经营意愿的样本称为“有意愿有行为”样本，农户没有林业规模经营意愿的样本称为“无意愿有行为”样本，分别有 93 份和 49 份。农户有林业规模经营意愿而无林地流入行为的样本为“有意愿无行为样本”，共有 516 份，其中有 32 份林地转出样本，研究中不存在既转入又转出的样本，去除 32 份林地转出样本，实际有“有意愿无行为”为 484 份。农户没有林业规模经营意愿也无林地流入的样本为“无意愿无行为”样本，共 682 份，其中林地转出行为 35 份，实际选用“无意愿无行为”样本 647 份。因此，在意愿模型［模型（1）］和行为模型［模型（2）］中排除所有转出样本，N＝1 273；模型（3）以“无意愿无行为”和“有意愿有行为”为样本组，$N=740$；模型（4）以“有意愿无行为”和“有意愿有行为”为样本组，$N=577$。调查样本的平均值和标准差如表3-10所示。

表3-10　调查样本的平均值和标准差

变量名称	符号	变量定义	均值	标准差
·因变量				
林业规模经营意愿	Y_1	是=1；否=0	0.453	0.498
林地规模经营行为	Y_2	是=1；否=0	0.112	0.315
·政策引导				
申请采伐指标是否容易	X_1	是=1；否=0	0.322	0.491
是否获得造林补贴	X_2	是=1；否=0	0.136	0.345
是否得到森林抚育补贴	X_3	是=1；否=0	0.040	0.196
·贫困程度				
家庭人均收入	X_4	0～3 000元=1（贫困）；3 001～5 000元=2（一般）；5 000元以上=3（富裕）	1.281	0.839
地区经济发展水平	X_5	0～4 000元=1（贫困）；4 001～7 000元=2（一般）；7 000元以上=3（富裕）	1.803	2.549
·控制变量				
户主文化程度	X_6	小学以下=1；小学=2；初中=3；高中=4；大专及以上=5	2.496	0.813
户主年龄	X_7	0～30岁=1；31～40岁=2；41～50岁=3；51～60岁=4；60岁以上=5	3.605	1.009
家庭劳动力数	X_8	家庭中16～60周岁有劳动能力的成员	2.985	1.273
林业收入所占比例（%）	X_9	实际值	0.172	0.249
林地经营面积（公顷）	X_{10}	农户实际拥有的商品林面积	57.474	98.499

3.3.2　回归结果与分析

3.3.2.1　农户林地规模经营意愿与行为的实证回归结果

模型结果如表3-11所示。模型（1）的H-L值为0.322，模型（2）的H-L值为0.086均通过拟合优度检验。模型（1）整体拟合效果的检验结果为：likelihood=1 678.971，$p=0.000$；模型（2）的模型的整体拟合效果的检验结果为：likelihood=809.122，$p=0.000$，说明两个模型整体有效。在Logistic 模型中，优势比例［Exp（B）］的含义是在其他条件不变的情况下，解释变量每变化一单位，被解释变量发生的变化率。

表 3-11　总体样本意愿和行为模型结果

变量	变量释义	模型（1）：意愿模型			模型（2）：行为模型		
		系数	标准误	Exp（B）	系数	标准误	Exp（B）
X_1	申请采伐指标是否容易	0.543***	0.126	1.721	0.684***	0.188	1.981
X_2	是否获得造林补贴	0.654***	0.173	1.922	0.356	0.243	1.428
X_3	是否得到森林抚育补贴	−0.186	0.306	0.830	1.275***	0.355	3.577
X_4	家庭人均收入	0.071	0.074	1.074	0.047	0.122	1.048
X_5	地区经济发展水平	0.038	0.089	1.039	0.601***	0.143	1.823
X_6	户主文化程度	0.131*	0.077	1.140	0.079	0.123	1.083
X_7	户主年龄	−0.155**	0.062	0.857	−0.186*	0.101	0.830
X_8	家庭劳动力数	−0.005	0.048	0.995	−0.026	0.079	0.974
X_9	林业收入所占比例（%）	0.647***	0.247	1.909	0.901***	0.335	1.277
X_{10}	林地经营面积（公顷）	0.002***	0.001	1.002	0.002***	0.001	1.002
		−0.579	0.397	0.561	−3.500	0.649	0.030

注：*、** 和 *** 分别表示 10%、5%和 1%水平上显著（一定程度、显著和极显著）。

（1）政策引导因素对农户林业规模经营的意愿与行为影响具有程度和方向不一致性

在意愿和行为模型中，申请采伐指标是否容易（X_1）均在 1%显著性水平下显著，说明申请采伐指标越容易，农户林业规模经营意愿和行为的概率越大。其中行为模型中申请采伐指标是否容易优势比（1.981）大于其在意愿模型中的优势比例（1.721），这表明申请采伐指标越容易对农户发生林业规模经营的行为比意愿的影响更大。在意愿模型中，是否获得造林补贴（X_2）优势比例为 1.922，其 p 值在 1%显著性水平下显著，但在行为模型中不显著，说明获得造林补贴对于农户产生规模经营的意愿有一定诱导作用，但是对行为影响不显著。在行为模型中，是否得到森林抚育补贴（X_3）优势比例为 3.577，其 p 值在 1%显著性水平下显著，说明得到森林抚育补贴的农户比没有得到森林抚育补贴的农户发生林业规模经营的概率高 3.577 倍，获得森林抚育补贴对农户林业规模经营行为具有正向显著的影响。两种林业补贴对林业规模经营意愿和行为产生的影响不同，原因是中央财政森林抚育补贴主要是针对急需抚育的幼龄树木、中龄树木实施森林抚育，为了提升林地质量，改善林木环境，提升农户森林经营管理水平。一般来说获得了森林抚育补贴的农户已对一定规模的林地进行了精细化管理，因此，森林抚育补贴能促进农户林地规模化经营。

（2）贫困程度对农户林业规模经营的意愿与行为影响具有程度上的不一致性

在行为模型中，衡量区域贫困程度的地区经济发展水平（X_5）优势比例为1.823，其p值在1%的显著性水平下显著，说明农户所在地区经济发展水平越高，农户发生林业规模经营行为的概率越大，而在意愿模型中地区经济发展水平不显著，说明在不同地区的经济发展水平下，农户的林业规模经营的意愿没有表现出明显差异。原因是经济发展水平较高的地区，农户通过从事非农工作机会更多，依赖林业经营的程度较低，此时那些经营林业获得的利润低于非农工作的农户会选择将林地流转给那些愿意扩大林业经营规模的经营者。而在经济发展水平较低的地区，农户从事非农工作的机会较少，较为依赖林业经营维持生计，那么自然不愿将林地流转给他人，所以经济发展水平较为贫困会抑制农户的林地规模经营行为。

（3）农户特征对农户林业规模经营的意愿与行为的影响方向和程度具有一致性

在意愿模型和行为模型中林业收入所占比例（X_9）和林地经营面积（X_{10}）均在1%显著性水平下显著，且优势比例均大于1，说明林业收入所占比例和林地经营面积对农户规模经营的意愿和行为都有推动作用。在意愿模型中，林业收入所占比例的优势比例为1.909大于林地经营面积的优势比例为1.002；在行为模型中，林业收入的优势比例（1.277）也大于林地经营面积的优势比例（1.002)，这说明林业收入所占比例对农户林业规模经营的意愿和行为的影响程度都要大于林地经营面积。原因是林业收入占农户总收入的比例越高，农户对林业依赖程度越高，经营林业积极性则越高，越希望扩大规模来实现规模经营提升收入，林地经营面积越大的农户，受规模报酬和成本的影响，在主观意愿和客观行为都倾向于扩大林地规模，使林地经营的单位成本下降，提高规模报酬。户主的年龄在意愿和行为模型中，分别在5%和10%的显著性水平下显著，且优势比例都小于1，说明户主的年龄对农户规模经营的意愿和行为均存在负向显著影响。随着年龄增大，体力难以支撑繁重的劳动，思想和行为也更加保守，林业规模经营意愿和行为则明显下降，这与大部分研究的结论是一致的。

通过对整个模型的分析，农户林业规模经营不仅意愿与行为表现不一致，而且解释变量对意愿和行为的影响程度也不一致，农户林业规模经营的行为与意愿之间存在差距。一方面是农户的意愿不能转化为农户实施相应的行为；另一方面是农户规模经营行为的发生由于受外力的干扰或者控制。

3.3.2.2 农户林地规模意愿转化行为的分析

农户规模经营意愿没有向行为转化表现：农户有扩大林业规模经营的意愿，但是由于自身条件或是外界条件不满足，从而没有实施林地转入行为。实际发生林业规模经营的样本占有林业规模经营意愿的农户样本的比例为16%，说明农户林业规模经营的意愿与行为之间具有较大的偏差，需要进一步分析。农户林地规模经营意愿转化行为的模型估计结果如表3-12所示。模型（3）的H-L值为0.208，模型（4）的H-L值为0.251，均通过拟合优度检验。模型（3）整体拟合效果的检验结果为：likelihood=465.304，$p=0.000$；模型（2）的模型的整体拟合效果的检验结果为：likelihood=464.756，$p=0.000$，说明两个模型整体有效。

表3-12 农户林地规模意愿转化行为的模型估计结果

变量		模型（3）			模型（4）		
		系数B值	标准误	Exp（B）	系数B值	标准误	Exp（B）
X_1	申请采伐指标是否容易	1.097***	0.247	2.996	0.563**	0.245	1.756
X_2	是否获得造林补贴	0.701**	0.316	2.017	0.177	0.304	1.194
X_3	是否得到森林抚育补贴	1.012**	0.504	2.751	0.927*	0.507	2.526
X_4	家庭人均收入	−0.036	0.157	0.965	−0.084	0.156	0.92
X_5	地区经济发展水平	0.589***	0.183	1.803	0.679***	0.189	1.972
X_6	户主文化程度	0.294*	0.159	1.342	0.293*	0.159	1.341
X_7	户主年龄	−0.333***	0.127	0.717	−0.267**	0.133	0.765
X_8	家庭劳动力数	−0.022	0.103	0.978	0.004	0.111	1.004
X_9	林业收入所占比例（%）	1.446***	0.433	4.246	0.83**	0.421	2.293
X_{10}	林地经营面积（公顷）	0.003***	0.001	1.003	0.002	0.001	1.002
常量		−3.665	0.832	0.026	−3.369	0.839	0.034

（1）政策引导对农户林地规模意愿转化行为具有正向影响

在模型（3）、（4）中，申请采伐指标是否容易分别在1%和5%的显著性水平下显著，是否得到森林抚育补贴在5%和10%显著性水平下显著，这两个指标的优势比例在两个模型中均大于1，说明申请采伐指标是否容易和是否得到森林抚育补贴是农户林地经营意愿向行为转化的重要因素。采伐指标容易获得，农户能够将林地产出变现，有能力去将林地规模经营的意愿转化为行为；相对于粮食补贴而言，林业补贴的金额较少，而规模越大的农户得到补贴的可能性较大（朱臻、沈月琴、徐志刚等，2017）。

（2）经济欠发达的贫困地区会降低农户林地规模意愿的行为转化能力

在模型（3）、（4）中地区经济发展水平均在1%显著性水平下显著，优势比例分别为1.803和1.972，说明地区经济发展水平会促进农户林业规模经营的意愿向行为转化。原因是地处经济发达地区的农户有更大的机会从事收入更多的非农工作，因此小规模经营林业达不到从事非农工作的收益的农户会选择转出林地。对于同样有规模经营意愿的农户而言，地区经济水平越高的农户会有充足的林地供应，来扩大经营规模。

（3）农户特征对农户规模意愿转化行为影响是显著的

在模型（3）、（4）中户主文化程度均在10%的显著性水平下显著，优势比例分别为1.342和1.341，说明户主的文化程度是影响农户林业规模经营意愿向行为转化的因素，户主的文化程度越高，林地规模经营的意愿向行为转化的可能性越大。原因是户主文化程度是户主综合素质和能力的体现，户主文化程度越高越能够评估林业经营的风险和收益。在模型（3）、（4）中林业收入所占比例在1%和5%的显著性水平下显著，优势比例分别为4.246和2.293，说明林业收入所占比例对农户林业规模经营意愿向行为转化有正向显著影响，林业收入所占比例越高，有意愿扩大林业经营的农户付诸行动的可能性越高。可能的原因是扩大林地规模经营需要资金支持，在实地调研过程中发现农户使用贷款的比例较低，林业生产的资金来源于林业收入，因此林业收入所占比例较高的农户会将林地规模经营的意愿转化为行为。在模型（3）、（4）中户主年龄（X_7）均为显著的负向影响，说明户主年龄越轻，越可能将林地规模经营的意愿向行为转化。可能的原因是林业生产环节如喷洒农药、病虫害防治劳动强度较大，户主年龄增大体力变差，扩大规模后难以胜任更加繁重的劳作。

3.3.3 结论与建议

本文基于1 273户农户调研数据，通过Logistic回归模型厘清政策引导因素和贫困程度对农户林业规模经营意愿、行为及其偏差的影响，并构建“无意愿无行为”和“有意愿有行为”、“有意愿无行为”和“有意愿有行为”

2个模型，分析林业规模经营从意愿向行为转化的制约因素，得出以下研究结论：

①林业政策引导中申请采伐指标是否容易、是否获得造林补贴在一定程度上促进农户林业经营规模愿意的形成。②林业政策引导中的申请采伐指标是否容易、是否获得森林抚育津贴显著促成农户林业规模经营行为和林业规模经营意愿向行为转化，并在不同贫困区域具有明显差异，经济发展水平较为富裕的区域有利于农户林业规模经营行为及其意愿向行为转化。③是否获造林补贴成为意愿与行为、“无意愿无行为”与“有意愿无行为”的差异化影响因素，其在一定程度上有助于提高农户林业规模经营意愿，但在影响经营行为及意愿转化行为方面与预期存有一定偏差，说明造林补贴政策在激励农户林业规模经营行为上作用非常有限。④控制变量户主年龄、林业收入所占比例、林业经营面积成为农户林业规模经营意愿、行为及其意愿转化行为模型中的共同影响因素，而户主较高文化程度能提高经营意愿、促进行为的转化。

林业规模经营是通往现代化林业发展的必然路径，如何有效和规范地引导农户通过流转林地来实现规模经营是十分重要的。根据以上研究，提出以下4点建议。

第一，进一步完善林业经营体系，推进林业适度规模经营。政府应为林业规模经营的农户提供政策支持和服务等，如为农户提供市场信息、科技服务、资金扶持等，保障农户林业经营的权益和提高经营林业的边际报酬。第二，科学合理地为农民非农就业提供培训和指导，使规模经营之后的闲置劳动力能有序转移。在经济发展过程中，大量剩余劳动力流入城市就业，农村劳动力由于文化程度等原因，在就业市场上存在劣势。对农村劳动力提供非农就业的指导和帮扶有利于他们获得稳定的工作，从而减轻家庭负担，减少对林地的依赖，从而促进小林地集中经营。第三，优化采伐限额制度。积极探索和改革森林采伐管理制度，尝试采用分林地类型、林地规模的林木采伐管理工作；根据林业经营的特点，将森林采伐指标分类分片管理，以相对集中连片为原则，进行伐区配置；同时简化采伐审批环节。第四，加大对农户林业经营的资金补贴力度。经济越欠发达的贫困地区，农户林业规模经营意愿越难以转化为行为，难以促进有林业规模经营意愿的行为转化。提高林业补贴标准，适度扩大补贴范围，创新林业补贴方式，可激发农户林业规模经营的积极性。

3.4　林业社会化服务与农户林地规模经营行为影响研究

实现规模经营成为中国农业现代化的必然选择（周应恒等，2014），党的十九大报告中提出发展多种形式的规模经营，林业属于大农业范畴，林业的规模经营也十分重要。2003年开始的集体林权制度改革，以明晰产权、承包到户为主要内容，将集体林地经营权下放给农户，在一定程度上促进了农户林业生产的积极性（刘伟平等，2009）；但随着改革的进一步深化，已经暴露出林地细碎化、分散化等弊端，不仅增加林地经营成本，而且户均林地规模偏小，难以突破农户小面积低水平经营的林业小生产格局，从而实现规模经济效应（石丽芳等，2016）。林地流转是实现林地规模经营的主要路径之一，《中共中央、国务院关于全面推进集体林权制度改革的意见》提出在依法、自愿、有偿的前提下，林地承包经营权人可采取多种方式流转林地经营权和林木所有权，但是依靠林地流转实现林地规模经营发展不如预期理想。数据显示，截止到2014年底，集体林权制度改革监测的7个省样本地区累积流转面积只占林地总面积的9.4%（国家林业局，2014）。

林业生产具有长期性、复杂性、高成本、风险大的特性，导致农户经营林业积极性不高、规模经营意愿不强。农户因为缺少先进实用技术在林地经营中遇到许多实际困难和问题，如南方广泛种植的油茶，是轴状根型深根性树种，幼苗主根长而侧根少，造林难度较高，空气温度和湿度以及土壤水分对油茶造林成活率的影响很大，造林时节、天气和管理技术等把握不准，容易引起苗木失水或烂根的现象；另外，经济林的剪枝、控冠、施肥、管护等栽培技术，一旦管控不力则会导致造林育林失败（付登强等，2012）。但是由于基层林业技术推广站资源有限，广大林业技术人员长期服务基层，自身的业务素质不强，不能及时掌握新知识、新技术，对区域内林业特色产业的栽培、剪枝、病虫害防控等知识掌握不够，栽培经验不足。同时在地方政府中承担多项工作，导致林业技术推广被弱化，严重影响林业技术有效推广，使得大多数农户的栽培技术需求难以获得支持（佟大建等，2018），限制了经营规模的扩大。随着林业社会化服务的发展和完善，各类林业专业组织拓宽了林业技术推广的渠道和方式，林业栽培技术服务水平与范围得以提升和丰富，包括土壤监测技术、土壤水分管理、育苗栽培技术、苗木品种选择、繁殖及苗木出圃技术等，缓解了林业生产中的技术约束，有助于农户增产增收，提高经济效益，从而促进农户扩大经营规模。

农业社会化服务是推进土地适度规模经营、实现农业现代化的必然选择和基本保障（姜松等，2016），为衔接小农户和现代化农业的重要桥梁（孔祥智，2012）。由于服务规模不受人地关系和农地制度等现实条件的制约。因此，推进规模化经营更具有普遍性和发展潜力（农业部经管司，2012）。林业作为大农业的重要组成部分，是国民经济的重要基础产业和重要的社会公益事业，同时承担着改善生态环境、促进国民经济可持续发展的双重使命，林业社会化服务在推进林业规模经营中发挥着重要的关键作用，研究林业社会化服务对林地规模经营作用机理具有重要的理论与现实意义。

3.4.1 文献综述

林地规模经营倍受政界和学界的关注，多位学者对林地规模经营的相关问题进行了研究，研究内容集中在：①集体林地适度规模标准测算。有学者运用利润最大化的柯布-道格拉斯生产函数和机会成本理论测算，得出了林地适度规模为28.7公顷（马橙等，2020）；也有学者以江西省为例，利用二次函数拟合测算了南方集体林区的林地适度规模为37.375公顷（高雪萍等，2018）；不同树种的适度规模也不尽相同，有学者基于广东、浙江和安徽的农户调研数据，分别以单位面积的出材量与收益为标准，得出各类树种的拟合最优经营规模，杉木与松木为6.27公顷、7.31公顷，果树为5.41公顷和5.56公顷，毛竹为97.71公顷和102.15公顷。②林地规模经营的效率。有学者认为小规模的家庭经营存在组织化程度低、资源利用率低和融资困难等问题，难以发挥林业拥有的规模经济效益（石丽芳等）。家庭林地经营面积与全要素生产率之间存在着倒U形关系，家庭林地经营面积在51～60亩的区间内效率最高，而农户平均林地经营面积在25亩左右，远低于最有效率的经营规模区间（翟秋等，2013）。③林地规模经营行为影响因素。许多学者对影响农户林地规模经营行为的一些因素进行研究，一方面从意愿能够解释行为和预测行为的角度出发，通过分析农户意愿来研究林地规模经营的影响因素。如农户自身特征、资源禀赋（张自强，2017）、外部市场和林改政策（袁榕，2012）等因素对农户林地规模经营意愿的影响。另一方面是基于已经发生林地规模经营行为的农户数据，农户资源禀赋差异（韩利丹，2018）、人力资本（陈俊，2018）、社会资本（徐畅，2017）、劳动力转移（肖慧婷，2019）、收入水平等是影响林地规模经营的内部因素。还有学者探讨了外部因素对林地规模经营行为的影响，如产权安全感知（黄培锋，2020）。已有研究也关注了林业社会化服务对土地规模经营的影响，林业生产性服务如林业信贷服务、林业物资与技术服务和林业劳动力服务对农户林地规模经营有正向影响，提升了农户林地流入概率，但林业销售服务对农户林地规模经营有负向影响（李立朋等，2020）。

综上可知，关于林地规模经营的研究，国内外已取得了一定的成果，为本文提供了非常重要的理论基础和借鉴作用，但现有研究存在以下几方面值得进一步拓展：①林业社会化服务的采纳行为在资源配置约束下对农户林地规模经营决策行为的影响作用机理还不够明显。②社会化服务的采纳与规模经营行为决策之间存在互因互果和自选择产生的内生性问题，使得研究结果不可避免地出现偏差。本文尝试使用合适的工具变量和计量模型，能解决不同决策行为之间互因互果的内生性问题，以使估计的结果更加准确。本文利用课题组2017年农户调研微观数据，构建IVProbit和PSM模型，研究农户林业栽培技术服务对林地规模经营决策行为的影响，对于从农户微观层面理解推进林地规模经营政策具有重要的意义。

3.4.2 作用机理、变量选择与模型构建

（1）林业社会化服务对农户林地规模经营的作用机理

社会化服务在不改变农户的经营权和不触动剩余索取权的前提下为经营规模化、现代化提供可行方案（罗明忠，2019）。在农村劳动力转移非农就业的社会大背景下，农业生产面临着老龄化和弱质化，使得农户对农业社会化服务的需求日益强烈。已有研究认为农业社会化服务能够推动农业规模经营，提高农业生产效率（Binam et al.，2015；Alwarritzi et al.，2015）。林业社会化服务体系是农业社会化服务的重要组成部分，包涵整个林业产业链的服务组织和活动的组合，由各类组织和机构提供的为推动林业生产由粗放的个体农户小生产向社会化的大生产转化而提供产前、产中和产后服务（宋璇等，2017）。

林业社会化服务缓解了林业生产中家庭劳动力的约束。一方面，农村劳动力转移非农就业和兼业化会减少林业生产中的劳动力投入，比较劳动生产率的非农就业使得农户从事林业生产的机会成本不断攀高，进而给林业生产带来负面影响；另一方面，家庭成员外出务工可以视为一种融资机制（Chiodi et al.，2012），农户可以通过增加替代性的要素投入和重新配置在林业生产和非林业生产上的劳动力投入来应对。林业社会化服务体系的建立为农户提供了要素替代的渠道，突破了农户原有的资源禀赋限制，有利于农户扩大林地经营规模。

林业社会化服务缓解了林业生产中的技术约束。林业生产具有长期性、复杂性、高成本、风险大的特性，农户在生产过程中面临着实用技术难以获取的难题。单个农户难以直接从林业科技进步中得到实质性的帮助，林业社会化服务能够充当物质资本和知识资本的传送器，将高附加值的林业技术导入到林业生产，农户可以采用更为先进的技术提高林产品的质量、降低生产成本、节省劳动力投入，从而提高林业生产率（李立朋等，2020）。

林业社会化服务通过分工降低了生产成本。林业社会化服务本质上属于专业分工的范畴，其涵盖了整个林业生产过程，即从土地和种苗开始、到培育出成熟林和其他林产品的全部过程中存在育林与森工两个阶段，育林属于种植业，可分为准备（种子的采集、育苗、林地清整）、造林及幼林抚育、成林抚育等环节，每个过程具有一定的生长时间和生产阶段特点；森工包括森林采伐运输、木材加工和林产化学加工等环节。随着技术进步和社会分工不断深化，逐步产生了不同类型的林业社会化服务主体，同时也提高了某一生产环节的专业程度和熟练程度，由于专业化可以提高生产效率，生产者将原来由自己操作的生产环节逐步地转移出去，交给更专门的服务组（或个人）去完成。在追求个人效益最大化的前提下，农户面临的是生产和交易的选择：生产意味着所有环节都自己操作，那么他将花费高昂的生产成本。交易则是农民选择专业化的生产方式，把一部分不适合自己完成的生产环节交给专门的服务组织（或个人）去完成，如果耗费的交易成本低于自己的生产成本，农民就会非常希望得到服务，刺激了农户对服务的需求。林业社会化服务可以通过“外包机制”推进林地规模经营，将生产环节外包节约了生产成本、带来规模经营效应与资源配置效应，会影响农户林地规模经营意愿。

（2）数据来源

数据来源于课题组 2017 年对浙江、福建、江西、湖南、广西 5 个省份的农户调查。在每省从林业县中随机抽取两个县，在每个县等距选取 3～5 个镇，每个镇随机选取 5 个村，每村抽取 15 个农户，采取入户调查的方式。调查收回问卷 1 370 份，在数据整理的过程中剔除缺失数据，实际样本量 1 335 份，问卷有效率 97.45%。

（3）变量选取

被解释变量。林业规模经营行为用农户是否通过流入林地来扩大规模来测度。

核心解释变量。林业社会化服务采纳行为，产中服务对林业生产经营起着较为关键的作用，林业栽培技术具有一定的特殊性，直接影响树木的生长，故而选择林业栽培技术服务作为林业社会化服务的代理变量。

控制变量。本文的控制变量参考已有的文献选取林业收入比重、造林补贴、户主年龄、户主教育程度、林地便利程度、劳动力数量、地区经济发展水平和林地经营面积。需要说明的是，林业收入是驱动林业规模经营的重要因素，但是该变量存在内生性问题，因此，采用林业收入所占比例作为代理变量，即林业收入占总收入的比例，一般来说林业收入所占比例越高，农户依赖林业程度越高。造林补贴解决了农户造林的后顾之忧，提升了农户造林、营林的热情（刘振滨等，2016）。户主年龄越大，接受新事物的能力越小，发生林业规模经营的意愿和行为的可能性越小。农户文化程度反映其综合的素质和能力。户主是家庭经营林业的主要决策者，其文化程度越高评估林业经营的风险和收益的能力越高，同时对林业政策认知和理解程度越高，扩大林业规模和提升林业收益的意愿越强（倪坤晓等，2012）。家庭劳动力越多，可配置的劳动力资源越多，农户规模经营的意愿越强（贺东航等，2010）。林地作为林业生产的载体和生产要素，其面积可以反映林地资源的禀赋。变量赋值如表3-13所示。

表3-13　变量描述性统计

变量	变量说明	均值	标准差
林地规模经营	农户是否转入林地；是=1，否=0	0.117 0	0.321 5
林业社会化服务	农户是否使用林业社会化服务；是=1，否=0	0.301 0	0.458 9
林业收入比重	家庭林业经营收入占总收入的比例	0.157 3	0.252 0
造林补贴	农户是否获得造林补贴，是=1，否=0	0.112 5	0.318 5
户主年龄	户主的年龄（岁）	51.219 0	10.544 5
户主受教育程度	户主的受教育年限（年）	6.892 7	2.909 9
林地经营不便程度	林地距离公路距离（千米）	0.583 5	1.585 8
劳动力数量	家庭16～65周岁具有劳动能力的人口数（人）	3.199 0	1.249 6
地区经济发展水平	0～4 000元=1；4 001～7 000元=2；7 000元以上=3	1.798 8	0.749 7
林地经营面积	农户经营林地面积（公顷）	54.792 6	96.630 2

3.4.3　研究方法

为考察林业社会化服务对林地规模经营的影响，构建如下的计量回归模型：

$$Y_i = \alpha_0 + \beta_0 S_i + \sum \gamma_i X_i + u_i \tag{3-10}$$

（3-10）式中：Y 表示农户林业规模经营行为；S 表示林业社会化服务采纳变量；X 为控制变量。u 是随机扰动项。由于林地规模经营行为是二元离散变量，为估计林业社会化服务对农户林业规模经营行为的影响，选择 Probit 模型进行估计。

（1）解决双向因果关系：IVProbit 模型

由于林业社会化服务本身是一个内生变量，会与农户林地规模经营产生双向因果关系。考虑到使用林业社会化服务具有一定的“示范”效应，即某农户所处的村集体中有其他农户使用林业社会化服务，该农户也可能会使用服务。为了控制变量的内生性产生的测量偏差，参照尹志超等的工具变量选择方法，选择村集体中除了研究对象外其他样本农户使用林业社会化服务的数量作为周围使用林业社会化服务环境的衡量指标。村集体中周围使用林业社会化服务环境对研究对象的林业社会化服务使用行为产生直接影响，但对该农户林地规模经营行为无直接影响，故非常适合作为本文的工具变量。举例说明本文工具变量的定义方法，假设一个村样本农户数为 15 人，其中包括研究对象共 10 人使用了林业社会化服务，扣除研究对象后使用林业社会化服务的农户数量为 9 人，扣除研究对象后村样本农户为 14 人，因此使用林业社会化服务的比例为 9/14。

IVProbit 模型为：

$$Y_i^* = \alpha_0 + \beta_0 S_i + \sum \gamma_i X_i + u_i \tag{3-11}$$

$$S_i = \alpha_0 + \pi_1 Z_i + \sum \varphi_i X_i + v_i \tag{3-12}$$

$$Y_i = \begin{cases} 1(Y_i^* \geqslant 1) \\ 0(Y_i^* < 1) \end{cases} \tag{3-13}$$

（3-11）式中变量 Y_i^* 为潜变量，Y_i 为可以观测到的变量（林地规模经营变量），Z_i 为工具变量，S_i 为内生变量。

（2）解决“选择偏差”问题：倾向得分匹配法（PSM）

本文选用倾向得分匹配法（Propensity Score Matching，PSM）解决农户采用林业社会化服务会由于初始禀赋存在“选择偏差”问题。

运用 Logit 模型估算农户使用林业社会化服务的条件概率拟合值，即倾向得分值（PS_m）为：

$$PS_m = \Pr[L_m = 1 \mid X_m] = \mathrm{E}[L_m = 0 \mid X_m] \quad (3-14)$$

式中 $L_m=1$ 表示使用林业社会化服务的农户；X_m 表示控制变量。

将实验组和控制组进行匹配。为了验证匹配结果的稳健性，本文选取K近邻匹配、卡尺匹配、核匹配3种匹配方法。其中，K近邻匹配是以倾向得分值为基础，在最近的 K 个不同组个体中进行匹配；本文将 K 设为4，进行一对四匹配。卡尺匹配是指通过限制倾向得分绝对距离进行匹配；本文将卡尺设为0.020，对倾向得分值相差2%的观测值进行匹配。核匹配是指通过设定倾向得分宽带，对宽带内对照组样本加权平均后同使用林业社会化服务的农户进行匹配。

计算实验组和对照组农户林地规模经营行为的概率，即平均处理效应（ATT），以得到林业社会化服务对农户林地规模经营行为的影响。

$$ATT = \mathrm{E}(D_{1m} \mid L_m = 1) - \mathrm{E}(D_{0m} \mid L_m = 1) = \mathrm{E}(D_{1m} - D_{0m} \mid L_m = 1) \quad (3-15)$$

式中 D_{1m} 为使用林业社会化服务农户的林地规模经营行为；D_{0m} 为使用林业社会化服务的农户的反事实（假设没有使用林业社会化服务）的林地规模经营行为。E（$D_{1m} \mid L_m=1$）可以直接观测到，但E（$D_{0m} \mid L_m=1$）不可直接观测到，属于反事实结果，运用倾向得分匹配法构造相应替代指标。

（3）双重检验

共同支撑域检验，即判断实验组和控制组是否具有共同支撑区域，取值范围是否存在部分重叠；平衡性检验，即通过比较实验组和控制组在解释变量上是否存在显著差异来判断匹配质量。

3.4.4 估计结果分析

（1）双向因果关系的处理

基于1 335户农户调查数据，运用Stata15.1软件检验了林业社会化服务对农户林地规模经营的影响，同时分析了社会资本、林业投资意愿、户主特征、家庭特征和林地经营特征对林地规模经营的影响。模型估计结果如表3-14所示。第1列为Probit模型估计结果，使用林业社会化服务对农户林地规模经营存在正向影响，且在1%的显著性水平上显著。第2列为IVProbit模型估计结果，运用Newey两阶段估计。第一阶段（限于篇幅未报告结果）估计值 F 值超过10，工具变量与内生变量满足相关性，且在1%的显著性水平上显著，表明工具变量对内生变量具有较强的解释力，故本文以第2列结果进行分析。

关键解释变量林业社会化服务对农户林地规模经营具有正向影响说明农户使用林业社会化服务会促进林地规模经营行为，结果与李立朋等[23]研究较为一致。主要影响的机理是林业社会化服务缓解了林业生产中家庭劳动力、技术的约束，将生产环节外包节约了生产成本，带来规模经营效应与资源配置效应。

控制变量林业收入比重对林地规模经营具有正向影响，且在1%水平上显著，农户林业收入比重越高，其对林业的依赖程度越高，林地作为经营林业最重要的生产要素，农户希望通过流入林地来达到规模经营，实现规模经济。林地不便程度对林地规模经营具有显著正向影响，林地距离越偏远，山地越远，地块面积越大，林地呈现规模可能性越大。林地经营面积对林地规模经营具有正向影响，且在5%的显著性水平上显著，原因是林地经营面积越大的农户，受规模报酬和成本的影响，更倾向于扩大林地规模，使林地经营的单位成本下降，提高规模报酬。

表3-14　模型估计结果

变量	Probit	IVProbit
林业栽培技术服务	1.057 2***	1.597 8*
	(0.102 3)	0.633 4
林业收入比重	0.955 9***	0.835 8***
	(0.182 1)	0.230 6
造林补贴	0.226 3	0.196 1
	(0.147 1)	0.152 8
户主受教育程度	0.004 0	0.007 2
	(0.017 7)	0.018 3
户主年龄	−0.007 9	−0.007 9
	(0.005 3)	0.005 4
林地不便程度	−0.129 8***	−0.124 7*
	(0.047 9)	0.048 5
劳动力数量	0.005 8	−0.004 6
	(0.042 8)	0.044 8
地区经济发展水平	0.108 0	0.073 1
	(0.069 1)	0.080 5

（续）

变量	Probit	IVProbit
林地经营面积	0.219 6**	0.214 7**
	(0.098 0)	0.098 8
常数	−2.276 1	−2.334 9
	(0.454 9)	0.463 5

注：括号内为标准误，*、**和***分别表示10%、5%和1%水平上显著（一定程度、显著和极显著）。

（2）PSM方法进一步解决内生性

本文采用“所在村除本农户外其他农户使用林业社会化服务的均值”作为工具变量，采用Newey两阶段方法缓解双向因果关系产生的内生性问题，但是农户采用林业社会化服务会由于初始禀赋存在“选择偏差”。将农户分成实验组（使用林业社会化服务）和对照组（未使用林业社会化服务），通过倾向得分匹配法（Propensity Score Matching，PSM）方法可以研究实验组农户林地规模经营行为与上述农户如果没有使用林业社会化服务的林地规模经营行为是否一致。

共同支撑域检验。图3-2是倾向得分匹配前后的Kernel密度图，从中可以发现，完成匹配后，林业社会化服务的倾向得分值大部分重叠，重叠区域为共同支撑区域，林业社会化服务的Kernel密度图趋向较为接近。因此，本文共同支撑域条件较好，大多数观察值在共同取值范围内，进行倾向得分匹配损失样本量较少。

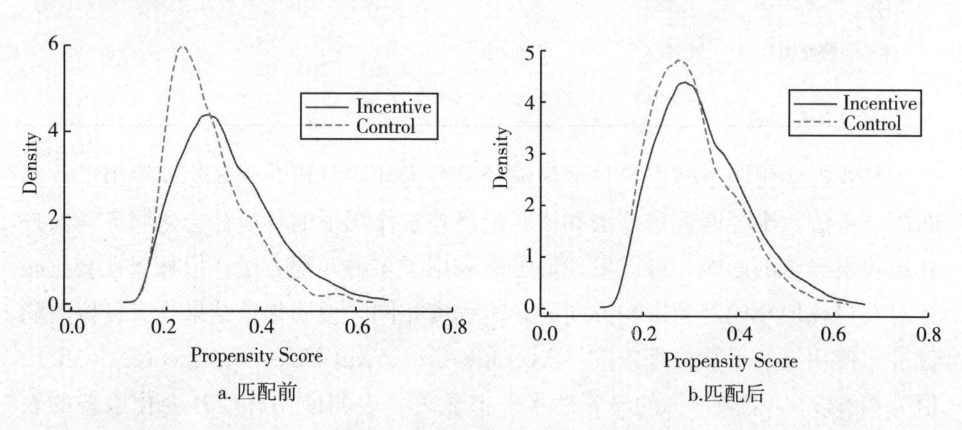

图3-2　倾向得分匹配前后的kernel密度图

平衡检验效果。匹配数据的平行性结果如表 3-15 所示，可以发现各个匹配变量的标准偏差在匹配后都大幅减少，所有变量匹配后的偏差绝对值都小于 10%，这表明各变量通过平衡性检验，匹配效果良好。

表 3-15　平衡性检验结果

变量	样本	处理组	控制组	标准偏差（%）	*P* 值
林业收入比重	匹配前	0.215	0.133	31.7	0.000
	匹配后	0.211	0.212	−0.1	0.985
造林补贴	匹配前	0.130	0.106	7.4	0.209
	匹配后	0.126	0.108	5.4	0.441
户主受教育程度	匹配前	6.676	7.011	−11.3	0.053
	匹配后	6.673	6.726	−1.8	0.802
户主年龄	匹配前	51.623	51.051	5.5	0.364
	匹配后	51.661	51.284	3.6	0.614
林地便利程度	匹配前	0.538	0.606	−4.3	0.468
	匹配后	0.488	0.488	0	0.993
劳动力数量	匹配前	3.264	3.176	7.1	0.237
	匹配后	3.264	3.256	0.6	0.931
地区经济发展水平	匹配前	1.940	1.735	27.2	0.000
	匹配后	1.935	1.955	−2.7	0.712
林地经营面积	匹配前	2.666	2.646	3.2	0.588
	匹配后	2.663	2.616	7.9	0.271

林业社会化服务对农户林地规模经营行为效应分析。表 3-16 给出了近邻匹配倍差法、半径匹配倍差法和核匹配倍差法作用下的林业社会化服务对农户林地规模经营的影响。可以发现，虽然采用了多种匹配方法，但林业社会化服务对农户林地规模经营影响方向和影响程度相同，说明估计结果具有良好的稳健性。使用组的平均处理效应（Average Treatment Effect on Treated，ATT）值为 0.283 9，且在 1%的显著性水平上显著，表明使用林业社会化服务的农户流入林地的概率更高。

表 3-16　平均处理效应

匹配方法	ATT
最近邻匹配	0.283 9***
卡尺匹配	0.283 9***
核匹配	0.283 9***

注：*** 表示在1%水平上显著。

3.4.5　结论与建议

本文使用了课题组2017年浙江、福建、江西、湖南和广西农户调研数据，以产中服务中的林业栽培技术服务为例，分析了林业社会化服务对林地规模经营的影响，同时运用三阶段最小二乘回归验证了结果的稳健性。研究结果显示，林业社会化服务对林地规模经营具有显著的促进作用。

根据以上的研究结论，可以得到如下启示：

(1) 大力发展林业社会化服务体系，完善林业生产服务体系

政府要不断完善基层的林业服务网络建设，形成“县-乡-村”的三级服务体系，扩大林业社会化服务的受众。

(2) 推动林业社会化服务专业化和精准化发展

引导各类社会化服务主体为农户提供林业生产全产业链的相关服务，实现林业更好更快发展。强化社会化公益性服务的力度，提高从业人员的理论素养和实践技能，同时要注重科技的研发和推广。

(3) 支持和帮助农户提高林业生产和管理水平

借助各级农林业职业技术学校，为农户提供林业生产和管理方面的技能培训，帮助农户使用适当的技术和合理控制林业投入品的使用，降低投入成本。

第4章　农户林业服务规模经营行为研究

林业社会化服务体系的建立与完善是转型林业发展的重要环节，是为满足林业经营者在林业产前、产中、产后提供政策咨询、技术指导、金融服务以及销售信息等多方面服务需求，在一定意义上能解决集体林权制度改革后林业生产的小规模与大产业、大市场之间的矛盾，对于降低林产品生产经营成本、增强抵御林业市场风险和自然灾害风险的能力、增强林产品市场竞争力具有重要的作用。新一轮的集体林权制度改革以来，农户作为林地承包经营权的主体地位基本被确立，从事林地生产的积极性也明显提高。然而，农户在林地经营中遇到许多实际困难，例如缺少先进实用技术、林产品销售困难、缺乏经营资金、害怕政策不稳定等问题（孔凡斌等，2013），这些问题和困难在一定程度上提升了农户对林业社会化服务需求的急迫性。目前中国农村社会化服务供给依然会十分短缺（孔祥智等，2010），林业社会化服务供给缺失尤为严重，成为影响农户林地经营积极性的重要因素之一（蔡志坚等，2007）。因此，建立和完善中国农户需求层面的林业社会化服务体系显得十分迫切，了解农户对林业社会化服务需求及其特征，以及影响农户林业社会化服务需求特征的关键因素，是建立有效林业社会化服务供给和完善林业社会化服务体系的前提。

4.1　农户林业社会化服务需求行为特征分析

4.1.1　文献综述

已有一些研究对农村社会化服务进行了一些关注，研究成果主要集中于农业社会化服务方面，黄武（2010）和朱述斌等（2015）认为农户对技术服务有着较强的需求意愿，但需求强度跟该技术服务的相关收入占家庭总收入的比例和农户在生产中是否遇到过技术难题有着重要的正相关影响。从“农户自己最需要的农业技术服务”和“最需要政府提供的农业技术服务”两个视角来看，农户对农业技术服务需求与供求处于失衡现象（王瑜等，2007）。且在当前和今后相当一段时期内面临的主要问题是农业社会化服务供给不足，在欠发达地区尤为明显（谈存峰等，2010）。对于农技供需现状中存在的“有效供给”、“有效需求”不足与失衡现象，主要是因为技术从产生到采用各环节主体的目标不一致，对农民的技术需求掌握不足，导致政府、农业科研、技术推广人员的技术创新及推广与农民的技术需求相脱节（黄季焜等，2000）。

随着集体林权制度改革的推进，林业社会化服务研究成果也随之增多，现有成果主要针对林业社会化服务体系建设以及农户林业社会化服务需求问题展开的研究，并得出了一些有价值的研究发现。例如，有研究认为，目前我国林业社会化服务程度较低，林业社会化服务供求结构差异较大（李宏印等，2010），并呈现各区域差异较大的特点（丁胜、徐凯飞，2013）。集体林权制度改革以来，林业社会化服务体系存在现有的林业服务机构的服务范围过小、林业合作组织数量太少、林业社会化服务的资金投入不足等问题，同时存在定位不清、权责不明、服务主体供给单一、制度不健全等问题（吕杰等，2008）；在农户对林业社会化服务需求行为（意愿）方面，农户对技术服务、资金服务、政策与法律服务、森林保险服务和林业合作组织服务等社会化服务方面有着较强的需求意愿（李宏印、张广胜，2010），需求按强度由大到小依次为：技术服务—信息服务—金融、保险服务—法律服务—其他（蔡志坚等，2007）。

许多因素会影响农户林业社会化服务需求，不同的林业社会化服务需求，其显著影响因素也有较大的差别，如农户的受教育年限、林业收入占比和家庭收入对林业技术服务尤为显著，户主受教育程度、农户是否参与合作组织及住所到城镇的距离对农户种苗服务有显著影响（程云行等，2012）。也有研究把林业社会化服务作为影响农户经营决策行为的重要因素，如薛彩霞、姚顺波等（2013）认为是否接受技术培训等社会化服务对农户经营非木质林产品行为的影响。类似的研究还有关于广东省荔枝生产者的农业生产性服务需求意愿（庄丽娟等，2011），以及油茶种植业农户对不同属性技术的需求及其影响因素（王浩、刘芳，2012）。

已有研究为本文提供了理论和方法上的借鉴，同时还存在进一步拓展研究的空间：第一，从研究内容来看，已有的成果从多角度对农业社会化服务供需问题及林业社会化服务体系建设作了较深入的研究，但从农户角度对林业社会化服务需求行为关注度还不够，且一些研究仅是把林业社会化服务作为影响农户林业社会化服务行为或效率的重要因素，对林业社会化服务的需求及其影响的研究关注度还远远不够。第二，从研究区域来看，针对一个省或一个省中几个县的问卷调查数据的研究较多，但针对大尺度的农户调研数据的实证研究还是偏少。第三，目前不同的研究者关于集体林权制度改革后的农户林业社会化服务需求研究的结论存在较大差异。因此，需要从更广泛的角度考查农户需求的规律性特征和影响因素，特别是要关注经济地理条件以及需求诱导因素等的影响。鉴于此，本研究利用南方 8 省（区）农户调查数据，对农户林业社会化服务需求特征及其影响因素进行定量分析，以期为政府完善相关政策提供思路启发。

4.1.2 理论分析与变量设计

(1) 理论分析

农业社会化服务本质上属于专业分工的范畴，也是技术进步和社会分工的结果。由于专业化可以提高生产效率，农业生产者将原来由自己操作的生产环节逐步地转移出去，交给更专门的服务组织去完成。在追求个人效益最大化的前提下，农户面临的是生产和交易的选择。生产意味着所有环节都自己操作，那么他将花费高昂的生产成本。交易则是农民选择专业化的生产方式，把一部分不适合自己完成的生产环节交给专门的服务组织（或个人）去完成，如果耗费的交易成本低于自己的生产成本，农民就会非常希望能得到服务，这刺激了农户对服务的需求。本文尝试借鉴龚道广（2000）的理论基础对农户林业社会化服务需求的经济学理论依据进行剖析。

假如林业生产者自己完成所有操作的单位生产成本为 C_i，交给林业社会化服务完成耗用的单位生产成本为 C_1，双方就价格谈判、签订合同、监督执行、违约风险损失等所产生的交易成本为 A，而农户对林业社会化服务的需求条件是：

$$C_1 + A \leqslant C_i \quad (4-1)$$

农户需求、接受林业社会化服务，完全是一种经济行为，是因为服务能给他们带来耗费上的节约，从而使经营的效益增加。除上述之外，农户的社会化服务需求行为也是多种影响因素共同作用的结果，会受自身素质、能力、信息和风险承受能力等因素的影响（曹光乔等，2010）。因此，农户林业社会化服务需求决策受制于农户自身素质、家庭特征、林地经营特征，还与农户经营过程中的困难经历、农户居住的区位环境等有关，这些因素会共同影响农户林业社会化服务需求。

(2) 变量设计

基于以上理论，本研究将农户林业社会化服务需求的影响因素归结为以下几个方面：

户主特征。①年龄。在一定的年龄范围内，户主年龄越小，接受新生事物的能力越强，对林业社会化服务需求的意愿越强（黄武，2010）。因此，户主年龄对林业社会化服务需求有反向影响。②文化程度。户主文化程度越高，林地经营过程想获取知识和信息的能力越强，林地集约经营的意识越强，科学、合理生产的决策能力越强，获得社会化服务的需求越强（应瑞瑶等，2014）。预计户主受教育年限对农户林业社会化服务需求有正向影响。

家庭特征。①林地经营规模。林地经营规模指农户家庭经营的林地面积，在一定林地面积范围内，林地面积越大，投入的资金和精力越多，所承担的风险也越大，需求的林地社会化服务的意愿越强（黄武，2010）；林地经营面积太小，对农户来说不足以依赖林地为生，农户则会倾向于合伙经营或办集体林场，自己则可以经常外出务工（刘娅，2007）。因此，预计林地经营规模对农户林业社会化服务需要有正向影响。②经济林经营比例。经济林经营集约程度高，其经营过程更需要生产技术、经营资金、市场信息等方面服务，因此，预计经济林经营比例越高，社会化服务的需求越强。③劳动力数量。劳动力作为林地资源配置的重要要素之一，其数量越多，可配置的劳动力资源越多，对林地经营越有帮助，劳动力数量对农户林业社会化服务需求有正向影响。④林地地块数量。林地地块数量在一定程度上能反映农户林地细碎化程度，林地细碎化程度影响农户林地投入的成本，进而反向影响农户林业社会化需求。

经济与地理因素。不同经济地理的社会、经济、文化环境等各不相同，林业经营水平也会存在差异，自然也影响农户的需求（王浩等，2012）。地形和区位因素是反映经济地理条件的一种重要指标。地形和区位条件对农户林业投入产出水平有着重要影响（孔凡斌、廖文梅，2014），进而也会造成农户林业社会化服务需求差异性影响，这已是学术界和政府部门的共识。但是，到目前为止，对农户林业社会化服务需求的影响机理还不够明确，相关研究成果较为缺乏，定量分析的研究文献甚为少见。

林地经营因素。①林地经营资金的主要来源。林地经营资金依赖于借贷资金的农户林业经营的专业化程度高，为了解决林地经营中的各类困难，因而会对各类林业社会化服务需求更加强烈。②林业收入的比重。林业收入占家庭总收入的比重。林业收入占家庭总收入的比重越高，农户对林业收入的依赖程度就越大，即专业化程度越高，从而专用性投资越大，其对林业社会化服务的需求也会比其他农户更多（王浩等，2012；朱述斌等，2015）。故预计林业收入占家庭总收入的比重对农户林业社会化服务需求有正向影响。③是否获得林业补贴。林业补贴包括林木良种培育补贴、造林补贴、森林抚育补贴、林业科技推广示范补贴、林业贷款贴息补贴等。获得林业补贴与否，可以依此判断农户是否从事林业生产或者林业投资，此类农户应更需要林业社会化服务。

林业服务需求诱导因素。①本地是否提供相应的服务。本地是否提供相应的服务是有效需求的前提，能产生一定的示范和带动效应，在一定程度上能诱导农户对林业社会化服务的需求。②农户经营过程中的困难经历。林地经营过程中是否遇到的技术问题、病虫等危害、政策不稳定、资金不足、销售困难等经历对农户相应的社会化需求也具有诱导作用（黄武，2010；应瑞瑶等，2014）。③是否参与林业专业合作社。农户可以通过林业专业合作社获取更多的服务信息或服务内容，也是影响农户某种服务需求的重要因素之一（庄丽娟等，2011）。④是否接受收费服务。构建林业社会化服务体系，需要大力培育发展多元化服务主体，强化农村公益性服务体系和培育农村经营性服务组织，除了提供公益性免费服务的同时，新型的经营性收费服务主体是培育发展的重点。因此，了解农户对收费服务的接受态度对于培育农村经营性服务组织具有重要作用。

4.1.3 模型选择与描述性说明

（1）模型选择

本文采用二元选择模型，分析户主特征、家庭特征、经济地理特征对林业社会化服务需求的影响。农户对林业社会化服务需求有“需要”和“不需要”两种结果，即被解释变量属于二元选择问题。假设农户林业社会化服务中选择“需要”时被解释变量取值为1、“不需要”时取值为0，而农户林业社会化服务需求的概率为 p 取值介于0和1之间，由此构建二元Logit模型，具体基本形式如下：

$$\ln(\frac{p}{1-p}) = \beta_0 + \sum_{i=1}^{n} \beta_i x_i + \mu \qquad (4-2)$$

（4－2）式可以转化为下列表达式：

$$p = F(\beta_0 + \sum_{i=1}^{n} \beta_i x_i) = \frac{1}{1 + \exp[-(\beta_0 + \sum_{i=1}^{n} \beta_i x_i)]} \quad (4-3)$$

（4-3）式中，p 为农户林业社会化服务需求的概率；β_0 表示回归截距，即常数项；x_i 表示影响农户林业社会化服务需求的第 i 项因素；β_i 表示第 i 项因素的回归系数；μ 为随机干扰项。

（2）数据来源

本文数据来源于 2012 年课题组对江西、河南、四川、浙江、福建、湖南、广西、贵州等 8 个省区农村林业经营户的入户调查。每个省区中的林区县随机抽取 2 个县，每个县随机抽取 3 个乡镇，每个乡镇随机抽取 3 个村，每个村随机抽取 15 个农户，随机抽取的农户不在家的，采用偶遇方式进行补充，偶遇无法补充则放弃这一农户的调查。此次调查收回问卷 1 780 份，在数据整理过程中严格剔除缺失数据的样本后，实际有效样本为 1 413 个。

（3）变量统计描述

本文主要考察农户林业社会化服务需求及其影响因素，即被解释变量是农户林地经营中的 6 大服务需求类型：林业政策咨询服务、林业良种及栽培技术服务、林业病虫害等“三防”服务、林业融资服务、林业市场销售信息服务、林业资产评估服务，具体如表 4-1 所示。此处分类主要来自两方面的依据：一是根据农户林业生产和经营的阶段进行划分（龚道广，2000）；二是来自农户林地经营过程中所遇到的困难或瓶颈，并希望通过林业社会化服务为其提供帮助或解决问题，农户的 6 类需求主要来自调研中农户自述在林业生产中遇到的主要困难而期望得到相关服务。

表 4-1　被解释变量定义及统计描述

变量名	定义	变量解释	需求		供给	
			均值	方差	均值	方差
Y_1	林业政策咨询服务	是=1，否=0	74.17%	0.43	38.71%	0.48
Y_2	林业良种及栽培技术服务	是=1，否=0	77.92%	0.41	49.32%	0.49
Y_3	林业病虫害等“三防”服务	是=1，否=0	89.53%	0.31	69.07%	0.69
Y_4	林业融资服务	是=1，否=0	71.76%	0.45	32.97%	0.33
Y_5	林业市场销售信息服务	是=1，否=0	77.00%	0.42	29.15%	0.29
Y_6	林地资产评估服务	是=1，否=0	61.15%	0.49	29.37%	0.29

根据表 4-1 所示，总体上，农户对林业社会化服务的需求愿意比较强烈，均值处于 75.26%。按农户需求意愿强度来分，农户林业社会化服务需求从高至低依次为：林业病虫害等“三防”服务、林业良种及栽培技术服务、林业市场销售信息服务、林业政策咨询服务、林业融资服务和林业资产评估服务。需求量最高的社会化服务为林业病虫害等“三防”服务，占样本总数的 89.53%。其次就是林业良种及栽培技术服务，占样本总数的 77.92%。从农户的需求特征来看，呈现为生产性需求更为强烈，其次则为政策投资性需求。

与此同时，课题组还调查了当地是否具有相应林业社会服务的供给情况，表示当地具有相应林业社会化服务（$Y_1 \sim Y_6$）的农户分别占样本量的 38.71%、49.32%、69.07%、32.97%、29.15%、29.37%。除了林业病虫害等“三防”服务以外，农户均表示当地的相应社会化服务比较缺失，如当地具有林业市场销售信息服务和林业资产评估服务只占样本总量的 29.15% 和 29.37%。林业病虫害等“三防”服务因各地方建立“三防”协会，因此此类服务供给相对健全。

本文的被解释变量由户主和家庭特征、经济与地理特征、林地经营特征与服务诱导因素等构成，主要解释哪些因素致使农户林业社会化服务需求存在差异，其名称、定义、变量解释、均值及方差具体见表 4-2 所示。

表 4-2　解释变量定义及统计描述

变量名	变量定义	变量解释	均值	方差
（1）户主特征				
年龄		实际调查数据（岁）	55.32	74.37
文化程度		实际调查数据（年）	7.231	2.72
（2）家庭特征				
林地面积		实际调查数据（公顷）	2.137	5.958
经济林的比重		实际调查数据	0.344	0.237
劳动力数量		实际调查数据（人）	2.817	1.18
地块数量		实际调查数据（块）	2.786	4.602
（3）经济与地理特征				
农村经济发展水平		农村居民人均纯收入	6 618.427	2 569.906
通达程度		偏远=1，中等=2，近郊=3	1.728	0.787
人口集中度		低度=1，中低度=2，中高度=3，高度=4	2.23	1.08

（续）

变量名	变量定义	变量解释	均值	方差
是否为山区		是=1，否=0	0.572	0.495
是否为平原		是=1，否=0	0.105	0.306
(4) 林地经营特征				
林业收入占总收入的比重		实际调查数据	19.79%	0.294
林地经营资金的主要来源		自有资金=1，借贷资金=0	0.919	0.274
是否获得林业补贴		是=1，否=0	0.148	0.373
(5) 服务诱导因素				
当地是否提供相应的服务		是=1，否=0	见表4-1	见表4-1
是否加入林业专业合作社		是=1，否=0	0.116	0.320
是否接受服务收费		是=1，否=0	0.507	0.500
是否存在政策困惑		是=1，否=0	0.352	0.478
是否经历技术困境		是=1，否=0	0.427	0.494
是否经历销售难的困境		是=1，否=0	0.376	0.484
是否经历资金短缺困境		是=1，否=0	0.502	0.500
是否经历病虫害等困境		是=1，否=0	0.439	0.497
是否发生林地流转		是=1，否=0	0.111	0.314

需要进一步说明的是，表4-2中样本地区的地形条件主要为山区地形、丘陵地形和平原地形三类，地形数据来自中国科学院地理科学与资源研究所《1991年土地资源数据库》，该数据库中缺失的数据，则通过政府网站地形地貌资料予以完善。具体确定标准是：山区地形一般是海拔超过500米，地表相对落差大于100米；丘陵地形海拔通常低于500米，地表高低落差在50～100米之间，平原地形地表高低落差一般低于100米，且地势平坦（周晶等，2013）。山区、丘陵和平原地区的样本比例分别为57.22%、28.21%和10.50%。

区位等级（因素）是反映经济地理条件的一种重要指标，本文区位条件采用农村经济发展水平、人口聚集度和通达程度三个指标来衡量。农村经济发展水平采用样本农户所在县（市）农民人均纯收入指标来衡量，数据来源于各地2012年的统计年鉴，统计结果表明，样本县的农村居民人均纯收入的均值为6 618.427元（表4-2），低于全国农村居民人均纯收入7 917元。通达程度采用样本村镇到中心城镇的距离来衡量，依此划分为近郊、中等通达、偏远三种类型，分别以3、2和1等数字表示（李君等，2008），该数据通过农户所在的自然村调研所得。从表 4－2 可看出，通达程度均值为 1.728，意味着农户样本数据主要来自偏远地区。

(4) 不同条件下农户林业社会化服务需求特征

不同户主特征的农户林业社会化服务需求存在较大的差异。林业经营的主体力量还是 40 岁以上的农户，林业社会化服务需求较多的农户是发生在年龄 48～57 岁阶段，但 47 岁以下的农户需求占该组样本的比例（以下简称为占比）最高，如，农户年龄 40 岁以下和 40～47 岁之间的样本数分别为 134 户和 296 户，其中对林业良种及栽培技术服务有需求的农户分别为 109 户和 236 户，占比分别为 81.34%和 79.73%。户主文化程度为初中、高中或中专的样本农户居多，但户主为大专及大专以上文化程度的农户对林业服务需求的占比最高，如对林业良种及栽培技术服务的需要占比达到了 92.86%。农户家庭人口普遍为 3～5 个，占总样量的 72%，也就是这部分农户对林业服务的需求数量最多，但需求占比最高还是属于家庭人口为 5 个人以上的农户家庭。地块数量为 1 的农户有 862 户，占样本总量的 61%，对林业服务需求的占比也最高。

农村经济发展水平对农户林业社会化服务需求呈倒 U 形特征。农村经济发展水平位于 6 000～6 999 元之间的农户样本有 558 个，占样本总数的 39.49%，其次就是位于 2 000～3 999 元之间的农户样本有 260 个，占样本总数的 18.4%，而对多数林业社会化服务需求占比最多、意愿最强烈的农户属于农村经济发展水平在 4 000～5 999 元的区域，呈倒 U 形特征。农村经济发展水平过低，林业发展处于粗放性经营，缺乏足够的经济能力来满足经营需求；农村经济发展水平高的地区农户兼业化水平比较高，对林业收入的依赖程度会降低。因此，农村经济发展水平高的地区农户社会化服务需求占比相对要低一些，如农村居民人均纯收入在林业资产评估服务的需求占比只有 47.83%。

另外，通达程度较低的偏远地区样本有 681 户，占总样本数的 48.20%，其林业良种及栽培技术服务、林业政策法律咨询服务、林业资产评估服务与相对应其他组的占比是较高的。从地形条件来看，林业生产经营以山区为主，但对林业市场销售信息服务、林业病虫害等“三防”服务、林业融资服务、林业资产评估服务的需求占比以平原地形最高。

4.1.4 模型估计及结果分析

4.1.4.1 模型估计结果

基于 1 413 户农户调查数据，运用 Stata11.2 统计软件，对农户林业社会化服务需求的影响因素进行二元 Logit 模型估计，定量分析农户特征、地形区位因素、林地经营因素和社会化服务诱导因素对农户林业社会化服务需求的影响，估计结果如表 4-3 中模型（1）～（6）所示。

表 4-3　农户林业社会化服务需求的影响因素估计结果

变量	模型估计结果：比数比					
	Y_1	Y_2	Y_3	Y_4	Y_5	Y_6
1）户主特征						
年龄	0.939	0.936	0.963	0.867**	0.902*	0.933
文化程度	1.159**	1.032	1.033	0.977	1.035	1.031
2）家庭特征						
林地面积	0.999	0.999	0.998	0.998	0.999	0.999
经济林的比重	0.577*	1.478	1.206	1.285	1.377	0.616
劳动力数量	1.017	1.106*	1.242***	0.962	1.150**	1.048
地块数量	0.990	1.004	0.994	0.997	1.022	0.962**
3）经济与地理条件						
农村经济发展水平	0.783***	0.734***	0.800**	0.830***	0.785***	0.774***
通达程度	1.160**	1.107	0.869	0.910	1.124	1.147*
人口集中度	1.282***	1.205**	1.012	0.993	1.146*	1.162**
是否为山区	1.375	1.574*	3.057***	1.037	1.154	1.761***
是否为平原	1.060	1.001	1.153	1.162	0.893	1.326**
4）林业经营特征						
林业收入占总收入的比重	1.110***	1.190***	1.248***	1.116***	1.264***	1.168***
林地经营资金的主要来源	1.036	0.739	1.147	0.860	0.641	0.695
是否获得林业补贴	2.105***	1.941***	2.421***	1.683***	1.960***	1.657***
5）需求诱导因素						
当地是否提供相应的服务	1.511**	2.336***	1.917*	1.210	1.435	1.354*
是否加入林业专业合作社	0.890	0.752**	0.477***	0.749**	0.584***	1.296**
是否接受服务收费	2.192**	1.815***	2.511***	3.547***	1.586***	3.719***
是否存在政策困惑	1.543**					
是否经历技术困境		1.555***				
是否经历销售难的困境			2.543***			
是否经历资金短缺困境				2.405***		

（续）

变量	模型估计结果：比数比					
	Y_1	Y_2	Y_3	Y_4	Y_5	Y_6
是否经历病虫害等困境					2.033***	
是否发生林地流转						1.216
LR chi^2	113.76	99.57	87.46	128.10	96.9	150.66
R^2	0.072	0.0693	0.0947	0.078	0.0653	0.0822

注：*、**、***分别表示在1%、5%和10%的水平上暑著。

4.1.4.2 结果分析

（1）服务诱导因素

服务诱导因素中农户是否加入林业专业合作社、当地是否提供相应的社会化服务、是否接受服务收费和是否经历过相应的困境对农户社会化服务具有明显的诱导作用。是否加入林业专业合作社是对林业政策咨询服务、林业良种及栽培技术服务、林业病虫害等“三防”服务、林业资产评估服务均产生正向影响，这一点与预期相反。林业专业合作社是农户获得服务信息的重要渠道，与未参加林业专业合作社相比，林业专业合作社的成员对林业社会化服务的需求意愿更为强烈一些，农户加入合作社是希望能获得更多的服务，满足其在林地经营过程的各类需求。此结论进一步证实了孔祥智等（2010）、庄丽娟（2012）和程云飞等（2012）的观点，这主要源于农村农林专业合作社存在的一些共性问题所致：现有许多林业专业合作社普遍尚处于发展的初级阶段，存在发展不平衡、经营规模小、服务层次低、规范化程度不高、带动能力不强等问题，再加上林业专业合作社自身的服务手段、人员素质、技术水平等方面也存在不足，其发展水平和服务能力与林业生产经营者的服务需求之间仍有较大差距，一时难以满足农户的需求。

当地是否提供相应的林业社会化服务对各类服务需求具有正向影响作用，有效的服务供给能明显刺激农户与之相对应的需求。例如，在当地提供林地政策咨询法律服务条件下，有此服务需求意愿的农户为454户，占83%，比当地未提供该项服务的农户需求意愿占比高14.41%。同样在当地提供林业良种及栽培技术服务条件下，有此服务需求意愿的农户为576户，占82.64%，比当地未提供该项服务的农户需求意愿占比高9.32%。此类影响同样发生在其他类型的社会服务需求中。

是否接受收费服务反向显著影响农户的各类林业社会化服务需求，除林业资产评估服务外，服务收费会削弱农户对各类林地社会化服务的需求强度。调查结果显示，表示接受服务收费的农户中，对林业良种及栽培技术和林业病虫害等“三防”服务有需求的农户所占比重分别为77.27%、88.28%；而不接受服务收费的农户中，这一比重分别为78.59%、90.80%。在林业社会化服务体系建立初期，许多政府把林业社会化服务作为公益服务的一部分，为农户提供免费服务。当社会化服务收费以后，公式（4-1）中的交易成本A则会上升，则可能会出现C_1+A大于C_i，农户的需求行为则不会发生，另外农户对收费服务在接收程度上还需要一个过程。林业资产评估服务是林地资产变现过程中的一个特定阶段，只要林业资产评估组织的交易成本加流转收益能高于自己流转的收益，农户都会接受此类服务的收费。另外，是否经历过相应困境成为与之对应的影响农户需求的重要因素，这与本文预期一致。

（2）林地经营特征

在林地经营特征中，林业收入的比重对农户各类林业社会化服务需求有显著正向影响。林业收入比重越高，说明农户林地经营的专业程度越高，对各类林业社会化服务需求也会更强烈，从前人的研究结论（庄丽娟等，2012；程云飞等，2012）以及本研究的调查结果来看，经营丰产速生林和经济林是目前我国南方山区发展林业生产的主要途径，农户经营积极性非常高。如，丰产油茶林对高产型、优质型或优良无性系品种用无性繁育方法培育苗木，可以保持其品种优良遗传特性；经营丰产速生湿地松对采脂技术和市场信息有一定要求和把握能力，这些都要求农户掌握一定的生产技术和市场信息。

是否获得林业补贴有利于提高农户林地经营的积极性，并对农户林业经营效率呈正向影响（薛彩霞等，2013；许佳贤等，2014），激发农户对林业政策咨询服务、林业良种及栽培技术服务、林业病虫害等“三防”服务、林业融资服务、林业市场销售信息服务、林业资产评估服务的需求在增加。

（3）户主与家庭特征

户主特征中年龄对农户林业社会化服务中的林业融资服务和林业市场销售信息服务具有反向显著影响，户主文化程度对林业政策法律咨询服务有正向显著影响，说明户主文化程度越高的农户对林业政策法律咨询服务越有需求，文化程度越高的农户对政策变化更为敏感，从政策中了解政策的稳定性及投资机会。林地地块数对林业资产评估服务需求有负向显著影响，地块数量越多，林地相对分散，在林地产权交易中处于不利条件，对林业资产评估服务明显减少。这一结论基本与应瑞瑶等（2014）、王志刚等（2011）的观点基本一致。

家庭劳动力数量对农户林业良种及栽培技术服务、林业病虫害等“三防”服务和林业市场销售信息服务的需求有显著影响，劳动力数量每增加1位，对农户林业良种及栽培技术服务、林业病虫害等“三防”服务和林业市场销售信息服务的需求则相应地会上升1.106倍、1.242倍和1.150倍。家庭劳动力资源是影响农户林地经营积极性的重要因素，家庭劳动力数量越多，意味着农户在林地生产经营过程中可配置的资源越多，林地经营越趋于集约化，更希望获得一些林业良种及栽培技术服务、林业病虫害等“三防”服务和林业市场销售信息服务，从而提高林业生产经营的效率（廖文梅等，2015）。农户对不同林业社会化服务的需求并不受林地面积变量的显著影响，这一结果与速水佑次郎、拉坦（2000）和孔祥智等（2010）的观点基本一致。

（4）经济与地理条件

地形条件中，是否为平原对林业良种及栽培技术服务、林业病虫害等“三防”服务和林业资产评估服务的需求有影响；主要原因是山区地形的地区，林业资源非常丰富，他们依赖于传统祖辈“靠山吃山”的粗放经营方式，外界的信息与政策对山区的林业生产方式影响不大。

区位条件中，在农村经济发展条件越好的地区，农民替代生计选择机会很多，从事林业生产的机会成本越高，对林业社会化服务的需求相对降低。通达程度对林业融资服务和林业病虫害等“三防”服务的需求有同样有负向影响，在通达程度越好的地区农户对林业融资服务和林业病虫害等“三防”服务的需求越少。通达程度正向显著影响林业政策法律咨询服务的需求，意味着通达程度越好的地区农户越需要林业政策法律咨询服务，他们会更关心林业政策法律变化，从中找到替代生存与事业发展的商机，比如投资购买林地、发展农家乐，从而达到增收致富的目的。因此，通达程度越好的地区农户对林业政策法律咨询服务的需求越强。

4.1.5 结论与政策启示

本文在对农户林业社会化服务需求特征分析的基础上，构建二元Logistic模型，利用全国8个省（区）农户实地调查数据，就农户林地经营中的林业政策咨询服务、林业良种及栽培技术服务、林业病虫害等“三防”服务、林业融资服务、林业市场销售信息服务、林业资产评估服务等林业社会化服务的农户需求状况及其影响因素进行分析，结果表明：一是农户对林业社会化服务需求意愿从整体上来看是比较高的，总体上处于75.26%；农户林业社会化服务的各类需求按意愿强度从高至低依次为：林业病虫害等“三防”服务、林业良种及栽培技术服务、林业市场销售信息服务、林业政策咨询服务、林业融资服务和林业资产评估服务；从农户的需求特征来看，首先是生产环节和销售环节需求更为强烈，其次为政策投资性需求。二是林业社会化服务有效供给不足，总体上处于41.4%，尽管在生产环节较为突出，但相对需求总量明显不足。三是农户是否经历相应的困境和当地是否提供相应的服务对农户林业社会化服务需求产生了明显的诱导作用，林业专业合作社社员比非社员对林业社会化服务需求意愿更强，服务收费对农户林业社会化服务的需求具有明显抑制作用，农村经济发展水平、是否有林业补贴和林业收入比重成为影响农户林业社会化服务需求的主要因素。除此之外，户主受教育年限、经济林的比重、通达程度和人口集中度对林业政策咨询服务有显著影响，劳动力数量和地形均对林业良种及栽培技术服务和林业病虫害等“三防”服务具有正向显著影响，年龄对林业融资服务需求影响显著，林地地块数量、通达程度、人口集中度、平原地形和山区地形对林业资产评估服务需求具有显著影响。基于以上结论，本文得出以下政策启示：

第一，要进一步加快集体林权制度改革的配套改革步伐，完善林业社会化服务体系，强化社会化公益性服务的服务力度，增加林业社会化服务的有效供给能力，服务重点向欠发达的农村林区转移，以优质高效服务引导和激发农户需求意愿，逐步解决集体林区林业社会化服务需求短缺问题。

第二，要努力提升林业专业合作社质量和水平，全面发挥林业专业合作社的服务功能，增加合作社社员的服务供给渠道，还要特别培育经营性服务的多元化主体，进而促进提升农户林业社会化服务需求的有效性和针对性，为建立和完善林业社会化服务体系创造稳定需求环境。

第三，要更加重视林业生产环节和销售环节的社会化服务供给，不定期地开展林业生产技术培训和林产品销售经验交流，利用便捷方式向农户提供各类林业技术与市场信息，提升农户林业社会服务需求的理性决策能力。

第四，要建立人性化的林业社会化服务对象选择机制，针对农户需求特征的不同，采取不同的林业社会化服务推广策略，提高林业社会化服务工作的针对性和有效性。

4.2 农户社会化服务需求意愿与选择行为一致性分析

健全林业社会化服务体系是深化农村集体林业产权制度改革的重要内容，是全面提升集体林业经营现代化发展水平的必然要求（张建龙，2016）。2017年、2018年和2019年中央1号文件分别指出“完善农业社会化服务体系，提升农业社会服务供给能力和水平”、“促进我国小农户和现代农业发展的有机衔接”和“加快培育各类社会化服务组织”。党的十九届四中全会再次提出了进一步深化农村集体产权制度改革的重要任务，林业社会化服务体系在巩固集体林权制度改革成果中发挥着不可替代的重要作用（乔永平等，2010）。然而，集体林权制度改革后，我国林业生产面临着小规模与大产业、大市场之间的现实矛盾，存在着林农林产品生产经营成本趋高，抵御市场风险和自然灾害风险的能力趋弱，林产品市场竞争力不强，林农林地投入积极性不高，林农林业社会化服务需求与供给不匹配等问题。这些问题的长期存在，必将严重制约我国集体林业经营发展水平的提高，影响林业现代化建设步伐（孔凡斌等，2017）。健全林业社会化服务体系，提升其管理和服务水平，把千家万户的小规模林业生产联结起来，实现小规模林业经营户与林业现代化发展有机衔接，有利于改善当前我国林业发展和农户经营的困境，才能节约生产成本，提升林业的规模经济效益和社会分工效率（孔祥智，2017），这对进一步深化集体林业产权制度改革有着重要的现实意义。

我国林业社会化服务的供给与需求之间总量不平衡、结构不匹配问题尤为突出，在市场服务环节中销售、融资等方面失衡非常明显。有研究表明，在所调查的1 400余户农户中有75.26%农户对林业社会化服务需求愿意十分迫切，有87.6%的农户并未采纳林业社会化服务（廖文梅等，2016），出现农户意愿与行为不一致的情况，即农户有林业社会化服务需求意愿但是实际上却没有农户社会化服务采纳行为，这是由于农户意愿在向行为转化的过程中，容易受到多种复杂因素的影响，导致农户最终的行为与最初的意愿之间存在差异。农户意愿与行为之间的偏差将会给政策制定者以不完全信息，进而对相关政策实施的效果带来消极影响，容易导致政策失灵与低效率。从表面上看，引起偏差的原因既有来自服务供给方的因素，例如供给的服务能否解决农户家庭经营中遇到的现实技术难题；也有来自服务需求方的因素，例如需求方的生产要素能否匹配实际的生产要求，不同生产要素禀赋也会导致经营规模异质性农户社会化服务需求意愿与选择行为的变化（罗必良，2017），从而产生意愿与行为的偏差。然而，这些复杂因素到底是如何影响农户林业社会化服务需求意愿与选择行为，以及又是如何进一步对农户需求意愿向选择行为的转化产生影响？其中的具体影响机制又是什么？目前学术界尚未能给出确切的答案。为此，本文尝试利用农户入户调查数据，采用规范的经济计量分析模型，从生产要素禀赋视角，考察人力、技术、土地和资本等生产要素禀赋对经营规模异质性农户林业社会化服务需求（需求意愿）和选择行为偏差的影响，并据此提出进一步完善林业社会化服务体系的对策建议。

4.2.1　林业社会化服务内涵及现状

4.2.1.1　林业社会化服务内涵

林业社会化服务是我国农村农业社会化服务体系的重要组成部分。林业社会化服务，即亦称之为林业综合性服务，指的是专业经济技术部门、乡村合作组织和其他社会组织为林业发展提供的各种服务（王良桂，2010）。从林业产业化分工视角，林业社会化服务是涵盖了整个林业产业链的服务组织和活动的组合（钟艳等，2005）；林业社会化服务供给者主要由政府职能部门、行业协会、林业经济合作组织和其他服务实体组成（吴守蓉等，2016）；主要履行技术指导、技术服务、营销咨询等职责（冯彩云，2006）；旨在为推动林业生产由个体家庭的粗放型小生产向社会化的大生产（专业化、规模化、商品化）转化而提供各种服务（宋璇等，2017）。总之，林业社会化服务涵盖了林业的整个生产过程（孔凡斌等，2017）。

关于林业社会化服务的内容，从纵向来看，产前服务包括林业技术教育和培训服务、科技推广和咨询服务、林业政策法律咨询服务、林产品市场信息服务等服务，产中服务包括造林抚育设计、育种育苗、整地造林和森林有害生物和火灾预防等服务，产后服务包括林产品收购、储运、加工、销售等服务（冷清波 2007）。横向来看，林业社会化服务可分为生产性服务与政策投资性服务（龚广道，2008），其中生产性服务主要包括技术教育培训服务、产品市场信息服务、病虫害及火灾防治服务，政策投资性服务包括投资融资服务、政策法律咨询服务、中介服务。大量研究表明农户对林业生产性服务的需求更加强烈（廖文梅，2016）。从供给服务角度来看，虽然林业社会化服务供给主体近年来也呈现出多样化的组织形式，但受资金、技术、配套设施等影响，尚处于起步阶段，服务项目单一且服务水平不高，难以满足广泛的社会化服务需求，使得林农在林业生产经营中遇到较多阻力，农户对林业社会化服务的积极性不高。

4.2.1.2 林业社会化服务研究现状

土地规模经营是指在一定的适合的环境和适合的社会经济条件下，各生产要素（土地、劳动力、资金、技术等）的最优组合和有效运行，取得最佳经济效益的经营方式。实现土地规模经营有两种途径：一是通过新型农业经营主体的土地流转来实现土地规模化经营，从而改善资源配置效率（姚洋，2000），实现土地规模经济。然而，从全国土地流转情况来看，农民的土地流转状况并不乐观，学术理论观点与现实情况存在一定差距，但这不能否定“土地规模经营”的意义（胡新艳等，2016）。二是以生产托管和保姆式服务为主的社会化服务推动农业的规模化经营（王志刚等，2011），以期能够显著地改善农业的外部分工经济与规模经济，进而推动农业规模经营创新由“土地逻辑”向“分工逻辑”的方式转变（Yang & Zhao，2003；罗必良，2017），林业规模经营更是如此（孔凡斌等，2017）。

作为创新规模经营的重要途径之一，林业社会化服务倍受学者和政府部门的关注。集体林业产权制度改革之后，农户对林业社会化服务的需求呈现多样化趋势，林业社会化服务供求结构差异较大（李宏印等，2010）。需求方面，农户对生产销售环节的服务需求尤为强烈（廖文梅等，2016），需求强度与该技术服务的相关收入占家庭总收入的比例以及农户在生产中是否遇到过技术难题有着重要正相关影响（黄武，2010）。供给方面，由于服务供给模式相对较单一，且大多数林业社会化服务仍主要由政府部门提供，难以满足广泛的农户需求，造成农户服务采纳行为具有明显不足（孔凡斌等，2017）。就地区而言，欠发达地区农业社会化生产技术服务供给不足的现象尤为明显（姜长云，2016），农户技术服务需求与采纳失衡状态更为普遍（王瑜等，2007），其主要原因在于服务供给方对农民技术需求掌握不足，致使政府、农业科研、技术推广人员的技术创新及推广与农民需求相脱节（黄季焜等，2000）。

在影响林业社会化服务需求与行为的因素方面，除了上述服务供给方的原因外，还会受需求方自身因素的影响，农户接受服务收费和经历相应的困境会显著地诱导农户林业社会化服务需求（廖文梅等，2016），家庭资源禀赋会显著影响林农采纳林业技术服务的支付意愿和采纳行为，如家庭劳动力转移程度（孔凡斌，2018）、商品林经营类型（韩育霞等，2019）、区位因素与地块位置、农户家庭的要素配置、生产方式以及生产目的的不同也会引起社会化服务需求的异质化（周娟，2017），其中土地规模即规模经营模式是决定农户生产性投资方式的关键变量。经营规模不同，社会化服务需求意愿与选择行为的重点也有差异，经营规模与生产环节外包存在倒U形关系。据此，林地经营规模与农户生产性外包行为之间存在拐点（罗小锋等，2016），而林地细碎化提高了科技服务实施成本，进而抑制林农采纳林业新技术（廖文梅等，2015；柯水发等，2014）。在劳动密集型环节，经营规模小的农户投资机械生产加工并不是理性选择，导致其对机械服务外包需求较高（蔡键等，2017）。

农户需求意愿与行为的偏差问题研究多集中于心理学和消费行为学领域，例如安全食品的购买（王建华等，2018）、网购地理标志农产品（吴春雅等，2019）和农村居民生态消费（刘文兴等，2017）等，家庭购买能力、文化差异、便利程度和消费者认知会导致购买意愿与支付行为之间发生偏差（叶德珠等，2012）。最近几年，农业经济领域对此的研究比较活跃，如土地信托流转中的农户参与意愿和行为偏差研究（罗颖等，2019），以及农业社会化服务需求意愿与行为的研究（张燕媛等，2016），农户需求意愿与行为一致性或偏差产生的原因既有农户陈述的非真实意愿性的因素，也有农户真实意愿因客观原因而无法转化为实际行为的因素等。

整体上看，既有研究分别对林业社会化服务需求意愿和采纳行为及其影响因素进行卓有成效的探索。然而，从研究内容来看，关于农户林业社会化服务需求愿意向选择（采纳）行为的转化研究还处于无人问津的状态。在林业生产实践中，林业社会化服务需求中往往出现农户意愿与行为不一致的情况，即农户有林业社会化服务需求意愿但是实际上却没有发生林业社会化服务选择行为，因此仅依据需求愿意的研究结论给出的政策建议在指导实践中难免会产生偏差，进而有可能导致政策失灵与失效。从研究视角来看，不同生产要素禀赋配置对经营规模异质性农户林业社会化服务需求意愿与选择行为及其转化过程可能会产生重要影响，既有的研究对此缺乏应有的关注。从研究方法来看，既有研究主要采用二元 Logit 和 Probit 模型作为分析方法研究农户林业社会化服务需求意愿与选择行为，而实践中的农户选择林业社会化服务的种类和数量往往不止一个，不同类型的服务之间通常是相互影响的，采用传统的二元 Logit 和 Probit 模型可能会使估计结果产生严重偏误。因此，本文基于浙江省、福建省和江西省 800 个样本农户的调查数据，运用 Mv - Probit 模型，从资源禀赋异质性视角，具体考察不同生产要素禀赋对规模异质性农户林业社会化服务需求愿意与选择行为偏差的影响，并据此提出完善林业社会化服务体系的对策建议。

4.2.2 理论探索

4.2.2.1 经济理论分析

农业社会化服务本质上属于专业分工的范畴，也是技术进步和社会分工的结果。由于专业化可以提高生产效率，农业生产者将原来由自己操作的生产环节逐步地转移出去，交给更专门的服务组织（或个人）去完成。在追求个人效益最大化的前提下，农户面临的是生产和交易的选择。生产意味着所有环节都自己操作，那么他将花费高昂的生产成本。交易则是农民选择专业化的生产方式，把一部分不适合自己完成的生产环节交给专门的服务组织（或个人）去完成，如果耗费的交易成本低于自己的生产成本，农民倾向于选择社会化服务，刺激了农户对服务的需求。本文尝试借鉴龚道广（2000）的理论对农户林业社会化服务需求的经济学理论依据进行剖析。

假定一个林产品从生产到消费的全过程可以分解为 n 种操作，n 种可独立的操作都有自己的适度规模，并且会随着技术条件的变化而改变，n 种操作最多可以 n 种不同的最适度生产规模，而林农生产者实际选择的生产规模只是其中的1种，假定这个实际生产规模达到了其中一项操作的最适度生产规模，意味着它的生产单位产品的成本是最低的，$n-1$ 种是没有达到适度规模，由于在较少的产品分摊了较多的固定费用，从而增大了单个产品的成本。现在我们假定 n 种不同操作的单位生产成本，当它们达到最适度生产规模时是一样的，则这 n 种操作的单位生产成本曲线，就是倾斜度不等的一簇曲线 K_i（$i=1, 2, \cdots, n$），如图4-1所示：

图4-1中，农户实际生产规模为 Q，只有第 K_1 种操作达到了最适度生产规模，其生产成本为 C_1，其余操作都没有达到最适度生产规模，单位生产成本分别为 C_2，…，C_n，$C_n>C_4>\cdots>C_1$。

图4-2为图4-1的单位生产成本的投影，如果农户采用自己完成所有环节的操作，则产品的单位生产成本为 n 种操作的单位生产成本之和，是梯形 $OPNW$ 的面积；如果采用专业化的生产方式，即把没达到最适度生产规模的 $n-1$ 种操作交给社会化服务组织去完成，则产品的单位生产成本是矩形 $OPSW$ 的面积，三角形 PSN 的面积为节省的单位生产成本。假如交易成本为

0，则三角形 PSN 为林业社会化服务所提供的社会效益的理论增量，这为农户林业社会化服务需求和行为的理论诱导机理。

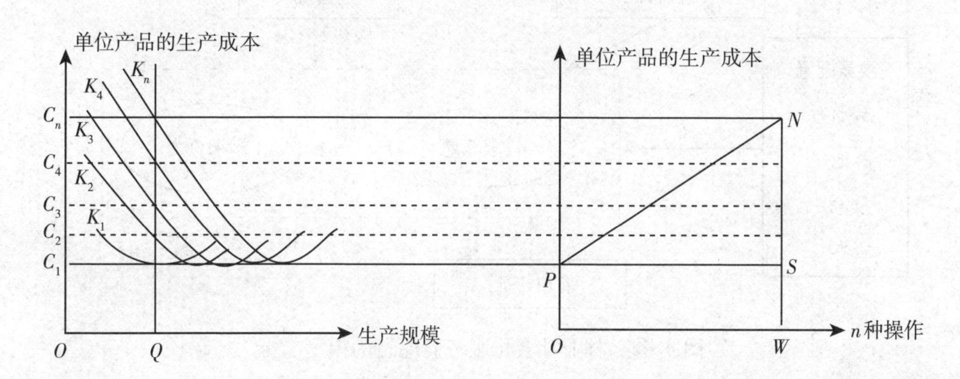

图4-1　n种操作的单位生产成本曲线　　　图4-2　某产品社会生产总过程的生产成本

假如林业生产者自己完成所有操作的单位生产成本为 C_i，交给林业社会化服务完成耗用的单位生产成本为 C_1，双方价格谈判、签订合作、监督执行、违约风险损失等的交易成本为 A，而农户林业社会化服务的需求条件是：

$$C_1 + A \leqslant C_i \tag{4-4}$$

农户作为“有限理性经济人”，其决策行为会受上述经济因素的影响，但也会受到非经济因素的影响。经济因素主要表现为：接受林业社会化服务，能给他们带来时间、资金或人力耗费上的节约，从而使经营的效益增加，但在行为研究中难以对其节约程度进行量化。而实际研究中更偏重于要素配置角度的非经济因素影响，如农户家庭的要素配置、经营规模和区位特征等。当农户在林业经营过程中，遭遇经营困境、或要素瓶颈等时会产生对林业社会化服务的需要，才能催生农户的需求意原，而意愿在某种条件下就会转化为选择行为。然而，在实践中往往出现农户意愿与行为不一致即偏差的情况，即农户有林业社会化服务需求意愿但是实际上却没有发生选择行为，其中的原因在于农户需求意愿在向行为转化的过程中会受多种影响因素共同作用（曹光乔等，2010），导致农户最终的行为与最初的意愿之间存在偏差。基于此，本文从生产要素禀赋异质性的视角，研究经营规模异质性农户林业社会化服务需求意愿与选择行为偏差及其影响因素，以厘清生产要素禀赋因素影响经营规模异质性农户的林业社会化服务需求意愿与选择行为的方向、程度与过程机制，如图 4-3 所示。

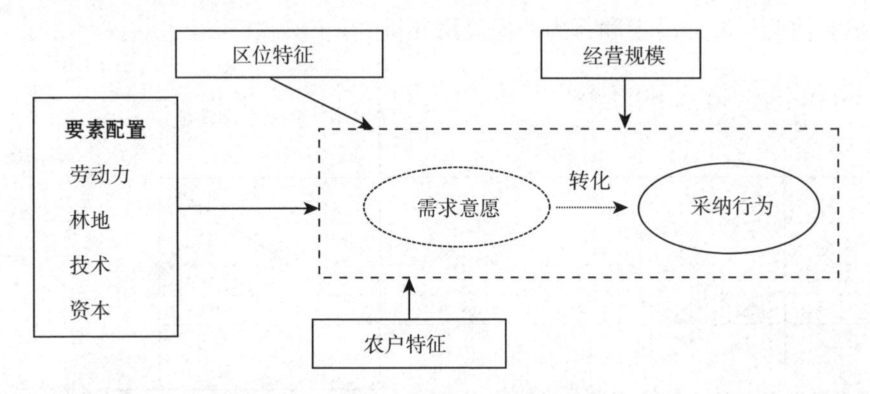

图 4-3　林业社会化服务意愿行为模型

4.2.2.2　变量选择与假设

（1）被解释变量

本文主要考察农户林业社会化服务需求愿意及选择行为偏差的影响因素与影响机制，被解释变量集中于农户林地经营中最为迫切的社会化服务：林业良种及栽培技术服务、病虫害防治服务、林业代收代售服务。本文研究农户林业社会化服务行为主要分为两个部分：①农户“是否有林业社会化服务需求”和“选择服务程度”，农户对社会化服务有采纳行为为二分类变量，有需求取值为1，反之为0。而“选择服务程度”是农户在生产销售环节选择服务的总次数，为连续性变量；②基于不同资源规模视角，农户服务需求意愿与行为一致性分析，即“需求意愿”是否转化为“选择行为”。值得注意的是，“意愿是否转化为行为”存在4种情况：①“有意愿-有行为”；②“无意愿-无行为”；③“有意愿-无行为”；④“无意愿-有行为”，本文研究的对象为“有意愿-有行为”、“有意愿-无行为”，即在农户对服务有需求的前提下，“意愿与行为是否一致”，属于二分类变量，取值为1，反之为0。

（2）解释变量的选取与假设

生产要素作为经济学的范畴，囊括了社会生产经营活动时所需要的各种社会资源，主要包括劳动力、土地、资本、技术、经营者才能五种基本要素。

劳动力要素。①劳动力数量越多的家庭，可配置的劳动力资源越多，采纳林业社会化服务的可能性越大。②劳动力转移程度直接影响农村林业生产的劳动力数量，造成农村劳动力数量的短缺供给，总体上劳动力转移程度越高的农户对技术服务的需求越小（展进涛等，2009；孔凡斌等，2018）。因此，将劳动力要素设置为劳动力数量和劳动力转移程度。

林地要素。①林地经营面积是决定农户林地经营、选择社会化服务的重要生产要素，在一定林地经营面积范围内，林地面积越大，生产要素配置能力要求越高，需求的林地社会化服务的意愿越强（黄武，2010）。因此，预计林地经营规模对农户林业社会化服务需要有正向影响。②土地的细碎化会推高林业服务的成本，从而抑制农户选择社会化服务行为（廖文梅等，2015）。③经营林地的便利程度主要体现在林地到公路的距离（李桦等，2014），距离远近不仅影响农户林业社会化服务可获性，同时也折射出林业交通基础设施状况。林地到公路的距离越远，意味着采运成本越高，在同等收益情况下，林业社会化服务的成本越高，从而抑制农户的林业社会化服务需求。因此，农户的林地资本要素变量设定为林地经营面积、林地细碎化程度、经营林地的便利性三个指标。

技术要素。技术要素在生产销售活动中主要是指经验、技能这些主观的技术要素。①林地经营过程中是否经历相应困难，即良种及种植技术问题、病虫害、销售困难等难题，这对农户相应的社会化需求具有诱导作用（应瑞瑶等，2014），并且经历的困难程度与需求强度有正向相关关系（黄武，2010）。②采伐指标申请困难与否，折射出申请程序复杂和手续烦琐程度，不然则会造成一些农户将可主伐的林木采伐权出让，损害农户林业经营的积极性。因此，技术要素设置为经营中是否经历相应困难和采伐指标申请是否困难。

资本要素。①林地经营资金的主要来源为借贷资金的农户，其专业化程度高，因而对各类林业社会化服务的需求更加强烈（廖文梅等，2016）。②林业收入越高，农户对林业的依赖程度越大，林业投入也越大，林业社会化服务的需求越强，但是林业收入和林地投入这两个变量难以“消除”内生性问题，农户林业收入、林业投入与林业社会化服务需求之间存在密切的关系，如果将其直接放入模型中，内生性问题不可避免，因此，采用林业收入占总收入的比重作为代理指标，一般而言，林业收入占总收入的比重越高，林业收入和林业投入也会相对较高。③林业补贴政策主要是对人工造林、更新和改造的主体给予一定补助，包括造林补贴、森林抚育补贴、林木良种补贴等，补贴可以降低造林比较成本或比较收益，主要是激励农户积极地进行营林生产，是否获得林业补贴，可以依此判断农户是否从事林业生产或者林业投资，此类农户应更需要林业社会化服务。因此，资本要素设置为林地经营资金的主要来源、林业收入占总收入的比重和是否获得林业补贴。

农户经营者要素。农户作为林业经营者，其特征对农户社会化服务的需求与采纳决策行为有着重要影响（庄丽娟等，2011）。①户主年龄对农户的技术需求意愿与选择行为具有较大的影响。一般而言，随着农户年龄的增长，农户接受新鲜事物和采纳新技术的能力越弱，进行林业生产经营的积极性也越低。户主年龄越高，接受新事物的能力越低，其对林业社会化服务的需求和可获性也会随之降低（孔凡斌等，2018）。②户主文化程度较高的农户不但拥有更强的掌握新技术的能力，而且在林业生产中风险的承受能力更强。因此，农户经营者要素设置为户主年龄和户主文化程度。

区位控制变量。区位因素是反映经济质量（经济地理条件）的一种重要指标。不同区位与地理条件下的生产环境、生活水平等各不相同，进而也会造成农户林业社会化服务需求和行为的差异性（王浩等，2012；廖文梅等，2016），这已是学术界和政府部门的共识。本文区位条件采用农村经济发展水平和地形条件两个指标来衡量。区域经济水平反映了该地区的区位发展水平，区位条件较好的地区其社会化服务市场更加成熟，农户在生产过程中越容易采用社会化服务。地形条件是反映地理条件的一种重要指标，不同的地形条件对社会化服务意愿与选择行为影响不明确。

4.2.3 数据来源及样本说明

(1) 数据来源

本文所有数据来自课题组 2016 年 10 月对浙江省、江西省、福建省 6 个县（市）800 户农户的调研。浙江省、江西省、福建省属于我国南方重点集体林区，也是新一轮集体林权制度改革最早的省份。为保证调查结果的有效性和科学性，首先，课题组按照随机分层原则选取样本，依据各县（市）林业生产情况，在每个县随机抽取 3 个乡镇，在抽取的乡镇中随机抽取 3 个村庄，根据村庄规模的大小，在每个村庄随机抽取 10～16 个农户进行考察。课题组采用深入访谈法、参与式农村调查法先后组织了 10 个调查小组对样本区域进行实地调研。此次调查共获得 54 个村庄的样本数据，具体样本分布情况及容量见表 4 - 4。其次，本次研究的调查对象是只针对从事林业经营的普通农户，不包含林业经营组织。调研内容包含：农户基本信息、林地资源禀赋信息、林业生产费用（种子、化肥、农药等费用）、林业产出（木材、竹子、经济林等产量）和林业社会化服务等。课题组累计向农户发放 850 份问卷，实际收回 820 份，剔除关键变量缺失与存在重大逻辑错误的问卷，实际获得有效样本 800

份，问卷有效率94%。

表4-4　调研样本分布情况

省份	县名	乡镇	行政村	样本数
浙江省	德清县	莫干山	郎家村、燎原村、东山村	45
		筏头乡	大造坞、后坞村、勤劳村	44
		武康镇	民进村、山民村、城山村	45
	遂昌县	云峰镇	东姑村、白沙村、清水源村	45
		按口镇	石仓村、大山村、垵口村	40
		柘岱口	柘岱口村、开阳村、尹家村	45
福建省	顺昌县	双溪镇	余敦村、下沙村、陈布村	42
		大干镇	慈悲村、千山村、良坊村	45
		元坑镇	槎溪村、际下村、曲村村	47
	沙县	大洛镇	文坑村、罗坑村、山际村	46
		高砂镇	龙江村、龙慈村、冲厚村	45
		凤岗街道	西霞村、际硋村、三姑村	44
江西省	遂川县	双桥	双溪村、谭溪村、湾洲村	45
		碧洲	丰林村、珠湖村、碧洲村	45
		营盘屿	桥头村、营盘存、大夏村	45
	铜鼓县	棋坪镇	观田村、优居村、九峰村	47
		三都	大槽村、枫搓村、战坑村	45
		排埠	三溪村、南坡村、永丰村	45
合计	6	18		800

(2) 样本农户基本特征

表4-5为调研农户个人特征和基本家庭特征。由表4-5可知，调研样本区域内农户的基本特征为：①户主文化程度：调研区域内户主的文化水平主要以小学水平为主，占比42.5%，其次是初中水平，占比35%，而高中、大专及以上文化水平的户主分别占比为10.5%和0.5%，由此可以看出调研区内户主的文化程度整体偏低；②户主年龄：调研样本户主的年龄主要分布在41～50岁之间，其次是51～60岁之间，分别占比34.88%和31.63%，而30岁以下及61岁以上的户主分别占样本总体的1%和21.63%，由此可以看出样本区域户主的整体年龄偏大，“优质”劳动力缺失较为严重；③家庭人口数：调研

区域农户家庭人口数主要在3～5人之间，占比66.13%，家庭人口数在2人以下的仅占比8.25%，由此可以看出研究区域内调查的样本农户是较为典型的传统农业家庭；④农户类型：本文借鉴包庆丰（2010）等人的研究，根据农户的经营规模进行了以下分类：1）林业散户指拥有林地面积少于10亩的家庭，2）林业大户指拥有林地面积多于60亩的家庭，3）普通农户指拥有林地面积介于前面二者之间的家庭；调研区域林业散户占比为45.25%，其次为普通农户和林业大户，分别占比31.88%和22.88%，说明调研区域内的农户主要以小规模农户为主。

调查样本的基本家庭特征：①农户拥有的林地块数：林地块数在2块及以下的农户，占比54.38%，林地块数超过6块的农户仅占4.88%，表明调研区域内农户的林地资源较为集中，有利于林地的规模经营与管理；②林地面积：在800户样本农户中，林地面积最小为0.1亩，最大为740亩，农户的林地面积主要集中在10～60亩之间，占比41%，其次，60亩以上和10亩以下的农户分别占比30.25%、28.75%，表明调研区域内农户林地面积分布较为均匀，农户拥有的林地资源较为丰富；③农户家庭总收入：调研区域农户家庭总收入相对集中在2万～5万元和2万元及以下，分别占比38.88%和35.50%，家庭总收入在10万元以上的仅占9.00%，表明样本农户家庭经济实力较低；④林地经营的便利程度：最大一块林地到公路的距离主要集中在1公里及以下，占比80.75%，林地到公路的距离在6公里及以上的农户仅占比3.00%，说明林地的交通条件较好，农户进行林业生产的便利性较好。

表4-5　调研农户基本特征

	统计指标	样本数	占比（%）		统计指标	样本数	占比（%）
户主文化程度	小学以下	92	11.50	年龄	30岁及以下	8	1.00
	小学	340	42.50		31～40岁	87	10.88
	初中	280	35.00		41～50岁	279	34.88
	高中	84	10.50		51～60岁	253	31.63
	大专及以上	4	0.50		61岁及以上	173	21.63
家庭人口数	2人及以下	66	8.25	林地块数	2块及以下	435	54.38
	3～5人	592	66.13		3～4块	251	31.38
	6～8人	136	17.00		5～6块	75	9.38
	8人以上	6	0.75		6块以上	39	4.88

（续）

	统计指标	样本数	占比（%）		统计指标	样本数	占比（%）
林地面积	10亩及以下	230	28.75	农户类型	散户	362	45.25
	10～60亩	328	41.00		普通农户	255	31.88
	60亩以上	242	30.25		林业大户	183	22.88
农户家庭总收入	2万元及以下	284	35.50	林地经营的便利程度	1公里及以下	646	80.75
	2万～5万	311	38.88		1～3公里	99	12.38
	5万～10万	133	16.63		3～6公里	31	3.88
	10万元及以上	72	9.00		6公里以上	24	3.00

（3）农户林业社会化服务需求意愿

表4-6和图4-4汇报了本次调研的800份农户林业社会化服务需求情况。整体来看，样本农户总体对林业社会化服务的需求意愿较高，有695户对林业社会化服务有需求意愿，占比86.88%；从不同服务项目来看，农户对病虫害及火灾防治服务的需求意愿最强烈，对此服务有需求意愿的农户有624户，占比80.25%；其次，农户对中介服务的需求意愿较低，对此服务有需求意愿的农户有435户，占比54.38%。此外，对产品市场信息服务、技术教育培训服务、投资融资服务、政策法律咨询服务有需求意愿的户数分别有547户、544户、540户、510户，分别占比68.38%、68.00%、67.5%和63.75%。由此可以看出，调研区域内农户对林业社会化服务的需求意愿比较旺盛，尤其是在病虫害及火灾防治环节。

从3个不同省份的农户林业社会化服务需求意愿情况来看，浙江省（共263份调研数据）农户对林业社会化服务需求意愿从大到小依次为病虫害及火灾防治服务（217户）、投资融资服务（172户）、产品市场信息服务（164户）、技术教育培训服务（161户）、政策法律咨询服务（123户）和中介服务（110户），分别占比82.51%、65.40%、62.36%、61.22%、46.77%和41.83%。福建省（267份调研数据）农户对林业社会化服务需求意愿从大到小依次为病虫害及火灾防治（197户）、技术教育与培训服务（177户）、政策法律咨询服务（175户）、产品市场信息服务（172户）、投资融资服务（168户）和中介服务（141户），分别占比73.78%、66.30%、65.54%、64.42%、62.92%和52.81%。江西省（269份调研数据）农户对林业社会化服务需求意愿从大到小依次为病虫害及火灾防治服务（228户）、政策服务咨询服务（212

户）、产品市场信息服务（211 户）、技术教育培训服务（206 户）、投资融资服务（200 户）和中介服务（184 户），分别占比 84.76%、78.81%、78.44%、76.58%、74.35%和 68.40%。

表 4-6　调研区域农户林业社会化服务需求情况

	全部样本		浙江省		福建省		江西省	
	户数（户）	比例（%）	户数（户）	比例（%）	户数（户）	比例（%）	户数（户）	比例（%）
总体情况	695	86.88	227	86.31	227	85.02	241	89.59
技术教育培训服务	544	68.00	161	61.22	177	66.30	206	76.58
产品市场信息服务	547	68.38	164	62.36	172	64.42	211	78.44
病虫害及火灾防治服务	642	80.25	217	82.51	197	73.78	228	84.76
投资融资服务	540	67.50	172	65.40	168	62.92	200	74.35
政策法律咨询服务	510	63.75	123	46.77	175	65.54	212	78.81
中介服务	435	54.38	110	41.83	141	52.81	184	68.40

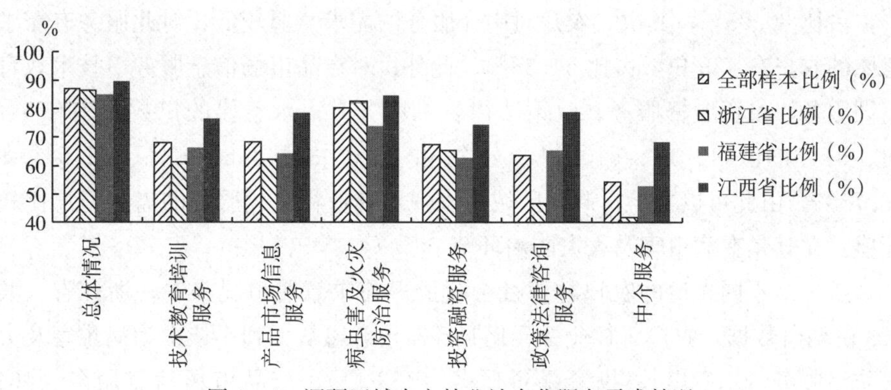

图 4-4　调研区域农户林业社会化服务需求情况

(4) 不同规模农户林业社会化服务需求意愿情况

表 4-7 为不同规模农户林业社会化服务需求意愿情况。从表 4-7 中可以看出，病虫害及火灾防治服务在不同农户类型中均为需求比例最高的服务，其中散户、普通农户、林业大户分别有 175 户、269 户和 198 户对病虫害及火灾防治服务有需求，分别占比 75.76%、82.01%和 82.16%；而散户、普通农户、林业大户对中介服务需求比例最低，需求户数分别为 121 户、188 户和 126 户，分别占比 52.38%、57.32%和 52.28%。此外，对良种及栽培技术服

务有需求的散户、普通农户和大户分别为153户、223户和168户，分别占比66.23%、67.99%和69.71%；对产品代收代销服务有需求的散户、普通农户和大户分别为145户、229户和173户，分别占比62.77%、69.82%和71.78%；对投资融资服务有需求的散户、普通农户和大户分别为145户、225户和170户，分别占比62.77%、68.60%和70.45%；对政策法律咨询服务有需求的散户、普通农户和大户分别为135户、221户和154户，分别占比58.44%、67.38%和63.90%。

通过分析问卷所得数据可以发现，不同规模农户对林业社会化服务的需求趋势相同，不同规模农户对病虫害及火灾防治服务都产生较高的需求意愿，对中介服务呈现较低的需求意愿。此外，普通农户和林业大户相对小规模散户来说，对林业社会化服务需求意愿更旺盛，普通农户和林业大户林地规模面积相对更大，从利益最大化角度出发，普通农户和林业大户会选择服务提高生产效率。

表4-7　不同规模农户林业社会化服务需求情况

	散户		普通农户		林业大户	
	户数（户）	比例（%）	户数（户）	比例（%）	户数（户）	比例（%）
良种及栽培技术服务	153	66.23	223	67.99	168	69.71
产品代收代销服务	145	62.77	229	69.82	173	71.78
病虫害及火灾防治服务	175	75.76	269	82.01	198	82.16
投资融资服务	145	62.77	225	68.60	170	70.54
政策法律咨询服务	135	58.44	221	67.38	154	63.90
中介服务	121	52.38	188	57.32	126	52.28

（5）农户采用林业社会化服务行为情况

表4-8汇报了本次调研的800份农户林业社会化服务行为情况。总体来看，调研农户中有林业社会化服务行为的农户有574户，占比71.75%；从不同服务项目来看，农户采取病虫害及火灾防治服务行为的比例最高，有541户农户采用这类服务，占比67.63%；而农户采取产品代收代销服务的比例最低，采用此服务的农户有188户，占比23.25%。此外，采用良种及栽培技术服务、政策法律咨询服务、投资融资服务和中介服务的户数分别有301户、291户、290户、277户，分别占比37.63%、36.38%、36.25%和34.63%。

由此可以看出，调研区域农户在林业社会化服务中主要采用病虫害及火灾防治服务，其余服务采用情况相对较低。

从3个不同省份的农户林业社会化行为情况来看，浙江省（263份调研数据）农户对林业社会化服务采用行为比例从大到小依次为病虫害及火灾防治服务（191户）、投资融资服务（136户）、良种及栽培技术服务（127户）、政策法律咨询服务（87户）、中介服务（81户）和产品代收代销服务（76户），分别占比72.62%、48.29%、28.90%、17.00%、10.88%、10.13%。福建省（267份调研数据）农户对林业社会化服务采用行为比例从大到小依次为病虫害及火灾防治（194户）、良种及栽培技术服务（103）、中介服务（91）、政策法律咨询服务（89）、投资融资服务（89）和产品代收代销服务（60），分别占比72.66%、38.58%、34.08%、33.33%、33.33%和22.47%。江西省（269份调研数据）农户对林业社会化服务采用行为比例从大到小依次为病虫害及火灾防治服务（156户）、政策服务咨询服务（115户）、中介服务（105户）、良种及栽培技术服务（71户）、投资融资服务（65户）和产品代收代销服务（62户），分别占比57.99%、42.75%、39.03%、26.39%、24.16%和23.05%。

表4-8 调研区域农户采用林业社会化服务行为情况

	全部样本		浙江省		福建省		江西省	
	户数（户）	比例（%）	户数（户）	比例（%）	户数（户）	比例（%）	户数（户）	比例（%）
总体	574	71.75	209	79.47	202	75.66	163	60.59
良种及栽培技术服务	301	37.63	127	48.29	103	38.58	71	26.39
产品代收代销服务	188	23.50	76	28.90	60	22.47	62	23.05
病虫害及火灾防治服务	541	67.63	191	72.62	194	72.66	156	57.99
投资融资服务	290	36.25	136	17.00	89	33.33	65	24.16
政策法律咨询服务	291	36.38	87	10.88	89	33.33	115	42.75
中介服务	277	34.63	81	10.13	91	34.08	105	39.03

（6）不同规模农户采用林业社会化服务行为情况

表4-9为不同规模农户林业社会化服务行为情况。从中可以看出，小规模户、中规模户和大规模户采用比例最高的服务是病虫害及火灾防治服务，采用户数分别125户、233户和157户，分别占比54.11%、71.04%和

65.15%；而小规模户、中规模户和大规模户采用比例最低的服务是产品代收代销服务，采用户数分别为 60 户、89 户和 49 户，分别占比 25.97%、27.13%和 20.33%。此外，采用良种及栽培技术服务的小规模户、中规模户和大规模户分别为 91 户、131 户和 80 户，分别占比 39.39%、39.94%和 33.20%；采用投资融资服务的小规模户、中规模户和大规模户分别为 80 户、120 户和 90 户，分别占比 34.63%、36.59%和 37.34%；采用政策法律咨询服务的散户、普通农户和大户分别为 80 户、139 户和 72 户，分别占比 34.63%、42.38%和 29.88%；采用中介服务的散户、普通农户和大户分别为 69 户、122 户和 86 户，分别占比 29.87%、37.20%和 35.65%。

通过分析问卷所得数据可以发现，不同规模农户对林业社会化服务采纳的情况有差异。对于林地面积较小的散户来说，散户对生产性林业社会化服务的采纳比例较高，从农户追求收益最大化的角度出发，外出务工会比林业生产带来更高的收入，因此，这类农户外出务工的比例较高，但由于散户群体在外务工的时间比较长，林地资源很难继续带来林业收入，因此他们会通过林业社会化服务来解决自身劳动力投入不足的问题。此外，通过对比分析发现，调研农户对林业社会化服务的需求意愿与行为呈现不一致的情况。由此可以看出，农户在生产过程中服务外包意愿与行为之间存在一定的差距，意愿转化为行为的路径中受到阻碍，使得意愿不能有效转化为行为。因此，农业现代化建设过程中，需要重视异质性农户的需求特征，对于促进林业社会服务发展具有重要意义。

表 4-9　不同规模农户采用林业社会化服务行为情况

	小规模户		中规模户		大规模户	
	户数（户）	比例（%）	户数（户）	比例（%）	户数（户）	比例（%）
良种及栽培技术服务	91	39.39	131	39.94	80	33.20
产品代收代销服务	60	25.97	89	27.13	49	20.33
病虫害及火灾防治服务	125	54.11	233	71.04	157	65.15
投资融资服务	80	34.63	120	36.59	90	37.34
政策法律咨询服务	80	34.63	139	42.38	72	29.88
中介服务	69	29.87	122	37.20	86	35.65

4.2.4　变量选择

从表 4-10 整体来看，样本农户总体对林业社会化服务的需求意愿较高，有695户对林业社会化服务有需求意愿，占比86.88%；从不同服务类型来看，农户对病虫害及火灾防治服务的需求意愿最强烈，共计624户，占比80.25%。其次，对产品代收代销服务、良种及栽培技术服有需求意愿的户数分别有547户、544户，分别占比68.38%、68.00%，详细如表4-10所示。参考和借鉴既有研究（包庆丰等，2010）的做法，将农户划分为三个层次：一是小规模农户，林地经营面积少于10亩的家庭；二是中规模农户，林地经营面积10～60亩；三是大规模户，林地经营面积60亩以上的家庭。除了小规模农户外，中规模与大规模农户对林业社会化服务的需求趋势与总体样本相同，并比小规模农户的林业社会化服务需求意愿更强烈。

表4-10 不同经营规模农户林业社会化服务需求情况

	总体情况		小规模农户		中规模农户		大规模农户	
	户数（户）	比例（%）	户数（户）	比例（%）	户数（户）	比例（%）	户数（户）	比例（%）
良种及栽培技术服务	544	68.00	153	66.23	223	67.99	168	69.71
病虫害及火灾防治服务	642	80.25	175	75.76	269	82.01	198	82.16
产品代收代销服务	547	68.38	145	62.77	229	69.82	173	71.78

不同规模农户对林业社会化服务采纳的情况有差异见表4-11。总体上，除了病虫害及火灾防治服务的采纳比例在54%以上，其他两类社会化服务的采纳比例均在40%以下，其中中等规模农户对三类社会化服务的采纳比例居前列。通过对比分析发现，农户对林业社会化服务的需求意愿与选择行为呈现不一致的情况，农户在服务外包意愿转化行为的过程中受到多种因素的影响，使得意愿不能有效转化为行为。

表4-11 不同经营规模农户采用林业社会化服务行为情况

	总体情况		小规模农户		中规模农户		大规模农户	
	户数（户）	比例（%）	户数（户）	比例（%）	户数（户）	比例（%）	户数（户）	比例（%）
良种及栽培技术服务	301	37.63	91	39.39	131	39.94	80	33.20
病虫害及火灾防治服务	541	67.63	125	54.11	233	71.04	157	65.15
产品代收代销服务	188	23.50	60	25.97	89	27.13	49	20.33

4.2.5　解释变量的描述

解释变量的具体描述由表4-12及前文表4-5可知，调研样本区域内林业经营主农户户主的基本特征为：①户主文化程度：调研区域内户主的文化水平主要以小学水平为主，占比42.5%；②户主年龄：调研样本户主的年龄主要分布在41～50岁；③家庭人口数：调研区域农户家庭人口数主要在3～5人，占比66.13%；④农户类型：调研区域小规模农户占比为45.25%，其次为中规模、大规模农户，分别占比31.88%和22.88%。

表4-12　变量描述及定义

变量名称		变量解释	均值	方差	方向
(1) 劳动力要素					
NL	劳动力数量	家庭劳动力人数	2.812	1.240	+
Dlt	劳动力转移程度	非农劳动力数量/家庭劳动力总数	0.333	0.240	－
(2) 林地要素					
Ff	林地细碎化	林地块数/林地面积	0.109	2.272	－
Flma	林地经营面积	≤10亩=1；10～59亩=2；≥60=3	2.033	1.110	+
Cflm	林地道路的不便程度	面积最大的一块林地到公路的距离	0.841	1.929	－
(3) 技术要素					
Wemd	经营中是否经历相应困难	是=1；否=0	0.816	0.346	+
Wedhi	采伐指标申请是否困难	是=1；否=0	0.713	1.704	－
(4) 资本要素					
Msof	经营资金的主要来源	借贷资金=1；自有资金=0	0.900	0.919	+
Wofs	是否获得造林补贴	是=1，否=0	0.915	0.321	+
Pfr	林业收入占比	≤10%=1；10%～50%=2；≥50%=3	0.190	2.261	+
(5) 户主经营者要素					
Icf	户主文化程度	小学及以下=1；小学=2；初中=3；高中=4；大专及以上=5	1.571	3.139	－
Ag	年龄	0～30=1；31～40=2；41～50=3；51～60=4；≥60=5	3.620	0.947	－
(6) 区位特征控制变量					
Ed	地区发展水平	很低=1；较低=2；中游=3；较高=4；很高=5	2.662	0.948	+
Te	地形条件	平原=1；丘陵=2；山地=3	2.870	0.337	+/－

4.2.6 模型选择及实证结果

(1) 模型选择

农户林业社会化服务选择行为模型仍为二元选择问题，通常采用二元Probit模型，但是每个行为模型均是孤立分析。实际上，农户在生产过程可能有多项服务的选择，且这些服务之间并不排斥，简单的二元Probit模型无法解决服务选择行为之间的相关关系。而Mv-Probit模型（Multivariate Probit），不仅能够估计出农户单项服务选择行为的回归结果，而且能够给出各项服务回归结果的似然比检验，再通过似然比可以判断各服务之间的相互关系（Greene，2008），提高了估计精度和效率。

因此，本文采用Mv-Probit模型分析生产要素禀赋差异下农户采用社会化服务选择行为的影响因素，模型具体形式如下：

$$y^* = \partial_0 + \sum_i \partial_i x_i + \varepsilon \tag{4-5}$$

$$y = \begin{cases} 1, y^* > 0 \\ 0, \text{其他} \end{cases} \tag{4-6}$$

式（4-5）、式（4—6）中，y^* 表示潜变量，y 是因变量的观测变量，x_i 表示解释变量，i 表示解释变量个数。从式（4-5）中可以看出，若 $y^* > 0$，则 $y = 1$，表示农户服务需求的意愿与行为一致；∂_i、β_i 是估计参数，ε 是随机扰动项，服从均值为零、协方差为 Ψ 的多元正态分布，即 $\varepsilon \sim MVN(0, \Psi)$。对式（4-5）进行模拟最大似然估计，可得模型参数估计值。

(2) 模型实论结果

运用Stata13统计软件，对800户农户的林业社会化服务采纳意愿的影响因素进行Mv-Probit模型估计，定量分析要素禀赋对农户林业社会化服务采纳意愿的影响，模型结果如表4-13所示。模型FSCTS、FIPPS和FPCSS为Mv-Probit模型分别对良种及栽培技术服务、病虫害防治服务、产品代收代销服务需求意愿的回归结果。模型的多重共线性检验结果VIF值为1.23，说明模型不存在多重共线性。从表4-13的回归结果发现，似然比检验显示在1%的水平上显著，表明良种及栽培技术服务、病虫害防治服务、产品代收代销服务的采纳行为决策并非相互独立，而是存在一定的相关性，相关系数（良种及栽培技术服务相关系数，*atrho*21）、（产品代收代销服务相关系数，*atrho*31）、（病虫害防治服务相关系数，*atrho*32）均通过了显著性检验。

表 4-13 农户林业社会化服务需求意愿模型结果

变量	Mv-Probit 模型			Probit 模型	Probit 模型	Probit 模型	OLS 估计
	(模型 1) FSCTS	(模型 2) FIPPS	(模型 3) FPCSS	(模型 4) FSCTS	(模型 5) FIPPS	(模型 6) FPCSS	(模型 7) Degree
1) 劳动力要素							
NL	0.111**	0.065*	0.108**	0.183**	0.132*	0.173**	0.047
	(0.047)	(0.037)	(0.049)	(0.080)	(0.081)	(0.089)	(0.071 8)
Dlt	0.144	0.502**	0.488**	0.195	0.888***	0.694*	0.047*
	(0.249)	(0.245)	(0.256)	(0.418)	(0.412)	(0.414)	(0.027)
2) 林地要素							
Ff	−0.909**	0.097	−0.796*	−1.311***	0.175	−1.086*	−1.173**
	(0.450)	(0.363)	(0.451)	(0.723)	(0.641)	(0.659)	(0.557)
Flma	−0.165**	0.016	−0.191**	−0.256**	0.028	−0.336**	−0.076
	(0.073)	(0.072)	(0.074)	(0.121)	(0.121)	(0.134)	(0.049)
Cflm	−0.018	−0.034*	−0.004	−0.019	−0.063*	−0.017	−0.050
	(0.027)	(0.026)	(0.027)	(0.042)	(0.036)	(0.045)	(0.037)
3) 技术要素							
Wemd	0.241**	0.198**	0.159*	0.359**	0.359**	0.235	0.389*
	(0.096)	(0.095)	(0.098)	(0.159)	(0.162)	(0.176)	(0.141)
Wedhi	−0.069*	0.031	−0.070*	−0.128*	0.039	−0.144*	−0.067
	(0.047)	(0.045)	(0.039)	(0.079)	(0.077)	(0.078)	(0.066)
4) 资本要素							
Msof	−0.037	−0.073*	−0.137**	−0.080	−0.088	−0.274*	−0.169**
	(0.052)	(0.047)	(0.062)	(0.089)	(0.084)	(0.124)	(0.076)
Wofs	0.723***	0.493***	0.741***	1.172***	0.812***	1.361***	1.233***
	(0.115)	(0.105)	(0.124)	(0.198)	(0.175)	(0.244)	(0.159)
Pfr	0.166	0.234*	0.189	0.278	0.384*	0.229	0.361*
	(0.142)	(0.154)	(0.149)	(0.241)	(0.229)	(0.265)	(0.219)
5) 农户要素							
Icf	−0.014	−0.023*	0.005	−0.022	−0.044*	0.006	−0.011
	(0.016)	(0.014)	(0.161)	(0.026)	(0.026)	(0.028)	(0.023)
Ag	−0.064	−0.018	−0.001	−0.094	−0.021	0.013	0.023
	(0.522)	(0.051)	(0.054)	(0.092)	(0.093)	(0.100)	(0.081)

（续）

变量	Mv－Probit 模型			Probit 模型	Probit 模型	Probit 模型	OLS 估计
	（模型 1） FSCTS	（模型 2） FIPPS	（模型 3） FPCSS	（模型 4） FSCTS	（模型 5） FIPPS	（模型 6） FPCSS	（模型 7） Degree
6）区位控制变量							
Ed	0.295*** （0.061）	0.197*** （0.059）	0.130** （0.062）	0.437*** （0.102）	0.298*** （0.099）	0.144 （0.109）	0.226** （0.086）
Te	0.507*** （0.162）	0.163 （0.152）	0.221 （0.166）	0.753*** （0.264）	0.298 （0.258）	0.207 （0.285）	0.257 （0.224）
Prob＞chi^2	0.000	0.000	0.000	0.000	0.000	0.000	0.000
Log likelihood	−1 192.697	−1 192.697	−1 192.697	−479.63	−472.97	−414.50	—
Pseudo R^2	—	—	—	0.093 8	0.058 9	0.073 5	0.132 2
atrho	1.160*** （0.085 1）	0.652*** （0.074）	0.578*** （0.066）	—	—	—	—

注：***、**、*分别表示在1%、5%和10%的统计显著水平上显著，回归系数对应的括号内为标准误。

（3）结果的稳健性检验

为了检验本文计量结果的稳健性，加入了单方程Probit模型，其估计结果如表4－13中模型（4）、（5）、（6）所示，对比来看，单方程Probit与联立方程Mv－Probit模型的估计结果基本一致，但也存在一定差异，主要表现为：模型（5）中资金的主要来源、模型（6）中经营是否经历相应困难和地区发展水平并不显著，而在Mv－Probit模型估计中均有不同程度的显著性。由此可见，虽然Probit模型估计结果在方向上并无变化，但在某种程度上却低估计了变量的显著性水平。

（4）结果分析

劳动力要素。①劳动力数量。劳动力数量在模型（1）、模型（2）和模型（3）中均显著，且呈正相关关系。进一步证实劳动力数量越多的家庭，其要素配置能力越强，释放家庭劳动力兼业其他收入渠道越多，3项社会化服务的需求意愿均越强。②劳动力转移程度。劳动力转移程度提高了病虫害防治服务、产品代收代销服务需求意愿，这与假设相反，但与方鸿等人（2013）的研究一致，家庭劳动力转移程度高的农户，劳动力转移后带来的“资金回流”所产生的替代效应会降低对农村劳动力的依赖，通过社会化服务解决家庭劳动力投入不足的问题，特别是一年种植、多年经营的经营情况，导致劳动力转移对林业种植生产环节影响不敏感的。

林地要素。①林地细碎化程度和林地经营面积。林地细碎化和林地经营面积对于良种及栽培技术服务、产品代收代销服务的需求意愿都具有明显抑制作用，说明细碎化程度越高，采纳社会化服务的意愿越低，可能存在原因是，细碎化程度越高，单位面积社会化服务成本越高，社会化服务的需求愿意而会下降。林地经营面积的反向关系与胡新艳、廖文梅等人的研究结果一致（廖文梅等，2015；胡新艳等，2016），“林地经营面积”与“农户生产性投资行为”可能存在拐点（胡新艳等，2016）。林地经营面积越大，专业化程度越高，自主经营和服务供给的可能性增加，需求意愿会下降。②林地道路的不便程度。林地道路的不便程度在模型（2）中达到10%的显著性，呈负相关关系。表明林地距离公路的距离越远，农户病虫害防治成本越大，抑制了农户对社会化服务的需求愿意。

技术要素。①林业经营中是否遇到相应的困难在模型（1）、模型（2）和模型（3）中产生正向的影响，说明农户在经营生产中遇到相应的困难会促使农户通过选择社会化服务来解决经营过程中的瓶颈问题；②采伐指标的申请是否困难会显著负向影响良种及栽培技术服务、产品代收代销服务的需求意愿，这与实际情况符合。当农户认为采伐指标申请比较困难时，林业资源变现存在困难，会抑制农户林业造林投入和木材砍伐销售的积极性。

资本要素。①经营资金的主要来源在模型（2）和模型（3）中显著为负，经营资金主要来源于自有资金的农户比来源于借贷资金的农户对林业社会化服务的需求愿意更强，来源借贷资金的农户，其林地经营专业性较强，自我供给能力也强，社会化服务的需求意愿自然也会减弱。②是否获得造林补贴在模型（1）、模型（2）、模型（3）中均呈现正向显著影响，已获得造林补贴的农户已经产生造林行为，表明农户具有较高的林地经营积极性，自然会提升农户林业社会化服务的需求愿意。

为了进一步了解农户林业社会化服务采纳程度的影响，其回归结果如表4-13的模型（7）显示，劳动力转移、经营中是否经历相应困难、是否获得造林补贴、林业收入占比、地区发展水平能显著促进农户林业社会化服务采纳程度的提高，相反林地细碎化、经营资金主要依赖于自有资金的农户对社会化服务的采纳程度明显会更低。

在前文的研究基础上，为进一步探究农户的社会化服务选择行为与意愿之间存在差异的原因，因此对农户社会化服务需求意愿与选择行为一致性进行研究。另外在前文的研究中发现，不同林地规模的农户对林业社会化服务需求有一定的差异，即林地经营面积与农户林业社会化服务采纳行为可能存在拐点。因此，本部分从规模差异视角入手，采取 Mv-Probit 模型探析不同规模农户社会化服务需求意愿向选择行为转化的差异。

4.2.7 异质性模型回归结果及分析

（1）异质性模型回归结果

本部分将小规模、中规模合并为中小规模，与大规模农户进行分类回归，从要素禀赋角度分别检验了在生产销售环节农户的需求意愿转化行为的影响因素，模型 FSCTS、FIPPS 和 FPCSS 为 Mv-Probit 模型分别对良种及栽培技术服务、病虫害防治服务、产品代收代销服务需求意愿转化行为的回归结果，模型结果如表 4-14 所示。从表 4-14 结果显示良种及栽培技术服务、产品代收代销服务、病虫害防治服务的相关系数（atrho21）、（atrho31）、（atrho32）均通过了显著性检验且系数为正，表明在这三类服务中农户意愿转化行为之间也存在相互促进作用。

表 4-14 不同经营规模农户社会化服务需求意愿与选择行为转化回归结果

变量	总体样本			中小规模农户			大规模农户		
	FSCTS	FIPPS	FPCSS	FSCTS	FIPPS	FPCSS	FSCTS	FIPPS	FPCSS
（1）劳动力要素									
NL	0.079 4*	0.052 6	0.069 8	0.107 1**	0.131 1**	0.119 2**	0.020 7	−0.130	−0.011 0
	(0.045 3)	(0.050 4)	(0.044 9)	(0.053 9)	(0.060 1)	(0.052 3)	(0.082 5)	(0.091 6)	(0.080 3)
Dlt	−0.114	0.359	0.122	−0.149	0.461	0.120	−0.234	0.156	0.141
	(0.234)	(0.258)	(0.233)	(0.283)	(0.305)	(0.278)	(0.419)	(0.466)	(0.412)
（2）林地要素									
Ff	0.086 7	−0.033 4	−0.030 2	0.171	−0.061 0	−0.064 2	−9.019***	0.244	−1.857
	(0.164)	(0.183)	(0.145)	(0.174)	(0.191)	(0.150)	(2.506)	(0.980)	(1.558)
Flma	−1.474**	0.047	−0.069**	—	—	—	—	—	—
	(0.717)	(0.034)	(0.034)						
Cflm	−0.025 0	−0.197	−0.334**	−0.036 1	−0.041 1	−0.051 8	−0.049 9	−0.018 2	−0.060 2*
	(0.133)	(0.152)	(0.132)	(0.049 2)	(0.049 9)	(0.047 9)	(0.035 9)	(0.035 2)	(0.032 9)

（续）

变量	总体样本			中小规模农户			大规模农户		
	FSCTS	FIPPS	FPCSS	FSCTS	FIPPS	FPCSS	FSCTS	FIPPS	FPCSS
（3）技术要素									
Wemd	−0.007 0	−0.004 3	0.007 6	−0.070 6	−0.233	−0.372 0**	0.046 9	−0.121	−0.049 2
	(0.043 6)	(0.047 0)	(0.043 8)	(0.156)	(0.179)	(0.154)	(0.251)	(0.285)	(0.258)
Wedhi	−0.133**	−0.120**	−0.228***	−0.011 4	0.017 9	8.21e−05	−0.003 6	−0.124 2	−0.121 1
	(0.053 3)	(0.049 3)	(0.056 7)	(0.048 2)	(0.052 5)	(0.048 1)	(0.111)	(0.111)	(0.117)
（4）资本要素									
Msof	−0.046 3	0.076 1	−0.000 2	−0.083 1	−0.031 7	−0.172 0**	−0.139 1*	−0.193 2***	−0.168 2**
	(0.156)	(0.171)	(0.155)	(0.077 5)	(0.085 5)	(0.082 2)	(0.075 3)	(0.067 3)	(0.078 2)
Wofs	−0.052 9	−0.203 0***	−0.041 4	−0.114	0.126	0.134	−0.155	−0.141	−0.242
	(0.049 2)	(0.051 0)	(0.048 8)	(0.192)	(0.208)	(0.189)	(0.237)	(0.259)	(0.250)
Pfr	−0.012 5	−0.028 6*	−0.010 8	−0.054 2	−0.185 3***	−0.017 3	−0.057 8	−0.264 2***	−0.051 5
	(0.015 5)	(0.016 6)	(0.015 1)	(0.059 4)	(0.063 4)	(0.058 2)	(0.089 2)	(0.093 3)	(0.088 7)
（5）农户经营者特征									
Icf	−0.051 5	−0.018 1	−0.011 8	−0.007 99	−0.032 0*	−0.023 2	0.001 32	−0.032 6	0.027 3
	(0.050 3)	(0.054 6)	(0.049 7)	(0.017 3)	(0.018 3)	(0.016 1)	(0.036 0)	(0.038 2)	(0.035 2)
Ag	0.217 1***	0.091 8	0.040 7	−0.044 4	−0.039 4	−0.010 8	−0.072 3	0.086 3	−0.013 2
	(0.054 6)	(0.057 9)	(0.053 7)	(0.057 4)	(0.062 8)	(0.056 2)	(0.097 1)	(0.103)	(0.095 9)
（6）控制变量									
Ed	0.380 1**	−0.112 0	0.139	0.150 1**	0.110	0.075 2	0.293**	0.116	−0.153
	(0.148)	(0.164)	(0.149)	(0.064 7)	(0.067 7)	(0.064 2)	(0.140)	(0.145)	(0.140)
Te	−1.384 1**	1.437 1**	−0.399	0.371 2**	−0.149	0.173	1.232	−4.018	−0.007 94
	(0.603)	(0.665)	(0.606)	(0.149)	(0.167)	(0.150)	(0.764)	(80.02)	(0.746)
Constant	−1.388**	1.431**	−0.357	−1.253 3*	1.228 4*	−0.658	−3.668	13.63	0.139
	(0.603)	(0.666)	(0.603)	(0.641)	(2.450)	(240.1)	(2.412)	(0.641)	(0.705)
*atrho*21	1.108*** (0.072 8)			0.584*** (0.079 0)			1.002*** (0.149)		
*atrho*31	0.493*** (0.064 1)			1.234*** (0.087 3)			0.516*** (0.119)		
*atrho*32	0.533*** (0.065 8)			0.485*** (0.077 0)			0.505*** (0.125)		
Log	−1 287.485 2			−939.788 2			−373.943 7		

注：***、**、*分别表示在1%、5%和10%的统计显著水平上显著，回归系数对应的括号内为标准误。

(2) 回归结果分析

与社会化服务采纳意愿相比，影响意愿转化行为的显著因素数量下降了许多，并且要素禀赋明显抑制农户的需求意愿向行为转化。

一是劳动力要素的影响。劳动力数量仅对农户良种及栽培技术服务需求意愿转化行为产生正向显著作用，但对中小规模所有生产销售环节促进作用效果更加明显。由于林地规模太小，小规模农户一般属于林地兼业型，具有“人地情怀”因此也不愿意放弃林业经营，在将劳动力配置到其他行业的同时，会更倾向于将林地采用托管的方式获得林业收入。与需求意愿模型相比，劳动力转移在意愿转化行为模型中变得不显著。

二是林地要素的影响。林地细碎化程度仅对大规模农户良种及栽培技术服务需求意愿转化行为具有明显的抑制作用，大规模农户的林地细碎化程度越高，意味着平均拥有的土地块数越多，则采用良种及栽培技术服务的成本越高，从而阻碍农户社会化服务意愿向行为的转变；林地经营规模仍然负向影响着农户的良种及栽培技术服务和产品代收代销服务需求意愿转化行为；林地道路的不便程度对农户林产品代收代销服务的需求意愿转向行为具有负向影响，仅显著作用于大规模农户。可能的原因是林地距离公路越远，林地交通等基础设施条件越差，增加农户在服务过程中的成本，制约了农户获得服务的可能性，与需求意愿模型相比，林地道路不便程度的制约影响从病虫害防治服务转向产品代收代销服务。

三是技术要素的影响。经营中是否经历相应困难会显著抑制中小规模农户对产品代收代销服务意愿向行为转化，这与需求意愿模型相反，当中小规模农户经历一些销售困境时，总希望能通过一些外力帮助自身渡过难关，但是当真正获得帮助时，这类农户的交易成本明显要高，还可能存在服务供给主体故意压价行为。采伐指标申请困难对三类服务需求愿意转化行为均有抑制作用，但在不同规模农户表现差异不明显。与需求意愿模型相比，经营中是否经历相应困难在需求愿意转化行为中的作用程度和方向都发生了改变。

四是资本要素的影响。林业经营资金的主要来源在总样本中不显著，但依靠于借贷资金对中小规模和大规模农户的产品代收代销服务、大规模农户的良种及栽培技术服务和病虫害防治服务的需求意愿向行为转化存在负向的影响，这与需求意愿模型影响一致，除大规模农户存在自我供给服务的原因外，还可能的原因是，依靠于借贷资金的农户由于资金约束降低了服务的购买力，借贷资金的主要渠道之一是林业产权抵押贷款，金融机构业务对于林权抵押贷款供给慎重并且与农户需求金额存在较大的差额，且贷款期限设置过短，导致依赖于借贷资金的农户存在购买约束。是否有林业补贴和林业收入占比显著抑制病虫害防治服务需求意愿转化行为，林业收入占比对不同规模的农户具有同样抑制效果，这与需求意愿模型的影响方向相反。可能产生的原因为是获得林业补贴的农户和林业收入占比较高的农户，精细化、专业化经营林业的程度比较高，对病虫害防治环节会更加慎重。调研中发现，种植橘类等经济林的农户，普遍认为当前社会化服务采用无人机喷洒的药物只能停留在树冠表面而不能渗透树干部分，导致病虫害防治的效果不理想，而更加倾向于自己采用手工喷洒，也是与在病虫害防治环节存在差异的原因之一。

4.2.8　结论与建议

本文从回答“林业社会化服务需求愿意与行为不一致”的问题入手，利用浙江省、福建省、江西省800户农户的调研数据，通过计量模型探索要素禀赋对农户林业社会化服务需求意愿与采纳行为的转化机制，为进一步完善林业社会化服务体系提供理论支撑和政策建议。

(1) 研究结论

通过以上实证研究，得出以下几点研究结论：

第一，农户对不同类型林业社会化服务的需求意愿与采纳行为存在较大差异，其一致性水平从高至低依次为：病虫害及火灾防治服务、农户对良种及栽培技术服务和产品代收代销服务，其需求意愿与采纳行为的偏差分别为12.62%、30.37%和44.88%。相比中小规模农户而言，大规模农户存在对林业社会化服务的需求意愿高、但采纳行为偏低的情况。

第二，在林业社会化服务需求意愿方面，劳动力要素中劳动力数量和劳动力转移程度、技术要素中经营中是否经历相应困难、资本要素中是否获得造林补贴、区位控制变量中的地区发展水平对农户林业社会化服务需求意愿均有促进作用，而林地要素中林地经营面积和林地细碎化、技术要素中采伐指标申请是否困难、资本要素中经营资金的主要来源均抑制农户良种及栽培技术服务、产品代收代销服务需求意愿，林地要素中林地道路的不便程度仅对病虫害防治服务需求意愿有显著抑制效果。

第三，林业社会化服务需求意愿转化行为的要素禀赋因素在显著性变量数量和程度方面均有所减少、影响方向也有所变化。在显著性变量数量和程度上，劳动力要素中仅有劳动力数量对农户良种及栽培技术服务转化行为具有正向影响。但抑制性因素明显增加，需求意愿模型具有相同作用的因素是：林地经营规模、采伐指标申请是否困难，且均负向作用于农户良种及栽培技术服务和产品代收代售服务，另增加了是否获得造林补贴、林业收入占比等显著抑制性指标，与其在需求意愿模型的影响方向相反。农户林地社会化服务需求意愿转化采纳行为过程中受农户要素禀赋抑制影响较为显著。同时当前林业社会化服务供给能力水平低，导致专业化程度较高农户的需求意愿转化采纳行为受到一定限制。

第四，不同规模的农户林业社会化服务需求意愿转化行为的影响因素具有显著性差异。小规模农户对劳动力要素配置较为敏感，劳动力数量多的小规模农户有利于服务需求意愿转化行为。大规模农户对于资金要素配置更为在意，借贷资金的约束抑制大规模农户服务需求意愿转化行为。

(2) 政策建议

第一，科学引导农村劳动力有序流转，促进林地流转的适度规模集中，激发农户对林业社会化服务的需求意愿

当前中国经济飞速发展与产业结构的快速调整，农村务工人员在转移就业时已失去了一定优势。因此，加强农村劳动力技术职能培训，提高农村劳动力的非农就业能力，合理有序引导农村劳动力向城市或非农产业流转；同时完善农村社会养老保障体制，减少农村人口对林地生计保障功能的依赖；有条件促进林地在农户之间流转，完善林业资源评估机构和流转中介机构，降低林地细碎化程度，激发农户对林业社会化服务的潜在需求。

第二，加快推进农村普惠金融发展速度和扩大惠及面，多渠道地破解农民贷款难题，化解农民购买服务的资金约束

为了破解农户经营资金的约束，国家和许多地方政府出台了相关的扶持政策，如建立专项资金、降低贷款利率或实行财政贴息等办法。由于林业本身特点的限制，存在风险大，变现能力不足等问题，导致金融机构提供的林权抵押贷款供给不足。近几年，国务院陆续出台一系列加快普惠金融发展的政策文件，希望通过普惠性金融加强对“三农”的支持，以有效增加农村金融资源供给。因此，需要深入推进金融产品和服务方式创新，加强金融服务支撑体系建设，综合运用财政税收、货币信贷、金融监管等政策措施，推动金融资源向边远的林区农户倾斜，确保林农信贷总量持续增加、贷款比例不降低。

第三，培育壮大社会化服务供给主体，不断提升林业社会化服务的供给水平，满足不同类型的农户社会化服务的需求

要改变林业服务供给主体的单一性，需要多措并举地培育并壮大林业社会化服务供给队伍。要创新社会化服务供给机制。对于市场化运作较好的农业社会化服务组织，尽量为其市场化运作提供良好的环境，为其提供金融支持；但完全靠市场无法实现自我发展的服务内容，重点采取财政补贴的方式促进其实现自我积累和自我发展；对于纯公益性且无法市场化的服务内容，主要采取政府财政统揽的方式保障其顺畅运行。重点是进一步培育壮大龙头企业社会化服务的引领作用，支持林业科技推广站、农民专业合作社、农民经纪人等提供多种形式的社会化服务。

第四，建立区域性林业社会化服务综合平台，发展林地托管服务等新型服务模式，强化林业社会化服务体系的功能作用

建立区域性林业社会化服务综合平台，并将服务重点向欠发达的农村林区转移，以优质高效服务引导和激发农户需求意愿向采纳行为转化。要更加重视林业生产环节和销售环节的社会化服务供给，不定期地开展服务主体之间、服务主体与农户之间、农户与农户之间在良种供应、林业栽培技术和林产品销售经验上的交流，利用便捷方式向农户提供各类林业技术与市场信息，提升农户林业社会服务需求的理性决策能力。

第5章 农户规模经营模式及经营效率研究

培育家庭农场、农民合作社等新型经营主体，加强面向小农户的社会化服务，发展多种形式规模经营，是近些年来农村工作的主要任务。但是适度规模经营的实现没有固定模式，不同区域、不同阶段的实现路径都不相同，本章节重点分析林业社会化服务和林地规模对林农经营模式的影响，然后分析林业社会化服务对林业投入产出效率的影响。

5.1 林业社会化服务、林地规模与林农经营模式研究

2003年我国开始了新一轮的集体林业产权制度改革工作，该试点在福建、浙江、江西等省率先开展。目前我国已基本完成了明晰产权、承包到户的主体改革及其配套改革任务（朱文清和张莉琴，2018）。改革实施之后，集体林木的所有权、经营权和林地使用权落实到了户、村民小组（自然村）或股东会，这一举措使林业经营主体的多元化成为可能，也因此形成了以家庭经营为主、流转给公司经营和联户经营等为辅的多种经营模式（陈珂等，2019）。林农对于林地经营模式的选择，不仅关系到其自身林业收入的多少，还在一定程度上折射出林农从事林业生产经营活动的积极性，是林改绩效判定的重要指标。集体林业产权制度改革作为林业政策变革的先驱，对农户的林业生产影响深远，与之配套的社会化服务也不容忽视。完备的林业社会化服务，特别是政策咨询服务、产品信息服务和技术教育培训服务，有利于提高林农的生产积极性，深化集体林业产权制度改革（王鼎等，2017）。但目前我国林业社会化服务体系还不完善，林农在生产过程中存在资金不足、技术缺乏的问题，这对于林农的发展具有抑制作用，进而对林农选择林地经营模式产生影响。同时基于林木具

有生长周期长、投入林业生产劳动时间短等特点，在林地规模的主流认识中，普遍认为林地经营具有规模经济。林地规模越大越容易实现规模经济，而林地规模小的林农则难以达到规模效益。因此，林农为了实现林地经营效益的最大，会根据自身经营林地规模的大小来选择不同的林地经营模式。

浙江、福建、江西三省属于我国南方林业大省，地貌都以山地、丘陵为主，森林覆盖率均在60%以上，拥有天然的发展林业的良好自然条件。自集体林业产权制度改革政策实施以来，浙江、福建、江西都取得不错的成绩，在林业生产经营方面有许多实践经验值得深入研究。因此，本文以浙江、福建、江西为例，从细分林业社会化服务的角度，尝试剖析社会化服务、林地规模对林农经营模式的选择逻辑和行为特征，同时探讨了不同林地经营模式下林农选择行为背后的影响因素，试图发现我国林业发展存在的问题，提出相应的对策，从而提高林地经营水平，促进林业经济发展。以期为林业现代化、可持续发展提供政策性依据。

5.1.1 理论基础及变量选择

（1）理论基础

林改以后，我国林农的林地经营模式呈现多样化的局面，学者们针对林农的林地经营模式选择行为展开了一系列研究，并得出了非常有价值的结论。有学者从林地规模角度研究发现，林地规模越大，林农越有可能选择单户经营。林地面积大，林农的自然资本越丰富，更容易形成连片经营（韩利丹和李桦，2018），减轻了林地细碎化程度，规模效益越明显，林农会更倾向于选择家庭单户经营（刘滨等，2017）。但也有学者认为当林农家庭林地面积较大时，更偏好于选择合作经营，从而减少时间成本和管理成本、分担单户经营带来的风险（吴静等，2013）。虽然学者们关于林地面积、林地块数对林地经营模式的影响没有达成一致，但通常认为，林地分散程度较高，林农更倾向于选择联户经营，以降低成本和风险（沈屏等，2013）；林地细碎化程度越高，林农越倾向于选择流转经营，这也是林农应对林地细碎化的理性经营方式（谢芳婷等，2018）。

随着集体林业产权制度改革的深入，林业社会化服务对林业生产的作用也在不断增加。Denis等（2011）指出，林农林业生产离不开政策的支持。林业社会化服务体系的不断完善，有利于促进林业经济发展。根据农户行为理论，农户的经营决策总是以追逐自身利益最大化为首要原则。林农也不例外，其林业经营决策是为实现经济效益最大化为目的。但受到自身能力、资源禀赋等因素的限制，林农依靠家庭经营已经无法满足林业生产的需求，而林业社会化服务则可以解决这一问题，进而实现林农经济收益最大化。研究表明林农在生产过程中对具体社会化服务项目已表现出强烈需求（廖文梅等，2016），如资金服务、技术服务。与此同时，资金缺乏、技术有效供给不足等问题的存在限制了林业的可持续发展，在一定程度上影响了林农对于林地经营模式的选择，应构建由政府、市场和社会共同参与的多元社会体系，促进林业生产和实现林业现代化（吴守蓉等，2016）。

还有不少学者探讨了林农特征、区位因素对林农经营模式选择行为的影响。研究表明户主年龄越大，就越倾向于独立经营，反之就越倾向于合伙经营（史冰清和钟真，2012）。户主受教育程度越高，对股份经营未来发展趋势的认可度越高，越倾向于选择股份经营（黄和亮等，2008）。同时林业收入比例大、林业收入较高的林农，更愿意选择单户经营，反之更倾向于选择股份合作经营模式（戴君华和李桦，2015）。增加林农家庭收入，特别是提高林农林业收入的比重，能够显著地增强林农森林经营的积极性（朱海霞和包庆丰，2018）。在区位因素中，农村经济发展水平、通达程度和人口聚集度对林农林地经营水平影响显著（孔凡斌和廖文梅，2014）。沈月琴等（2010）指出地域因素对林农的经营模式选择也有显著影响。

从上述研究可以看出，学者们对于林农林地经营行为的研究大多集中于林地经营模式的分类、林农特征等因素，也有学者从集体林业产权制度改革的角度，分析了改革前后林地经营模式变化的影响因素。但是以往研究在分析林农林地规模经营模式选择行为时，已有研究考虑了林业社会化服务的影响，但是仅把社会化服务作为单个要素进行思考，未能细分不同社会化服务类型及其差异。因此，本文将在细分林业社会化服务的基础上，探究林业社会化服务、林地规模对林农经营模式选择的影响。

（2）变量选择

基于研究目标，选取林农林地经营模式作为本研究的被解释变量，同时，借鉴以往学者的研究，结合样本区域的实际情况，将浙江、福建、江西的林地经营模式划分为单户经营、合作经营和流转经营三种模式。本文对林农的界定是广义上的，是指进行林业生产的农民，且林业收入为其家庭收入的组成部分。

社会化服务。集体林业产权制度改革明晰了林地产权归属，给了林农自主经营林地的权利，与此同时林农也可能面临着技术不足、经验不足等困难。林业社会化服务应运而生，为林业经营主体的发展提供了良好的环境，诸多新型经营模式不断涌现（徐嘉琪、叶文虎，2015）。林业社会化服务中林农对于技术服务、信息服务、资金服务的需求最为强烈（李宏印、张广胜，2010），同时政策咨询、林权登记、评估抵押等服务拓宽了林业资源进入市场的途径（朱海霞、包庆丰，2018）。文章结合调查数据内容、借鉴已有研究，从有无林业技术教育和培训服务、有无产品市场信息服务、有无病虫害防治服务、有无投资融资服务、有无政策法律咨询服务和有无林地流转要素市场服务六个方面考察林业社会化服务对林农林地模式的影响。

林地规模。依据规模经济理论，扩大经营规模，综合利用资源和生产要素，采用先进的配套设施和技术，可以降低生产成本，提高生产效率，实现规模经济。一般而言，林地面积较多，自然资源较丰富时，更容易形成连片经营（韩利丹、李桦，2018），具有的规模效益也就越明显，林农会更倾向于选择单户经营，以获取更多的收益（刘滨等，2017）。林地分散程度较高的林农更倾向于选择联户经营或合作经营，以降低成本和风险（沈屏等，2013；谢芳婷等，2018）。因此文章将林地规模设定为林地面积与林地块数。

控制变量。卞琦娟等（2011）探讨了林农参与专业合作社的影响因素，认为如户主性别、年龄、受教育程度、家庭收入状况等具有不同程度的显著影响。林业收入是林农经营林地的动力和源泉，其对林农收入的贡献直接影响着林农的林地经营行为（薛彩霞和姚顺波，2014）。区位因素也是林农选择林地经营模式的重要影响因素，直接影响林农对市场信息获取的难易程度。因此，文章将影响林农林地经营模式选择行为的控制变量设定为户主年龄、文化程度、林业收入占比、到县政府距离以及地区人均收入。

5.1.2　模型选择

Logistic 回归模型不需要假设变量是多元正态分布，它以事件发生的概率提供研究结果，按照因变量的取值可以分为二分类和多分类逻辑回归。在本研究中，将林农的林地经营模式划分成为单户经营、合作经营和流转经营三种模式，因变量并非连续变量，而是分类变量，且有三个取值，因此本研究采取多元 Logistic 回归来建立模型。模型形式如下：

$$\ln\frac{p(z_2)}{p(z_1)}=\alpha_1+\sum_{k=1}^{k}\beta_{1k}\chi_k+\varepsilon \tag{5-1}$$

$$\ln\frac{p(z_3)}{p(z_1)}=\alpha_2+\sum_{k=1}^{k}\beta_{2k}\chi_k+\varepsilon \tag{5-2}$$

式（5-1）、式（5-2）中，p 为林农选择某种林地经营模式的概率，z_1 为单户经营模式（也是选择的参照组），z_2 为合作经营模式，z_3 为流转经营模式，α_1 、α_2 为常数项；β_{1k} 、β_{2k} 为第 k 个自变量的系数；χ_k 表示第 k 个自变量；ε 为随机误差项。发生比是事件的发生频数与事件的不发生频数的比，另外，发生比又可以认为是同一组中事件发生概率与不发生概率之间的比。由于发生比被表示为一个比值，它可以在所有非负领域值取值，当发生比大于1时，表示事件发生的概率增加，当发生比小于1时，事件发生的概率减小。

5.1.3 数据来源与描述性统计

（1）数据来源

文章数据来源于课题组对浙江、福建、江西3省6县（德清县、遂昌县、顺昌县、沙县、遂川县、铜鼓县）的入户调查。采取随机抽样法，在每省的林区县随机抽取2个县，在每个样本县等距选取3个乡镇，每个乡镇随机选取4个村，每村抽取10个林农，如遇抽取林农不在家，则采取偶遇方式进行补充。课题组累计向林农发放720份问卷，实际收回720份，将关键变量缺失、出现重大逻辑错误等问卷剔除后，最终实际获得有效样本678份，问卷有效率94.2%。

（2）变量的描述统计

变量的描述性统计如表5-1所示。

表5-1 变量设置及说明

变量名称	符号	变量定义	均值	方差
因变量				
林地经营模式	Y	1=单户经营，2=合作经营，3=流转经营	1.30	0.57
自变量				
1）社会化服务				
林业技术教育培训服务	X_3	（虚拟变量）1=有，0=无	0.41	0.49
产品市场信息服务	X_4	（虚拟变量）1=有，0=无	0.27	0.44
病虫害防治服务	X_5	（虚拟变量）1=有，0=无	0.74	0.44
投资融资服务	X_6	1=有，0=无	0.40	0.49
政策法律咨询服务	X_7	1=有，0=无	0.39	0.49
林地要素流转市场服务	X_8	1=有，0=无	0.38	0.48
2）林地规模				
林地面积	X_1	林农经营的林地面积（亩）	61.65	89.47
地块数量	X_2	林农拥有的林地块数（块）	4.98	3.89

（续）

变量名称	符号	变量定义	均值	方差
3）控制变量				
年龄	X_9	户主年龄（岁）	49.93	10.48
户主文化程度	X_{10}	户主受教育年限（年）	6.66	2.81
林业收入占比	X_{11}	林业收入与家庭总收入的比重（%）	0.19	0.27
地区人均收入	X_{12}	林农所在县区人均收入（元）	7 220.67	3 457.45
到县政府距离	X_{13}	林农家庭到县政府距离（千米）	29.12	26.51

注：在对数据分析时，先对 X_9、X_{12} 进行取自然对数处理。

（3）变量描述性统计

各变量描述统计结果如表5-2所示，单户经营是所选样本林农的主要经营模式，有517户，占76.1%；选择合作经营模式的林农有121户，占17.8%；选择流转经营模式的林农仅40户，占总体样本的5.8%。分别按照林地经营模式将样本数据进行分类比较的结果表明，不同经营模式林农的变量均值存在较大差异。①从林地经营规模看，单户经营的林农林地面积最多，远大于合作经营和流转经营的林农，且单户经营的林农拥有的块均面积更大；从林地块数来看，流转经营的林农林地块数最多，单户经营和合作经营的林农林地块数相差很小。②从林业社会化服务来看，从表5-2可得单户经营林农的各项林业社会化服的变量均值均高于合作经营和流转经营林农，说明单户经营的林农对林业社会化服务的购买更多。③在控制变量中，林农年龄的均值在单户经营、合作经营和流转经营三种模式中相差不大，但流转经营的户主文化程度均值高于单户经营和合作经营林农；单户经营的林农林业收入占比的均值最高，其家庭对林业的依赖性更大。流转经营的林农所在地区人均收入均值最高且距离县政府最近，其地区的经济发展水平最高。

表5-2　林农不同经营模式、经营变量的描述性统计

样本类型 / 样本变量	单户经营		合作经营		流转经营	
	均值	标准差	均值	标准差	均值	标准差
林地面积（亩）	68.78	97.08	39.21	50.49	37.43	59.79
地块数量（块）	4.99	3.90	4.26	3.42	7.10	4.35
技术教育培训服务（虚拟变量）	0.45	0.50	0.22	0.42	0.40	0.49

（续）

样本类型 / 样本变量	单户经营		合作经营		流转经营	
	均值	标准差	均值	标准差	均值	标准差
产品市场信息服务（虚拟变量）	0.31	0.46	0.08	0.28	0.25	0.44
病虫害防治服务（虚拟变量）	0.79	0.41	0.63	0.49	0.50	0.50
投资融资服务（虚拟变量）	0.44	0.50	0.26	0.44	0.30	0.47
政策法律咨询服务（虚拟变量）	0.43	0.49	0.29	0.45	0.23	0.42
林地要素流转市场服务（虚拟变量）	0.42	0.49	0.21	0.41	0.32	0.47
年龄（岁）	3.88	0.22	3.93	0.20	3.87	0.20
户主文化程度（年）	6.70	2.79	6.40	2.93	6.90	2.75
林业收入占比（%）	0.21	0.27	0.08	0.19	0.16	0.22
地区人均收入（元）	8.78	0.48	8.66	0.37	9.11	0.52
到县政府距离（千米）	28.91	25.43	33.84	32.97	17.61	9.75

5.1.4 模型结果分析

（1）模型结果

在进行模型结果分析之前，首先对所选自变量进行共线性诊断。结果表明所有变量容忍度均在0.498～0.937之间，均大于0.1，方差膨胀因子在1.068～2.007之间，特征值均大于0，各个变量间不存在共线性问题，可以构建多项Logistic方程。运用SPSS 22.0统计软件对样本数据进行回归处理，以单户经营为参照组，结果如表5-3所示，说明模型充分的拟合了数据。

表5-3 多元Logistic模型估计结果

变量	模型1（合作经营与单户经营比较）		模型2（流转经营与单户经营比较）	
	系数	发生比	系数	发生比
截距	0.212		−11.237	
1）林地规模				
林地面积	−0.007***	0.993	−0.006*	0.994
地块数量	0.003	1.003	0.199***	1.220
2）社会化服务				
无林业技术教育培训服务	0.361	1.435	−0.411	0.663

（续）

变量	模型1（合作经营与单户经营比较）		模型2（流转经营与单户经营比较）	
	系数	发生比	系数	发生比
无产品市场信息服务	1.076**	2.933	−0.131	0.878
无病虫害防治服务	0.522**	1.686	1.502***	4.493
无投资融资服务	−0.027	0.973	0.003	1.003
无政策法律咨询服务	−0.038	0.963	1.124*	3.076
无林地流转要素市场服务	0.504*	1.655	−0.597	0.551
3）控制变量				
年龄	0.917*	2.501	−0.764	0.466
户主文化程度	−0.051	0.951	0.005	1.005
林业收入占比	−2.575***	0.076	−1.171	0.310
地区人均收入	−0.676**	0.509	1.238***	3.448
到县政府距离	0.003	1.003	−0.029**	0.971

注：a. 参考类别是：单户经营。b. 因为此参数冗余，所以将其设为零。***、**、*分别表示在1%、5%和10%的统计水平上显著。

（2）结果分析

一是林业社会化服务与林农经营模式。社会化服务对于林农林地经营模式的选择具有显著影响。其中，有无产品市场信息服务对林农选择合作经营具有显著正向影响，表明没有产品市场信息的林农选择合作经营的可能性更大。可能的原因在于林农自身不具有及时且独立获取市场信息的能力，而合作经营能够在一定程度上补充林农自身能力不足的劣势，从而及时获取信息，调整生产行为。有无病虫害防治服务对于林农选择合作经营和流转经营均具有显著正向影响，因为病虫害及火灾的发生必然会给林业生产带来毁灭性的打击，有此项社会化服务的林农从源头上减少了灾害发生的概率，而没有病虫害及火灾防护的林农则需要通过合作经营或者流转经营来减少风险。有无政策法律咨询服务对林农选择流转经营具有显著正向影响，无政策法律咨询的林农选择流转经营与单户经营的概率之比是有这种服务的林农的3.076倍，说明没有政策法律咨询服务的林农更倾向于选择流转经营。可能原因是没有政策法律咨询服务在一定程度上加剧了林农对经营过程中可能承担的风险的担忧，林农对国家的林改及配套政策的了解也不清晰，从而更倾向于选择流转经营。有无林地流转要素市场服务对林农选择合作经营具有显著正向影响，可能的原因是林业市场服务可以为林农提供更完整的技术培训、更科学的林木采伐作业等服务，对林农获取效益及林业可持续发展具有积极作用。而没有林地流转要素市场服务的林农选择合作经营，能够通过劳动联合、资产联合等合作方式来达到和有林地流转要素市场服务的近似效果，获取更大的经营效益。

二是林地规模与林农经营模式。林地规模对林农林地经营模式的选择具有显著影响。其中，林地面积与林农选择合作经营和流转经营（相对于单户经营）的概率呈现显著负相关，当林地面积增加时，林农更倾向于选择单户经营模式。由于林业是高度依存自然资源的产业，当林地资源丰富时，更有利于林地经营行为的开展，林农更愿意选择单独经营。而地块数量对于林农选择合作经营模式的影响不显著，但对于林农选择流转经营具有显著正向影响，说明相较于单户经营，当林地块数增加时，林农选择更倾向于选择流转经营。这是因为林地块数较多往往意味着林地分散程度更大，将土地流转出去或者通过交换的方式得到新的林地，可以减少生产经营及林地细碎化带来的不便，也更易形成连片经营。

三是控制变量与林农经营模式。户主年龄对林农选择合作经营具有正向影响，这有可能是因为年龄较大的林农体能较弱，不再适合单独从事林业生产，因此更倾向于选择合作经营分散风险。林业收入占比对林农选择合作经营具有显著负向影响，当林业收入占比增加时，林农更倾向于选择单户经营。原因在于林业收入占比越大，林农追求利润最大化的动机将会促使林农将所有的生产要素投资到收益最大的生产活动之中，即选择单户经营以追逐更大的利益。地区人均收入对林农选择合作经营具有显著负向影响，而对林农选择流转经营具有显著正向影响。可能的原因是在人均收入水平更高的地区，第二、三产业也相对比较发达。相较于合作经营，单户经营的林农可以更灵活且更容易地得到流动资金，林农可以把林业收入投资在其他行业中获取双重利润。与合作经营和单户经营相比不同的是，流转经营能够使林农从林业生产中解放出来，有了从事其他职业的可能，因此林农更倾向于选择流转经营。到县政府距离对林农选择流转经营具有显著负向影响。这可能是到县政府距离的增加，导致林农从事其他行业的机会变小，因而林农更倾向于选择单户经营。

5.1.5 研究结论与政策建议

（1）研究结论

本文基于浙江、福建、江西 678 户林农的抽样调查数据，通过多元 Logistic

回归分析，实证检验了林地规模、林业社会化服务对林农经营模式的影响，得到如下结论：第一，由于我国的林业社会化服务覆盖面还比较小，且不同种类的社会化服务对于林农林地经营模式的影响不同。在林业社会化服务中，有无市场产品信息服务、有无病虫害防治服务、有无林地流转要素市场服务对于林农选择合作经营具有显著正向影响。第二，在林地规模中，林地面积对于林农选择合作经营和流转经营具有显著抑制作用，地块数量则对于林农选择流转经营具有促进作用。第三，控制变量中户主年龄、文化程度、林业收入占比、地区人均收入以及到县政府距离也会对影响林农经营模式的选择。

（2）政策建议

一是鼓励林地流转、促进林地规模化经营。在集体林业产权制度改革的推进下，南方集体林区已明确界定了林地产权和使用权，但林地细碎化程度依旧较高，对林农规模经济效益的形成有抑制作用。从研究结果可知林地规模会对林农规模经营模式选择行为产生影响，林地过于细碎会导致规模效益的缺失，不利于林农林业收入的提高。因此政府部门应通过制定行之有效的林地流转政策、建立完善的林地流转市场等方式，规范林地在经营主体间的流转，有力地促进林地更多地流向以林业经营为主要职业的林农，这将有利于经营主体以其他形式扩充林地经营面积，扩大经营规模，整合林地资源，实现提高规模效益的目标。

二是健全林业社会化服务体系、提升林业社会化服务质量。我国林业社会化服务发展还不够完善，覆盖面积较小，进一步完善林业社会化服务体系对促进我国林业发展和保护生态环境等方面发挥着积极的作用。因此应加快建立优质的林业社会化服务体系，为林农的生产经营提供市场信息、技术培训等多种服务，让林农能够充分利用生产要素资源、科学规划经营模式提供有力的帮助。同时加强和完善市场产品信息服务、病虫害防治服务、政策法律咨询和林地流转要素市场服务，有针对性地提升林业社会化服务的有效性，以高质量的林业社会化服务水平刺激林农需求，从而提升林农林业生产积极性，实现林业现代化。

三是完善林业扶持政策、分类指导林农经营决策。随着林农的林地规模经营模式呈现多元化趋势，针对林农不同的林地经营模式进行分类施策，有助于建立识别和瞄准机制，提高政策的目标指向性和有效性，深化集体林业产权制度改革，实现林业现代化。例如，对文化程度较低的林农，建立和完善病虫害及火灾预防机制和应急方案，加快完善中介机构服务，提高林业服务人员素质的进程，在林农和市场间建立科学、高效的联系；对文化程度较高的林农，增强病虫害防治服务、产品市场信息服务，保证林木正常生长，建立完备的信息市场服务平台，促进林产品流通。同时，林业社会化服务政策应向单户经营林农倾斜，加强林业社会化服务政策的宣传及普及，重点在产品市场信息服务、病虫害防治服务上给予扶持；针对合作经营林农，建立和完善多种形式的林业合作组织，在产品市场信息和中介服务上给予林农更加完善的服务；针对流转经营林农，重点提供病虫害防治服务和政策法律咨询服务。

5.2 林业社会化服务与农户林地生产性投入

中国林地制度通过“强能赋权”，进一步确立农户在林地经营中的主体地位。小农户内生的弱质性，资源要素相对匮乏，迫使其难以融入林业现代化发展轨道（罗明忠等，2019）。实施乡村振兴战略，健全林业社会化服务体系，实现小农户和现代林业发展有机衔接，是中国近几年来的政策要求。我国是一个山地较多的国家，约占中国国土面积的1/3，占中国陆地面积的2/3。因此，我国农业农村现代化不能缺少林业林区现代化，乡村振兴不能缺少林区振兴。集体林权制度改革后，我国林业生产面临着农村户均经营林地小规模与大产业、大市场之间的现实矛盾，通过健全林业社会化服务体系，把千家万户的小规模林业生产联结起来，才能形成规模经营、节本增效，才能实现小规模林业经营户与林业现代化发展有机衔接。林业社会化服务本质是涵盖整个林业产业链的各项服务总和，是“分工深化”的结果，通过降低交易费用、改善分工效率，从而促进农户生产性投入（孔凡斌等，2018）。

林地确权借助产权明晰和强化，在一定程度上驱动农户进行林业生产性投入，但未能成为长久动力机制（刘林等，2018；张寒等，2017）。参照农地确权的研究（罗必良，2017），林地这一特殊的农户财产，同样具有人格化身份特征，其内含的禀赋效应抑制是否发生林地转入集中、加速土地细碎化、造成经营格局的分散化（朱文清等，2018），土地流转严重滞后于农村劳动力转移，引致土地粗放经营问题凸显。同时，农户面临成本高、劳力缺、技能低、品牌弱以及质量差等约束，进一步阻碍农户林业生产性投入（杨扬等，2018）。基于上述判断，学界主张林业经营由土地规模化转向服务规模化，构建林业社会化服务体系，促进林业产业内分工，将农户卷入社会化大生产，提升农户投入水平和经营效率（才琪等，2016；Stocks et al.，2016）。关于林业社会化服务对农户林地投入的实证研究发现，林业科技服务有利于减少农户的劳动投入，提高生产效率（杨冬梅等，2019）；乡镇林业站提供的技术相对落后，难以符合农户对林木种植、抚育等方面的专业生产技术的需求，限制了农户的投入（柳建宇等，2019）；林业金融服务对农户是否有资金投入和劳动力没有显著影响，但促进了农户单位面积的资金投入和劳动力投入（谢芳婷等，2019）。对于不同贫困程度的农户而言，林业社会化服务对农户林地投入的影响程度有所区别，林木栽培技术对一般贫困程度农户林地投入产出水平具有正向影响，病虫害及火灾预防服务对非贫困农户和一般贫困农户林地投入具有负向影响（孔凡斌等，2020）。

以往研究为分析产权分工下的林业社会化服务体系与农户林业生产投入行为提供了一定的研究基础，但在考察林业社会化服务对农户生产性投入行为的作用路径上还有进一步深入探讨空间。在研究内容上，对于农户林业投入行为并未细分资金与劳动力投入；在研究方法上，林业社会化服务对农户生产性投入行为的影响较少考虑农户层面不同生产经营决策之间相互影响的内生性问题。本文试图从以下两点对现有的研究进行补充：一是理论上，基于分工演化逻辑，揭示在分工深化中的林业社会化服务使用对农户生产性投入决策的影响机理，探讨林业社会化服务对农户要素禀赋约束的缓解作用，进而影响农户生产性投入行为；二是研究方法上，采用内生转换模型和反事实分析方法，充分考虑农户不同生产决策（即林业社会化服务的购买和林业生产投入）之间同时决策引发的内生性问题，以使获得的估计结果更加精准。研究结果有利于解释林业社会化服务与农户生产投入行为的关系逻辑，拓展相关理论空间和经验事实。

5.2.1 理论逻辑与研究假说

（1）分工深化与农户行为

理性农户会在现有约束条件下最大限度地配置资源，由于林业产业属于传统产业，其生产过程具有经济活动与自然活动相统一的特征，对土地、资本、劳动力和技术等资源要素依赖度高，资源配置效率较低，同时又是资源条件、自然环境、市场环境及林业生长本身等因素导致林业生产过程面对自然、经济、社会等并存风险。因此，林业在整个社会化产业中仍处于弱势地位。社会分工的深化与不断演进被视为经济增长的源泉，也能够给生产力带来最大程度的提升（Smith，1776）。一般意义上，“分”代指为行为个体分化，“工”意味着不同生产活动，因而社会分工的本质在于产权权利细分与交易（罗明忠等，2019），而新的社会分工深化取决于市场范围的扩大（Smith，1776），市场范围扩展有助于提高分工和专业化水平。林地经营权细分促进林业产业内分工，为不同经营主体进入林业提供了可能的空间和机会，林业社会化服务本质是分工深化的结果，有总体的林地托管、代造代种、联户经营和各环节的病虫害防治、技术培训和代收代售等各种专业化的社会化服务，均能够从不同层面扩展经营中迂回交易和分工深化。农户通过购买林业社会化服务的方式，降低交易费用和各类风险，改善要素配置效率，同时将新技术和新要素引入林业生产过程中，达到改造传统林业的目的，从而激励农户提高生产投入水平。

（2）研究假说

本文沿用威廉姆森的交易费用范式，从风险性、专用性两个维度测量产权分工下林业社会化服务对农户生产性投入的影响机制，并提出相关研究假说：

①林业社会化服务。林业社会化服务在解决农户家庭小规模生产与大市场之间的矛盾及林业生产成本趋高和抵御市场风险、自然风险能力趋弱等问题中，扮演着重要角色（孔凡斌等，2017）。一是病虫害防治服务有效降低林业生产的自然风险，为林农生产经营提供保障，激励农户生产性投入。森林病虫鼠害（微生物、昆虫、鼠类）等人类尚无法完全控制的自然条件具有突发性、多样性和很强的破坏力，一旦发生，将可能对林农的生产经营产生毁灭性影响。二是林业技术培训服务有助于降低生产风险，林业种植、培育、施肥技术、病虫害防治技术、林地改良及相关林产品的采伐也需要相对应的技术指导和培训，诸如林地被机械损伤、林木幼苗被农药过度使用致死等问题，从而达不到林业产量预期。通过林业技术服务培训，促进农户林业生产素质的提高，帮助农户选择适宜的种植品种，优化种植结构，提高林业生产效率（李桦等，2014），刺激农户生产性投入。

假说 1：病虫害防治服务、林业技术培训服务对农户林业生产性投入具有正向驱动作用。

②林地政策风险。林业政策的变动对林业生产经营活动有着直接影响。由于对林业政策理解得不透彻和过往政策的不稳定，不少林业经营者仅着眼于短期利益行为，导致政策的落实没有长效性。另外，国家对林业实行一部分的政策优惠，如对林权抵押有贴息，对林业龙头企业、林道改造等都有不同的补贴，但随着对林业发展定位的调整和培育生产技术的进步，国家有利政策也有减弱的可能性与不确定性，如采伐指标申请的难易程度、造林补贴、森林抚育

补贴等政策因素，导致林业生产经营主体的投入积极性受到影响（曹兰芳等，2014）。

假说2：潜在林业政策风险对农户生产性投入具有负向抑制作用。

③资产专用性。资产专用性是指在不牺牲产品价值的条件下，资产被配置给其他使用者或者被用于其他用途的程度。通过市场完成交易所耗费的资源比内部完成同样交易所耗费的资源要多。资产专用性与农户生产性投入行为的关系：当资产专用性较资产专用性越强，意味着其所有者对资产的依赖性就越强，所有者谈判的"筹码"越少，交易的成本越高，投资"锁定效应"越强。因此为了节约交易费用，决策过程一般会保持原有内部的路径性，将生产专用性越强的资产用于生产性投入。

假说3：资产专用性对农户生产性投入具有正向影响。

（3）模型构建

基于本文研究目的和理论基础，考虑可观测和不可观测因素导致的选择性偏误，参考Ma等（2018）、张哲晰等（2018）和李长生等（2020）等文献，采用内生转换回归模型实证社会化服务对农户林业生产性投入影响效应。该模型估计有两个阶段：第一个阶段用选择模型估计农户使用林业社会化服务（使用或不使用）的概率。第二个阶段估计使用林业社会化服务对农户林业生产性投入的影响。首先，使用林业社会化服务决策主要取决于其产生的效用，假如使用林业社会化服务后能获得的效用为 I_{1i}^*，不使用林业社会化服务的效用为 I_{0i}^*，如果 $I_i^* = I_{1i}^* - I_{0i}^* > 0$，则农户将选择使用，否则选择不使用。但是，$I_i^*$ 是未观测变量，实际中只能观察到农户有没有使用林业社会化服务。因此，构建农户使用林业社会化服务的选择模型，具体公式如下：

$$I_i^* = \alpha X_i + \varepsilon_i,(I_i = 1,\text{当 } I_i^* > 0;I_i = 0,\text{当 } I_i^* \leqslant 0) \quad (5-3)$$

式中，I_i 为二元变量，$I_i = 1$ 表示农户使用林业社会化服务，反之为0，在文章中具体为病虫害防治服务、林业技术培训服务，X_i 表示影响农户使用林业社会化服务的相关变量，ε_i 为随机干扰项。

假定林业生产性投入是可观察变量，其与使用林业社会化服务虚拟变量构建线性回归方程，使用OLS方法估计。

$$\ln Y_i = \beta\varphi_i + \lambda I_i + \mu_i \quad (5-4)$$

式（5-4）中，Y_i 为农户林业生产性投入变量，分别以亩均资金投入和亩均劳动力投入来表示，φ_i 为影响农户林业生产性投入的观测变量，β、λ 为待估系数，μ_i 为随机干扰项。在农户使用林业社会化服务与林业生产投入存在着"同时决策”的可能性，在选择模型中假设使用林业社会化服务是外生决定的，而事实上，使用林业社会化服务基于个人选择（如预期收益形成的比较优势）导致“自选择”问题，解决方法是建立联立方程，采用内生转换模型，能较好地克服内生性问题，有效改善估计结果的无效、有偏问题（Maddala，1983）。

本文借鉴张哲晰等（2018）文献，以使用病虫害防治服务对农户亩均资金投入的影响效应为例进行说明，使用病虫害防治服务对农户亩均劳动力投入、林业技术培训服务对农户亩均劳动力投入以及林业技术培训服务对农户亩均资金投入的影响效应描述一致。内生转换模型（ESR）将（5－4）式转化成（5－4a）式和（5－4b）式，分别为使用组和未使用组的林业社会化服务对亩均林业资金投入的影响效应模型：

$$\ln Y_{1i} = \beta_1 \varphi_{1i} + \mu_{1i}, \text{如果 } I_i = 1 \qquad (5-4a)$$

$$\ln Y_{2i} = \beta_2 \varphi_{0i} + \mu_{2i}, \text{如果 } I_i = 0 \qquad (5-4b)$$

（5－4a）式中的 $\ln Y_{1i}$ 和（5－4b）式中的 $\ln Y_{2i}$ 分别表示病虫害防治服务使用组和未使用组的亩均资金投入。β_1、β_2 表示待估参数，μ_{1i}、μ_{2i} 表示随机误项。当不可观测因素同时影响农户使用病虫害防治服务和亩均林业资金投入时，选择模型和影响效应模型的残差项存在相关关系，即 $\sigma_{1\varepsilon} = \mathrm{cov}(\mu_{1i}, \varepsilon)$ 和 $\sigma_{2\varepsilon} = \mathrm{cov}(\mu_{2i}, \varepsilon)$ 表示选择模型和影响效应模型误差项的协方差，若二者相关关系显著，说明该两决策行为之间的确存在“同时决策”与“自选择”问题，导致运用OLS估计方法获得的估计结果有偏。因此，ESR模型将基于农户使用林业社会化服务行为选择模型（1）式计算得到的逆米尔斯比率（λ）引入影响效应模型来解决这一问题（张哲晰等，2018），纠正了不可观测潜变量导致的选择性偏误问题，最大程度地减少遗漏变量导致的内生性问题。此时，使用组和未使用组对亩均林业资金投入的影响效应模型可分别转化为：

$$\ln Y_{1i} = \beta_1 \varphi_{1i} + \sigma_{1\varepsilon} \lambda_{1i} + \mu_{1i} \quad \text{如果 } I_i = 1 \qquad (5-4c)$$

$$\ln Y_{2i} = \beta_2 \varphi_{2i} + \sigma_{2\varepsilon} \lambda_{2i} + \mu_{2i} \quad \text{如果 } I_i = 0 \qquad (5-4d)$$

（5－4c）式和（5－4d）式中，λ_1 和 λ_2 分别代表观测不到潜变量。因此，（5－4c）式和（5－4d）式所得到的估计结果是无偏及一致的。本文ESR模型采用完全信息极大似然估计法估计选择模型（1）和影响效应模型（5－4c）式和（5－4d）式，得到的结果比Heckman两步法估计结果更有效。ESR模型允许选择模型和影响效应模型的解释变量重叠，但为了更好地估计，影响效应模型比选择模型少一个解释变量。

本文对农户使用病虫害防治服务的影响效应进行反事实分析，比较农户使用与未使用在现实与反事实条件下亩均林业资金投入的差异，以准确评价农户使用病虫害防治服务后亩均资金投入发生的变化。下文仍以使用病虫害防治服务对农户亩均资金投入的影响效应为例。使用组和未使用组的亩均林业资金投入的条件期望可以表达为：

$$E[\ln Y_{1i} \mid I_i = 1] = \beta_1 \varphi_{1i} + \sigma_{1\varepsilon_i} \lambda_{1i} \tag{5-4e}$$

$$E[\ln Y_{2i} \mid I_i = 0] = \beta_2 \varphi_{2i} + \sigma_{2\varepsilon_i} \lambda_{2i} \tag{5-4f}$$

而使用组和未使用组的亩均林业资金反事实投入的条件期望可以表达为：

$$E[\ln Y_{2i} \mid I_i = 1] = \beta_1 \varphi_{1i} + \sigma_{2\varepsilon_i} \lambda_{1i} \tag{5-4g}$$

$$E[\ln Y_{1i} \mid I_i = 0] = \beta_2 \varphi_{2i} + \sigma_{1\varepsilon_i} \lambda_{2i} \tag{5-4h}$$

ESP模型可以计算出病虫害防治服务对亩均林业资金投入的三种平均处理效应：处理组（实际使用组）的平均处理效应（ATT）、对照组（实际未使用组）的平均处理效应（ATU）以及总体样本的平均处理效应（ATE），其中最重要的估计参数是处理组的平均处理效应（Ma et al.，2018；李长生等，2020）。其中，处理组的平均处理效应（ATT）可表示为（5－4e）式与（5－4g）式之差：

$$ATT = E[\ln Y_{1i} \mid I_i = 1] - E[\ln Y_{2i} \mid I_i = 1] = \varphi'_{1i}(\beta_1 - \beta_2) + \lambda_{1i}(\sigma_{1\varepsilon} - \sigma_{2\varepsilon}) \tag{5-4i}$$

向量 φ'_{1i} 为（5－4a）式中的解释变量。实际未使用组的亩均林业资金投入的平均处理效应，即控制组的平均处理效应（ATU）可以表达为：

$$ATU = E[\mathrm{Ln} Y_{1i} \mid I_i = 0] - E[\mathrm{Ln} Y_{2i} \mid I_i = 0] = \varphi'_{2i}(\beta_1 - \beta_2) + \lambda_{2i}(\sigma_{1\varepsilon} - \sigma_{2\varepsilon}) \tag{5-4j}$$

5.2.2　数据来源、变量设置与样本分析

（1）数据来源

本文数据来源于课题组2016年期间，对江西、福建、湖南、浙江、四川、广西6省区18个县（市）2 031户农户的调查数据。对样本省和农户进行科学筛选后获取研究所需样本数据：第一步，选择样本省。依据是否为集体林区林业大省，选取江西、福建、浙江、四川、广西等6个省份。第二步，选择样本农户。本文主要研究对象是普通农户，因而调研只针对从事林业经营的普通农户，不包含林业经营组织。调研内容包含：农户家庭信息、林地资源禀赋、林业投入（资金和劳动力投入）、林业产出（木材、竹子、经济林等产量）、林产品销售、林业社会化服务等。课题组累计向农户发放2 100份问卷，实际收回

2 100份，剔除关键变量缺失与存在重大逻辑错误的问卷，实际获得有效样本2 031份，问卷有效率96.71%。

(2) 变量设置

①被解释变量。鉴于林地面积不易更改和经营者能力不易测度，农户林业生产性投入主要为资金和劳动力投入（于艳丽等，2018），分别采用“亩均资金投入规模”和“亩均劳动力投入规模”进行测度，由于涉及价值和单位，对其进行对数处理。

②核心解释变量。林权改革作为林业制度变革的先行者，与之配套的林业社会化服务则弥补和完善了产权改革的遗漏和不足。随着分工深化，林业社会化服务涵盖产前、产中、产后全产业的过程（宋璇等，2016；廖文梅等，2016）。在林业生产过程中，林木病虫害发生面积仍居于高位，且呈上升趋势，严重危害农户投入积极性；另外，一般农户在生产过程中采用新品种或新技术时，都涉及种前的土壤和种苗的病虫害防治技术、耕种过程的栽培技术和抚育技术、枝剪技术等，对林业生产十分重要。因此，本研究尝试从林业生产中的病虫害防治服务、林业技术培训服务测度林业社会化服务对农户生产性投入的影响。为了防止林业社会化服务与林业生产投入行为之间存在内生影响，本文的林业社会化服务主要是针对林业生产投入前一年的林业社会化服务情况进行的调查。

③其他解释变量。a. 林业政策风险。社会政策包括申请采伐是否容易、有无造林补贴、有无森林抚育补贴等政策环境构成林业生产的政策风险。有无造林补贴、有无森林抚育补贴与农户林地投入存在内生性。因此，本研究采用上一年农户是否获得有无造林补贴、有无森林抚育补贴的数据。b. 资产专用性。资产的专用性至少可分为4类：地理位置专用性、物质资产专用性、人力资本专用性和特定用途资产（郭忠兴等，2014）。鉴于专门考察林地投入情况，本研究仅考察物质资产专用性和人力资本专用性。采用林业收入占总收入的比重和林地经营规模衡量物质资产专用性，用家庭劳动力数量衡量人力资本专用性。林业收入比例代表农户对林业生产经营的依赖程度，隐含农户资源要素配置状况（孔凡斌，2018）；生态公益林受国家政策保护，农户更倾向于将资金和劳动力资源向商品林集中，表征林地经营规模的商品林面积对农户生产性投入具有诱导作用（张寒等，2017）。c. 控制变量。户主年龄和文化程度等主体特质表征的内部风险同样对农户生产投入具有抑制作用，详见表5-4。

表5-4　变量设置、定义及描述性统计分析

变量类型		变量定义	均值	标准差
被解释变量	亩均资金投入规模	农户实际亩均投入资金（元，取对数）	65.391	385.520 1
	亩均劳动力投入规模	农户亩均用工（天，取对数）	1.454 5	3.101 6
林业社会化服务	病虫害防治服务	有=1，无=0	0.596 3	0.490 7
	林业技术培训服务	有=1，无=0	0.432 6	0.495 5
林地政策风险	申请采伐是否容易	是=1，否=0	0.309 1	0.464 9
	造林补贴	有=1，无=0	0.132 6	0.339 3
	森林抚育补贴	有=1，无=0	0.023 1	0.150 4
资产专用性	林业收入比例	林业收入占家庭总收入的比重（%）	0.158 9	0.264 3
	家庭劳动力数量	实际调查数据	2.830 2	1.214 7
	林地经营面积	商品林面积（亩）	33.455 7	146.567
控制变量	户主年龄	实际调查数据	50.511 9	10.493 1
	户主受教育年份	1=［0，7］；2=（6，9］；3=（9，12］；4=（12，13］；5=（13，20］	2.020 6	0.972 8
	林地便利程度	林地达到公路的距离（千米）	0.513 1	1.374 1
	是否发生林地转入	有=1，无=0	0.099 0	0.298 7

5.2.3　实证检验与结果分析

5.2.3.1　病虫害防治服务对农户林地投入的实证结果

（1）病虫害防治服务对农户亩均林业资金投入的影响效应

表5-5模型（1）展示了农户病虫害防治服务的选择模型和使用病虫害防治服务对农户亩均资金投入的影响效应模型估计结果。通过农户使用病虫害防治服务选择模型的回归结果可知，林业收入比例越高、申请采伐指标越容易、获得森林抚育补贴越多、户主文化程度越高和林地经营便利程度，农户选择病虫害防治服务的概率越大。资产专用性中，林业收入比例越高，表明林业生产盈利水平越高，在家庭经营中占有优势地位，农户进一步增加生产性投入的可能性越大。

通过病虫害防治服务使用组和未使用组对农户亩均林业资金投入的影响效应模型可知，农户林业收入比例和户主文化程度的提高会显著提高农户亩均林业资金投入，森林抚育补贴也对农户亩均林业资金的投入有显著影响。有区别的是，对于使用组而言，获得森林抚育补贴越多农户亩均林业资金投入越高，

而未使用组则相反。

表 5-5 农户亩均资金投入、亩均劳动力投入和病虫害防治服务的内生转换模型

变量	模型（1）：亩均资金投入			模型（2）：亩均劳动力投入		
	使用组	未使用组	选择模型	使用组	未使用组	选择模型
1）林地政策风险						
申请采伐是否容易	0.164 6	0.193 4	0.119 3**	0.074 9	0.245 1**	0.136 6**
	(0.155 6)	(0.176 2)	(0.054 34)	(0.092 1)	(0.118 1)	(0.059 5)
造林补贴	0.167 7	−0.302 8	0.030 0	0.033 7	−0.438 7**	0.002 7
	(0.277 3)	(0.305 3)	(0.093 2)	(0.165 0)	(0.202 2)	(0.105 5)
森林抚育补贴	1.623 8***	−1.535 6*	0.534 2***	1.225 0***	−1.009 4*	0.742 1***
	(0.494 6)	(0.816 4)	(0.170 5)	(0.283 5)	(0.565 6)	(0.214 8)
2）资产专用性						
林业收入比例	2.318 3***	4.394 0***	0.710 6***	1.259 6***	1.587 0***	−0.077 8
	(0.278 4)	(0.384 6)	(0.095 6)	(0.170 9)	(0.193 8)	(0.108 7)
家庭劳动力数量	−0.802 5	−0.023 5	−0.033 7	−0.046 3	−0.002 9	−0.056 9**
	(0.617 5)	(0.066 1)	(0.020 8)	(0.037 2)	(0.046 0)	(0.023 5)
林地经营面积	0.000 6	−0.000 2	0.000 2	−0.001 0***	−0.001 2***	0.000 4
	(0.000 5)	(0.000 5)	(0.000 2)	(0.000 3)	(0.000 4)	(0.000 2)
3）控制变量						
户主年龄	0.000 7	0.003 8	0.000 3	0.002 2	0.010 8**	0.002 4
	(0.007 0)	(0.007 8)	(0.002 4)	(0.004 1)	(0.005 2)	(0.002 7)
户主文化程度	0.478 2**	0.567 0**	0.189 5***	0.202 6**	0.219 1	0.243 2***
	(0.156 2)	(0.189 9)	(0.053 0)	(0.093 4)	(0.133 6)	(0.060 9)
林地便利程度			0.031 9**			0.080 8***
			(0.015 1)			(0.019 1)
是否林地转入			0.015 1			0.282 6***
			(0.030 5)			(0.085 8)
常数项	−0.458 2	1.084 2**	−0.006 8	−0.795 5***	−0.156 5	0.108 8
Constant	(0.405 5)	(0.592 9)	(0.137 2)	(0.246 8)	(0.445 4)	(0.155 8)
$\rho_{Y\epsilon 1}$ 或 $\rho_{N\epsilon 1}$	1.111 0***	0.800 3***		0.823 5***	0.495 8	
	(0.022 2)	(0.028 87)		(0.041 1)	(0.036 2)	
$\chi^2(2)$		527.49***			40.44***	

注：*、**、***表示在10%、5%、1%水平上显著，括号内为标准误。

使用病虫害防治服务行为调整对农户亩均资金投入的影响如表5-6。在使用组，使用病虫害防治服务组亩均资金投入的平均处理效应（*ATT*）为2.371 5（取自然对数），在未使用组，使用病虫害防治服务亩均资金投入的平均处理效应（*ATU*）为0.599 1（取自然对数）。这表明，使用病虫害防治服务后会显著提高农户亩均资金投入。

表5-6　农户使用病虫害防治服务对亩均资金投入和亩均劳动力投入处理效应的测算结果

处理过程	亩均资金投入组别		亩均劳动力投入组别	
	使用组	未使用服务	使用组	未使用组
决策阶段：使用	1.290 0 (1.071 6)	1.363 4 (1.417 5)	0.200 90 (0.371 9)	0.474 7 (0.547 9)
决策阶段：不使用	−1.081 5 (1.356 1)	0.764 3 (1.213 8)	−0.727 4 (0.944 9)	0.215 4 (0.415 1)
处理效应	2.371 5*** (0.442 3)	0.599 1*** (2.359 6)	0.928 4** (0.859 4)	0.259 3*** (0.822 8)

注：*、**、***表示在10%、5%、1%水平上显著，括号内为标准误。

（2）病虫害防治服务对农户亩均劳动力投入的影响效应

表5-5中模型（2）展示了农户使用病虫害防治服务行为选择模型和使用病虫害防治对农户亩均劳动力投入的影响效应模型估计结果。通过农户使用病虫害防治服务行为选择模型的回归结果可知，申请采伐指标越容易、森林抚育补贴越多、户主文化程度越高、林地经营便利程度越高与发生了林地转入，农户使用病虫害服务的概率越大；而林地经营规模越大和家庭劳动力越多则会降低农户使用病虫害服务的概率。通过使用病虫害防治和未使用病虫害防治服务对农户亩均劳动力投入的影响效应模型可知，林业收入比例会显著提高农户亩均劳动力投入。对于未使用组而言，造林补贴对农户亩均劳动力投入具有负向显著影响，而户主文化程度的影响则相反。森林抚育补贴在使用组和未使用组呈现不同方向的影响，会显著促进使用组的亩均劳动力投入，而抑制未使用组的亩均劳动力投入。无论是使用组还是未使用组，林地经营规模在一定程度上限制劳动力投入，林地经营规模越大，在劳动力成本上升的现实背景下，农户更倾向于投资机械以替代劳动。

使用病虫害防治服务行为调整对农户亩均劳动力投入的影响如表5-6。

使用组，使用病虫害防治服务组亩均资金投入的平均处理效应（ATT）为0.9284（取自然对数），未使用组，使用病虫害防治服务亩均资金投入的平均处理效应（ATU）为0.2593（取自然对数），即使用病虫害防治服务会提高农户亩均劳动力投入。

在林业社会化服务中，病虫害防治服务对农户亩均林业资金投入和亩均林业劳动力投入具有显著正向影响。使用病虫害防治服务的影响机理，一般农户在林业病虫害发生的前或后，农户采用购买的方式向服务商支付一定额度的资金，对生产性投入的主要影响有以下方面：第一，增加资金成本。农户购买服务过程中会增加资金的投入，即亩均生产资成本，提高亩均资金投入。第二，要素重新配置。当农户购买病虫害防治服务时，明显会提高农户收入的预期，会匹配上其他的要素投入，增加亩均资金和劳动力的投入。第三，“重防综治”的思想。为了从根源上杜绝灾害发生的可能性，农户会根据上年病虫害防治服务的情况，倾向于增加资金和劳动力投入在病虫害预防工作，以期获得更高的产出。

5.2.3.2 林业技术培训服务对农户林地投入的实证结果

（1）林业技术培训服务对农户亩均林业资金投入的影响效应

表5-7展示了农户使用林业技术培训服务行为选择模型和使用林业技术培训对农广亩均资金投入的影响效应模型估计结果。由农户使用林业技术服务行为选择模型可知，户主文化程度越高和获得森林抚育补贴越多，农户使用林业技术培训服务的概率越大；林业收入比例越高，农户使用林业技术培训服务的概率越小。

通过使用林业技术培训服务与未使用林业技术培训服务对农户亩均资金投入的影响效应模型估计结果可知，部分解释变量对两组农户资金投入的影响不同，凸显了内生转换模型在处理异质性问题上的优势。对林业技术培训服务使用组而言，户主文化程度越高和获得森林抚育补贴越多对增加资金投入效应明显；对于林业技术培训服务未使用组而言，林业收入比例越高对增加资金投入效应明显，获得森林抚育补贴越多和户主文化程度越高不利于亩均资金投入。主要原因为森林抚育补贴不属于普惠性的补贴，不同地方所获得门槛有所不同，但综合起来主要有以下几类：公益林造林抚育和部分带有扶贫功能的林业合作社，因此，一般公益林造林越多，前三年获得森林抚育补贴越多，由于公益林不具有经济效益，但农户一般不参与林业技术培训，且投入较少的资金和劳动力。

表5-7　农户亩均资金投入、亩均劳动力投入和林业技术培训服务的内生转换模型

变量	模型（3）亩均资金投入			模型（4）亩均劳动力投入		
	使用组	未使用组	选择模型	使用组	未使用组	选择模型
（1）林地政策风险						
申请采伐是否容易	0.033 0	−0.190 2	0.071 9	0.127 4	0.178 0	0.168 4***
	(0.182 2)	(0.154 6)	(0.049 7)	(0.119 4)	(0.092 8)	(0.058 6)
造林补贴	0.112 8	0.025 8	0.009 1	−0.030 8	−0.200 3	0.010 3
	(0.321 8)	(0.272 4)	(0.087 6)	(0.215 3)	(0.157 3)	(0.104 6)
森林抚育补贴	2.138 7***	−1.778 0***	0.575 4***	1.333 6***	−0.405 0	0.594 9***
	(0.589 6)	(0.519 3)	(0.164 1)	(0.364 6)	(0.364 8)	(0.194 9)
（2）资产专用性						
林业收入比例	0.058 8	0.595 5**	−0.158 0*	1.549 0***	1.384 9***	0.018 5
	(0.344 0)	(0.286 1)	(0.092 7)	(0.216 1)	(0.160 1)	(0.107 5)
家庭劳动力数量	−0.077 0	0.025 9	−0.031 2	−0.023 5	−0.025 0	−0.040 6*
	(0.072 7)	(0.060 3)	(0.019 7)	(0.049 4)	(0.034 2)	(0.023 5)
林地经营面积	−0.001 0	−0.000 2	−0.000 2	−0.001 5***	−0.001 0***	0.000 2
	(0.000 6)	(0.000 5)	(0.000 2)	(0.000 4)	(0.000 3)	(0.000 2)
（3）控制变量						
户主年龄	−0.008 1	0.002 4	−0.002 6	0.000 0	0.003 3	−0.002 6
	(0.008 1)	(0.006 9)	(0.002 2)	(0.005 5)	(0.004 0)	(0.002 7)
户主文化程度	0.501 0***	−0.487 9***	0.159 4***	0.257 5**	0.159 2	0.264 8***
	(0.182 2)	(0.155 8)	(0.049 9)	(0.121 5)	(0.101 9)	(0.059 4)
林地便利程度			0.004 8			0.053 8***
			(0.004 6)			(0.015 6)
是否发生林地转入			−0.200 1			0.203 1***
			(0.215 4)			(0.075 5)
常数项	−0.382 0	−0.264 0	0.083 2	−1.404 0***	0.186 6***	−0.113 8
	(0.472 2)	(0.398 3)	(0.128 7)	(0.323 7)	(0.307 1)	(0.154 0)
ρ_{Ye1} 或 ρ_{Ne1}	1.291 3***	1.141***		0.696 4***	0.323 5	
	(0.027 1)	(0.023 5)		(0.039 8)	(0.029 1)	
$\chi^2(2)$		816.76***			45.25***	

注：*、**、***表示在10%、5%、1%水平上显著，括号内为标准误。

如表 5-8 所示，农户使用林业技术培训服务行为调整对亩均林业资金投入的影响。使用组亩均林业资金投入的平均处理效应（*ATT*）为 2.982 1（取自然对数），未使用组亩均林业资金投入的平均处理效应（*ATU*）为－2.464 5（取自然对数）。这表明，对于使用组而言，使用林业技术培训服务后其亩均资金投入有所增加；对于未使用组而言，使用林业技术培训服务后会减少其亩均资金投入。

表 5-8　农户使用林业技术培训服务对亩均资金投入和亩均劳动力投入处理效应的测算结果

处理过程	亩均资金投入组别		亩均劳动力投入组别	
	使用组	未使用组	使用组	未使用组
决策阶段：使用	1.018 4 (1.148 9)	－1.294 5 (1.453 2)	0.200 6 (0.423 1)	0.341 5 (0.470 0)
决策阶段：不使用	－1.963 6 (1.763 1)	1.170 0 (1.054 6)	－1.321 2 (1.237 8)	0.216 1 (0.353 4)
处理效应	2.982 1*** (0.653 4)	－2.464 5*** (0.439 6)	1.521 8*** (1.086 7)	0.125 4*** (0.702 5)

注：*、**、***表示在 10%、5%、1%水平上显著，括号内为标准误。

（2）林业技术培训服务对农户亩均劳动力投入的影响效应

表 5-7 展示了农户使用林业技术培训服务行为选择模型和林业技术培训服务对农户亩均劳动力投入的影响效应模型估计结果。通过农户使用林业技术培训服务行为选择模型的回归结果可知，申请采伐指标越容易、森林抚育补贴越多、户主文化程度越高、林地经营便利程度越高和发生是否发生林地转入，农户越可能使用林业技术培训服务；而家庭劳动力越多抑制了农户使用林业技术培训服务。通过使用林业技术培训服务与未使用林业技术培训服务对农户亩均劳动力投入的影响效应模型估计结果可知，林业收入比例对增加劳动力投入效应明显，林地经营面积对劳动力投入负向效应明显；对于使用林业技术培训服务组而言，户主文化程度越高越利于亩均劳动力投入。

如表 5-8 所示，在使用组，使用林业技术培训服务组亩均劳动力投入的平均处理效应（*ATT*）为 1.521 8（取自然对数），在未使用组，使用林业技术培训服务亩均劳动力投入的平均处理效应（*ATU*）为 0.125 4（取自然对数），即使用林业技术培训服务会增加亩均劳动力投入。

林业技术培训服务对农户亩均林业资金投入影响具有异质性，其对实际使用者提高其亩均林业资金投入有所增加，对于未使用者而言，使用林业技术培训服务后会减少其亩均林业资金投入。同时，林业技术培训服务会促进农户亩均林业劳动力投入，使用林业技术培训服务的影响机理，一般农户在生产过程中采用新品种或新技术时，农户向服务商购买新品种栽培或新技术的培训服务，主要影响机理与病虫害防治服务基本相同。另外，林业技术培训服务提升农户专业化水平和生产效率，进而刺激农户生产性投入，但是新技术的使用需要投入前期成本，了解和试用新技术后，同时也给农户以心理支持，这也解释了使用组和未使用组在资金投入方面的异质性。

5.2.4 结论与启示

(1) 研究结论

林地确权并非是促进农户生产性投入的长久动力机制，农户生产经营面临诸多约束，抑制其生产投入积极性。林业社会化服务表征的林业内分工深化，通过降低交易费用、提升生产效率以及改善经营预期，驱动农户生产性投入。本文基于“产权—分工—行为”的演化逻辑，利用全国 6 省区 2 031 户农户的调查数据，构建内生转换模型，探寻林业社会化服务对农户生产性投入的驱动作用及影响机理，并从农户异质性视角出发，考察林业社会化服务对农户生产性投入影响机制上的差异，以拓展相关理论空间和经验事实。研究发现：林业社会化服务中的病虫害防治服务、林业技术培训服务能显著促进农户生产性资金和劳动力投入，林地政策风险性中森林抚育补贴对农户生产性投入具有显著驱动作用，资产专用性中的林业收入比例促进农户生产性投入、林地经营规模对农户生产性投入具有显著负向影响。

(2) 研究启示

本文从分工视角解读林业社会化服务对农户生产性投入影响的内在逻辑，并予以实证检验，将理论分析与经验事实相结合，拓展已有研究外延，具有一定的启发性。林业社会化服务将农户卷入社会化分工，破解小农户与大市场的症结，搭建起小农户与现代林业有机衔接的桥梁。林业社会化服务中，病虫害防治服务有助于增强农户抵抗自然风险的能力；林业技术培训服务改善农户经营能力，提升专业化水平和生产效率。

一是进一步完善林业社会化服务体系，充分发挥林业社会化服务对解决农户家庭小规模生产与大市场之间的矛盾及林业生产成本趋高和抵御市场风险、自然风险能力趋弱等问题的积极作用，促进农户生产性投入，实现林业又好又快发展。

二是鼓励培育多种形式的林业社会化服务主体，提高林业社会化服务体系建设水平，发挥林业新型经营主体、新业态的引领作用。科技主管部门积极搭建平台，为林业新型经营主体与高校、科研院所提供合作提供支持，实现资源共享和协同创新，促进林业科技进步。

三是提供符合农户现实需求的林业社会化服务，建立信息反馈机制，针对农户需求的不同，采取不同的林业社会化服务推广方式。对于农户迫切需求且对生产经营有极大帮助的服务，如林业技术培训服务，政府应补齐相应的短板，缓解现实中农户营林面临的困难。

四是扩大林业社会化服务的受众，通过对涉林服务主体进行专项资金扶持，促进其林业生产性服务能力建设，降低服务成本的下降和服务水平的提升，促进林业生产者选择林业社会化服务的动力，在非农转移和兼业化无法逆转的现实情况下，通过使用林业社会化服务替代劳动力投入。

总之，林业生产具有长周期性，且地域间经济水平、人文地理差异明显，农户群体分化严重。后续研究可考虑从现实案例出发，对不同典型案例进行长期跟踪，增强理论与现实问题的联系，寻求林业社会化服务破解农户生产困境的答案。

5.3 林业社会化服务与林业投入产出的效率

“均山到户”的集体林权制度改革后，以农户家庭承包为基础的经营体制在一定程度上激励了农户林地经营积极性，但是随着改革的进一步深入，林地经营呈现分散、小规模的特征（Shen Y 等，2009）。林业是国民经济的重要基础产业，又是重要的社会公益事业，承担着改善生态环境、促进国民经济可持续发展的双重使命（田淑英等，2012），但是林业生产效率低下严重滞后了林业现代化进程，导致农户林业生产经营产生不利的局面（宋璇等，2017）。因此，研究林业生产效率及其影响因素对于加快推进林业现代化进程具有重要意义。

社会化服务作为现代化分工体系的一部分，克服农户生产规模狭小的弊端，直接参与农户生产，获得专业化分工和服务规模效益的经济组织形式，在林业生产中发挥了不可代替的作用。党的十九大报告提出“健全农业社会化服务体系，实现小农户和现代农业发展的有机衔接”，作为农业社会化服务的重要组成部分，林业社会化服务有助于实现小农户与林业现代化衔接，有效地解决家庭林业生产、经营、销售等各个环节中显露的问题（孔凡斌等，2014），为林业生产转型和提高林业生产效率提供了实现路径。因此，研究林业社会化服务对农户林业生产效率的影响，检验其对林业生产效率的提升效应和提升程度，为林业现代化目标下林业社会化服务体系建设以及相关政策完善提供经验支撑。

学者们已对林业生产效率展开了卓有成效的研究，众多研究表明，中国林业投入产出综合效率偏低（黄韶海等，2016；李春华等，2011；柯水发等，2015），尤其是农户及家庭农场林业生产技术效率普遍偏低（马丁丑等，2020），并伴有一定的时空差异特征。在空间区域层面上，林业生产效率较高的地区主要分布在中国南部、东部和东北部，江西省的农户林地经营效率高于广东（韦浩华等，2016）。即使同一区域，不同时间的林业生产效率也有不同，福建省毛竹综合经营效率高于林地经营效率（韩雅清等，2018），经济林综合技术效率更低于木材、木材为主兼有竹材的经营类型，但均高于 10 年前总体效率水平（李芳宁等，2010；李桦等，2014）。从经营规模来看，农户林地经营规模与林业经营效率呈现倒 U 形效应趋势。林业生产效率除了上述时间和地域上差异，还会存在经济发展水平和地形差异。影响林业生产效率的因素有许多，主要有林地规模（田杰等，2017）、立地质量、林地细碎化（徐秀英等，2014）和政策补贴（李海鹏等，2020）等外部因素和劳动力转移（杨水生等，2017）、劳动力和雇工质量（朱烨等，2018）、加入合作社、技术培训（宋彩平等，2020）和农户个体特征等内在因素（徐秀英等，2014）的影响。随着林业社会化服务体系的进一步完善，通过产业分工深化从生产环节改善林业生产的要素配置水平，从销售环节解决小农户和大市场之间的矛盾，从而提升农户林地投入产出水平和经营效率（才琪等，2016；Stock B J 等，2016），但是林业社会化服务对林业生产效率影响机理尚不明确，也未得到实证数据的验证。为此，本文采用数据包络分析方法（Data Envelopment Analysis，DEA）和倾向得分匹配法（Propensity Score Matching，PSM），以浙江、福建、江西和湖南四省的林业经营农户为调查对象，分析林业社会化服务对林业生产技术效率的影响。

5.3.1　理论分析

Schultz（1964）提出新型现代化生产要素的引入是改造传统农业的重要

途径。社会化服务在不改变农户的经营权和不触动剩余索取权的前提为规模化、现代化经营提供可行方案（罗明忠等，2019）。在农村劳动力转移非农就业的社会大背景下，农业生产面临着老龄化和弱质化，使得农户对农业社会化服务的需求日益强烈。已有研究认为农业社会化服务能够推动农业规模经营，提高农业生产效率（Binam J N 等，2004；Alwarritzi W 等，2015），社会化服务对农业生产效率发挥了分工效应、技术效应和替代效应（杨子等，2019）。林业属于大农业范畴，林业社会化服务属于农业社会化服务的重要组成部分，林业社会化服务是在农业社会化服务的基础上发展而来。林业社会化服务是包涵整个林业产业链的服务组织和活动的组合（孔凡斌等，2014），由各类组织和机构提供的为推动林业生产由粗放的个体农户小生产向社会化的大生产转化而提供政策制度安排，生产组织形式创新，资金、技术、劳动力、生产资料等生产要素配置以及包括产品流通在内的各种服务。林业社会化服务涵盖了林业生产过程。林业社会化服务对林业生产效率发挥了也存在着分工效应、技术效应和替代效应，如图 5-1 所示。

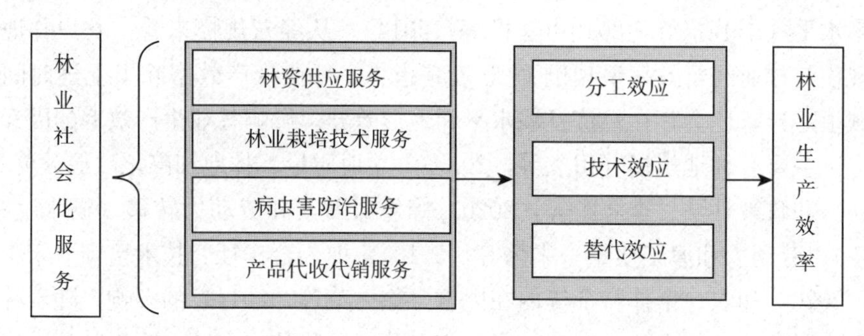

图 5-1　林业社会化服务影响林业生产效率的路径分析

（1）林业社会化服务的分工效应

林业生产过程是从准备土地、种苗开始到培育出成熟林和其他林产品的全部过程，存在育林与森工两个阶段，育林属于种植业，可分为准备（种子的采集、育苗、林地清整）、造林及抚育等环节，每个过程具有一定的生长时间和生产阶段明显特点；森工包括森林采伐运输、木材加工和林产化工等环节，同时还有营林过程，如何将最小的要素投入成本，产出最大的效益。随着技术进步和社会分工不断深化，逐步产生了直接为经营主体提供服务的社会化服务组织，其克服规模小的弊端，在某一环节的专业程度和熟练程度较高而获得专业化分工和集约化服务规模效益的组织形式。在追求个人效益最大化的前提下，农户面临的是生产和交易的选择：生产意味着所有环节都自己操作，那么他将花费高昂的生产成本。交易则是农民选择专业化的生产方式，把一部分不适合自己完成的生产环节交给专门的服务组织（或个人）去完成，如果耗费的交易成本低于自己的生产成本，农民将选择交易，从而提高林业经营效率。

（2）林业社会化服务的技术效应

随着科技的进步，科学技术在传统产业和劳动密集型产业的应用愈发重要，技术进步能促进机械设备对劳动力的替代，从而提高产出效率。我国的林业技术推广仍存在自上而下的推广方式，加之广大林区的自然和社会经济条件较差，农户由于自身文化素质和传统林业生产习惯，多数的农户对新技术的采用不足。林业社会化服务充当了人力资本和知识资本的传送器，将这两种资本导入到生产中。而且社会化服务组织能够将先进的林业技术应用到生产中，通过现代高效的经营管理和组织制度提高生产的技术含量和经营产出。

（3）林业社会化服务的替代效应

林业社会化服务缓解了林业生产中家庭劳动力的约束。一方面，农村劳动力转移非农就业和兼业化会减少林业生产中的劳动力投入，比较劳动生产率的非农就业使得农户从事林业生产的机会成本不断攀高，进而给林业生产带来负面影响；另一方面，家庭成员外出务工可以视为一种融资机制（Chiodi V 等，2012），农户可以通过增加替代性的要素投入和重新配置在林业生产和非林业生产上的劳动力投入来应对。林业社会化服务体系的建立为农户提供了要素替代的渠道。

5.3.2　研究方法、变量和模型

5.3.2.1　研究方法

（1）林业生产效率的测度方法

DEA方法由于不受指标量纲影响、无须事先确定指标权重以及具有很强的客观性等优点被广泛应用在效率评价。该方法由著名运筹学家Charnes、Copper和Rhodes于1978年提出，是根据生产效率的测算方式分为基于投入角度的DEA模型和基于产出角度的DEA模型，而且开始在国内外广泛应用于不同行业或部门计算投入产出效率。

按照对规模报酬的假定可分为规模报酬不变的数据包络模型（CRS-

DEA）和规模报酬可变的数据包络模型（VRS－DEA），考虑到林业生产经营的实际情况，本文拟采用投入角度的规模报酬不变的（CRS）的CCR模型和可变规模报酬的（VRS）的BCC模型分别测度林业生产综合效率（Comprehensive Technical Efficiency，TE）和纯技术效率（Pure Technical Essiciency，PTE），生产效率可分解为由规模效率（Scale Efficiency，SE）和纯技术效率两部分，在数值上 $TE=PTE\times SE$，3种效率值均取值在0～1之间，数值越大表示效率越高。下面介绍不变规模报酬的CCR模型，因为可变规模报酬的BCC模型是在不变规模报酬的CCR模型基础上增加了约束条件 $\sum_{i=1}^{n}\lambda_i$，本文就不再罗列BCC模型的表达式。

CCR模型的线性规划表达式：

$$\min[\theta-\varepsilon(e^TS^-+e^TS^+)]=TE$$
$$\text{s. t.}\sum_{i=1}^{i}X_i\lambda_i+S^-=\theta\cdot X_{i0}$$
$$\text{s. t.}\sum Y_i\lambda_i-S^+=Y_0 \qquad (5-5)$$
$$\text{s. t.}\lambda_i\geqslant 0,i=1,2,\cdots,n;S^+,S^-\geqslant 0$$

模型（5－5）中 X_i 表示第 i 户农户的林业经营投入指标向量，Y_i 表示第 i 户林业经营的总产出指标向量，S^- 和 S^+ 表示松弛变量，e^T 为单位向量，e^TS^- 表示投入过剩，e^TS^+ 表示产出不足，ε 为非阿基米德无穷小量。TE 表示第 i 户农户的林业生产综合效率值。如果最优解 $\theta^*=TE=1$，同时 $S^{+*}=0$ 且 $S^{-*}=0$，则农户的林业经营效率达到最优，否则该农户的林业经营无效率。PTE 和 SE 的评价标准和 TE 一样，这里不再赘述。

（2）林业社会化服务对林业生产效率影响的计量模型

与已有研究方法相比，本文选用倾向得分匹配法（PSM）探讨林业社会化服务对农户林业生产效率的影响，主要基于3个方面优势：一是林业社会化服务以自愿原则为基础，是否使用由农户自身决定；样本中使用与未使用户划分并非随机，因此倾向得分匹配法可以解决样本"自选择"问题。二是研究林业社会化服务对农户林业生产效率的影响时，由于实验组与对照组农户的初始禀赋不同，存在"选择偏差"，通过倾向得分匹配法可以研究实验组农户林业生产效率与上述农户如果没有使用林业社会化服务的林业生产效率是否一致。三是使用林业社会化服务的农户未使用的行为无法直接观测到，而倾向得分匹配法通过构建反事实框架，能够解决样本"数据缺失"问题。

将实验组（使用林资供应服务、病虫害防治服务、林业栽培技术服务农户和产品代收代销服务的农户）与控制组（未使用的农户）分别进行匹配，在控制相同外部条件下，探讨不同林业社会化对农户林业生产效率的影响。研究步骤如下：

第一步，运用Logit模型估算农户使用林业社会化服务的条件概率拟合值，即倾向得分值（PS_m）为：

$$PS_m = \Pr[L_m = 1 \mid X_m] = E[L_m = 0 \mid X_m] \qquad (5-6)$$

（5-6）式中 $L_m=1$（$m=1$，2，3，4）表示林资供应服务、使用病虫害防治服务、使用林业栽培技术服务和使用产品代收代销服务的农户；X_m 表示可观测到的户主特征、家庭特征、林业生产情况和区位因素。

第二步，将实验组和控制组进行匹配。为了验证匹配结果的稳健性，本文选取 K 近邻匹配、卡尺匹配、核匹配3种匹配方法。其中，K 近邻匹配是以倾向得分值为基础，在最近的 K 个不同组个体中进行匹配；本文将 K 设为4，进行一对四匹配。卡尺匹配是指通过限制倾向得分绝对距离进行匹配；本文将卡尺设为0.010，对倾向得分值相差1%的观测值进行匹配。核匹配是指通过设定倾向得分宽带，对宽带内对照组样本加权平均后同林资供应服务、使用病虫害防治服务、使用林业栽培技术服务和使用产品代收代销服务的农户进行匹配。

第三步，计算实验组和对照组农户林业生产效率差异，即平均处理效应（ATT），以得到林资供应服务（使用病虫害防治服务、使用林业栽培技术服务和使用产品代收代销服务）对农户生产效率的影响。

$$ATT = \mathrm{E}(D_{1m} \mid L_m = 1) - \mathrm{E}(D_{0m} \mid L_m = 1) = \mathrm{E}(D_{1m} - D_{0m} \mid L_m = 1) \qquad (5-7)$$

（5-7）式中 D_{1m} 为使用林资供应服务农户的林业生产效率；D_{0m} 为使用林资供应服务的农户的反事实（假设没有使用林资供应服务）的林业生产效率。E（$D_{1m} \mid L_m=1$）可以直接观测到，但 E（$D_{0m} \mid L_m=1$）不可直接观测到，属于反事实结果，运用倾向得分匹配法构造相应替代指标。

第四步，双重检验。共同支撑域检验，即判断实验组和控制组是否具有共同支撑区域，取值范围是否存在部分重叠；平衡性检验，即通过比较实验组和控制组在解释变量上是否存在显著差异来判断匹配质量。

5.3.2.2 数据来源

本文使用的数据来源于课题组2016年在浙江、福建、江西和湖南四省的农户调研数据，在每省从林业县中随机抽取两个县，在每个县等距选取 3～5 个镇，每个镇随机选取 5 个村，每村抽取 15 个农户，采取入户调查的方式，如遇抽取农户不在家的，采取偶遇方式进行补充。调查收回问卷 1 050 份，在数据整理的过程中剔除缺失数据，实际样本量 738 份。

由于调研的农户大多数以竹林和经济林为主，生产周期较短，较易获取完整的投入产出数据。但有较少的农户以木材为主或兼有木材经营，存在着投入间断性和递减性采用林业经营 3 年平均投入产出。为了保证数据的有效性和科学性，删除部分投入和产出皆为 0 的样本。

5.3.2.3 变量说明

（1）林业生产效率的变量说明

林业生产效率的测算需要确定林业生产的投入变量和产出变量，为本文的被解释变量。本文选取农户林业经营总收入作为产出变量，包括用材林、竹林、经济林、林下经济收入等，为了较为准确地测算农户林业生产投入产出的效率，本文的林业经营总收入不包括林业补贴。根据林业生产经营的过程和研究目的和生产函数理论，生产要素一般被划分为土地、资本和劳动力，林业生产的投入指标选择这三大要素。土地投入选取农户林业经营面积（公顷）；林业经营支出选取农户从事林业生产经营的总支出，包括种苗费用、化肥农药费用、林地使用费、雇工费等；林业劳动力选取家庭劳动总工时，包括家庭自投劳动力工时和雇佣劳动力工时。表 5-9 为农户林业连续三年的平均投入产出状况。

表 5-9　农户林业连续三年平均投入产出状况

变量	变量说明	均值	标准差
林业产出	农户林业收入（元）	10 593.48	24 034.44
林地经营面积	农户经营的林地面积（公顷）	4.826	6.806
劳动力投入	林业生产劳动力总投入（工日）	60.27	64.70
资本投入	林业生产资本投入量，包括种子、化肥、农药等费用（元）	1 873.528	6 168.29

（2）社会化服务与其他因素的变量说明

本文旨在研究林业社会化服务对林业生产效率的影响，因此林业生产效率是本文的核心被解释变量。林业社会化服务是本文的关键解释变量，选取了林资供应服务、病虫害和火灾预防服务、林业栽培技术服务和产品市场销售信息服务这四种林业社会化服务，用农户是否使用这些林业社会化服务作为代理变量，0表示未使用，1表示使用。

除此之外，在协变量的选取上，借鉴已有研究，选取户主特征、家庭特征、林地特征和区位因素。①户主特征包括户主年龄、户主受教育程度。农户是林业生产经营的主体，户主往往是生产的决策者，户主的年龄越大，林业生产的经验和技能越高，所以预期户主年龄对农户林业生产效率产生正向影响。户主的受教育程度越高，接受新事物和新技术的能力越强（许玉光等，2017）。因此，预期户主受教育程度对农户林业生产效率具有正向影响。②家庭特征包括家庭人口规模、家庭劳动力规模、林业收入比重。家庭劳动力指家庭内18～60岁具有劳动能力的成员，家庭规模和家庭劳动力规模通过影响林农的时间禀赋来影响林业生产效率。林业收入比重为林业收入占农户总收入的比重，一般来说林业收入占比越高，农户依赖林业程度越高。③林地特征包括农户林地经营面积和林业保险。④区位特征包括地区经济发展水平和地形。不同的经济发展水平和地形对农户林地的投入产出具有显著差异（孔凡斌等，2014），进而影响林业生产效率。地区经济发展水平采用该地区的人均可支配收入来量化；地形分为平原、丘陵和山区，一般而言，平原拥有的林地资源有限。表5-10为主要解释变量的含义和描述性分析。

表5-10　林业生产效率方程描述性分析

	变量	变量说明	均值	标准差
(1) 林业社会化服务	林业栽培技术服务	是否使用林业技术服务？否=0；是=1	0.41	0.49
	病虫害防治服务	是否使用病虫害防治服务？否=0；是=1	0.72	0.45
	林资供应服务	是否使用过林资供应服务？否=0；是=1	0.38	0.48
	产品代收代销服务	是否使用产品代收代销服务？否=0；是=1	0.31	0.46
(2) 户主特征	户主年龄	0～30岁=1；31～40岁=2；41～50岁=3；51～60岁=4；61岁及以上=5	3.63	0.97
	户主受教育程度	文盲及半文盲=1；小学=2；初中=3；高中=4；大专及以上=5	2.45	0.80
(3) 家庭特征	家庭人口数量	家庭人口数（人）	4.39	1.40
	家庭劳动力数量	家庭18～60周岁的人口数（人）	2.95	1.27
	林业收入比重	家庭林业占总收入的比重（%）	29.46	24.39

（续）

变量		变量说明	均值	标准差
（4）林地特征	林地面积	林地经营面积/地块数（公顷）	4.826 0	6.806 4
	林业保险	是否有林业保险；0=没有，1=有	0.10	0.32
（5）区位特征	地区经济发展水平	农村居民人均纯收入：0～4 000 元=1；4 001～7 000 元=2；7 000 元以上=3	2.08	0.71
	地形	平原=1；丘陵=2；山区=3	2.75	0.58

5.3.3 模型估计结果

（1）林业生产效率测算结果

利用 MAXDEA 软件计算 738 个样本农户的林业生产效率，结果如表 5-11 所示，根据效率测算结果，样本农户的林业经营综合效率均值为 0.241，表明样本农户的林业生产效率比较低下，林业经营没有要素达到投入产出的最佳状态，纯技术效率均值为 0.362，规模效率均值为 0.675，说明制约样本农户林业经营综合效率增长的主要因素是纯技术效率，其次是规模效率。在 738 个样本中，仅有 15 户农户林业经营有效率（三种效率均为 1），占总体样本的 1.1%；在林业经营无效的农户中，有 634 户处在规模报酬递增阶段，占总体样本的 85.9%，说明这些农户林业生产规模过小，没有达到最优规模，适度扩大林业经营规模是提高经营效率的有效途径。

表 5-11 农户使用林业社会化服务差异与林业生产效率

林业社会化服务	类别	样本数	综合效率	纯技术效率	规模效率
总体样本	全部	738	0.241	0.362	0.675
使用林资供应服务	有	229	0.284	0.402	0.709
	无	509	0.222	0.344	0.660
使用林业栽培技术服务	有	308	0.252	0.384	0.668
	无	430	0.233	0.345	0.689
使用病虫害防治服务	有	530	0.249	0.378	0.672
	无	208	0.220	0.322	0.683
使用产品代收代销服务	有	277	0.287	0.402	0.723
	无	461	0.214	0.339	0.647

(2) 社会化服务对林业生产效率的影响分析

表5-12给出了不同匹配方法作用下的林资供应服务（病虫害防治服务、林业栽培技术服务和产品代收代销服务）对农户林业生产效率的影响。可以发现，虽然采用了多种匹配方法，但林业社会化服务对农户林业生产效率的影响方向和影响程度基本相同，说明估计结果具有良好的稳健性。

表5-12　林业社会化服务对农户林业生产效率影响估计

匹配方法	效率指标	林资供应服务（ATT）	病虫害防治服务（ATT）	林业栽培技术服务（ATT）	产品代收代售服务（ATT）
近邻匹配	综合效率	0.281 4***	0.248 0*	0.242 9	0.282 8***
	纯技术效率	0.399 3***	0.377 8**	0.378 7	0.402 2***
	规模效率	0.716 5**	0.669 0	0.664 8	0.707 8***
卡尺匹配	综合效率	0.281 4***	0.246 7**	0.242 8	0.282 8***
	纯技术效率	0.399 3***	0.375 9**	0.378 3	0.402 2***
	规模效率	0.716 5**	0.669 3	0.665 0	0.707 8***
核匹配	综合效率	0.281 4***	0.248 0**	0.242 7	0.282 8***
	纯技术效率	0.399 3***	0.377 8**	0.378 7	0.402 2**
	规模效率	0.716 5**	0.669 0	0.664 8	0.707 8**
平均值	综合效率	0.281 4	0.247 7	0.242 8	0.282 8
	纯技术效率	0.399 3	0.377 3	0.378 6	0.402 2
	规模效率	0.716 5	0.669 1	0.664 8	0.707 8

林资供应服务对综合效率、纯技术效率和规模效率都具有正向显著影响，使用组比未使用组的效率值分别增加0.281 4、0.399 3和0.716 5，可能的原因是农户使用林资供应服务后，获得了林业良种、农药、化肥供应，利用资本替代效应其他要素的优化配置，从而提升了林业生产效率。产品代收代售服务对农户林业生产效率值的影响方向和程度与林资供应服务基本一致，可能的原因是农户在信息的获取和利用上存在不足，产品代收代销服务是利用信息的非对称和不完全实现规模运输和规模销售，提高了产品的定价权和降低了销售成本，提升了产品的利润空间。病虫害防治服务对综合效率和纯技术效率具有显著正向影响，农户使用病虫害防治服务后，效率值分别增加0.247 7和0.377 3。可能的解释是病虫害防治服务有效地降低了林业生产的自然风险，为农户生产经营提供了保障。林业栽培技术服务对农户林业生产效率的影响不显著，可能

的原因是栽培技术服务的成本过高和专业性较强，农户虽然有较为强烈的需求，但政府主导下的林业技术推广模式存在推广范围窄、频次低、时间短、不精准，技术管理服务存在需求与供给失配问题。

总体上看，林业社会化服务对林业生产效率具有显著影响，且对综合效率、纯技术效率与规模效率的影响方向一致，但影响强度有差异，林业社会化服务对规模效率的影响强度大于综合效率和纯技术效率，说明林业社会化服务对效率的促进作用主要归功于提升了规模效率。结合上文来看，农户总体的林业生产效率普遍偏低，林业经营没有达到要素投入产出的最佳状态，也与当前农村的劳动力转移非农就业引发的生产资料、劳动力等投入不足，农户粗放经营的现实情况相符，林资供应、病虫害防治和产品代收代售服务在一定程度上缓解了农户在生产环节和销售环节所产生的困难，林业栽培技术服务由于种种现实约束，对农户林业生产经营作用有限。

5.3.4 双重检验

（1）共同支撑域检验

为了进一步验证本文所用数据估计得到的影响是否满足运用倾向分值匹配估计的共同支撑假设，图5-2是倾向得分匹配后的函数密度图。可以得出，匹配后林资供应服务、病虫害防治服务、林业栽培技术服务和产品代收代销服务倾向得分值大部分重叠，重叠区域为共同支撑区域，林资供应服务、病虫害防治服务、林业栽培技术服务和产品代收代销服务函数密度图趋向较为接近。因此，本文共同支撑域条件较好，大多数观察值在共同取值范围内，进行倾向得分匹配损失样本量较少。

根据3种不同匹配方法，样本损失差异较小，林资供应服务农户方程中，实验组损失6个样本、控制组损失0个样本；病虫害防治服务方程中，实验组损失9个样本、控制组损失3个样本；林业栽培技术服务方程中，实验组损失2个样本、控制组损失5个样本；产品代收代销服务方程中，实验组损失7个样本、控制组损失3个样本，表明实验组与控制组样本匹配效果良好。

（2）平衡性检验

本文进行了平衡性检验判断匹配是否克服了选择偏差问题，即消除处理组和控制组的差异性问题。表5-13报告了进行PSM后平衡性检验及匹配质量检验结果。可以看出，经过品牌化，所有变量的标准化偏差都在10%以内；同时，t检验的P值均大于0.1，说明无法拒绝两组差异为零的原假设。匹配结果较好地克服了协变量之间的差异，有效平衡了数据，匹配质量较高。

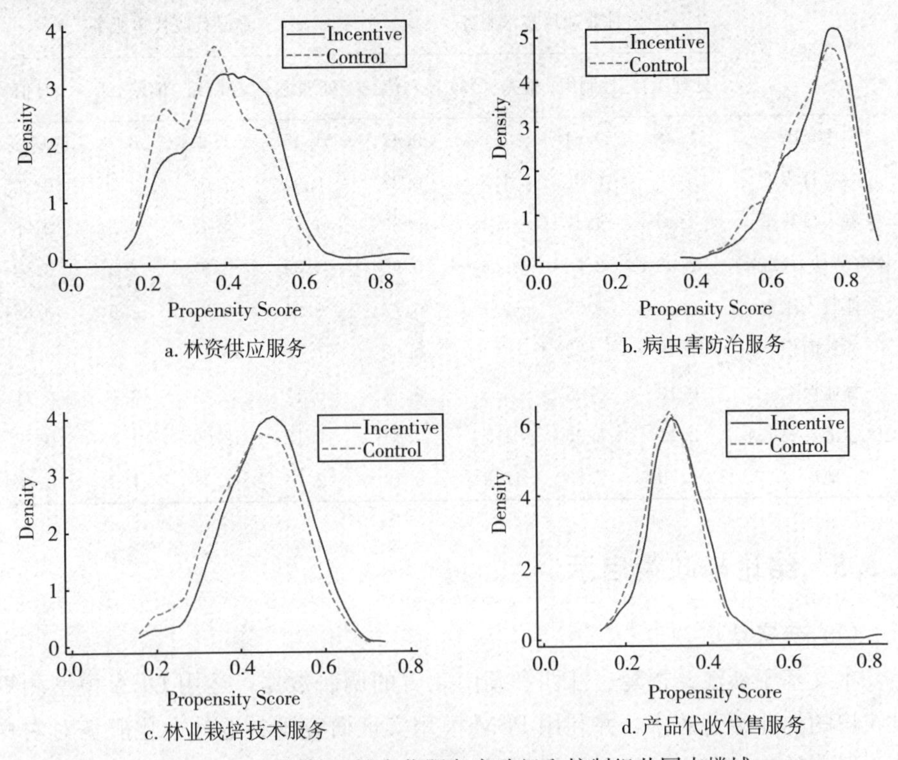

图5-2　不同林业社会化服务实验组和控制组共同支撑域

表5-13　平衡性检验结果

变量	林资供应服务				病虫害防治服务			
	处理组	控制组	偏差（%）	*P*值	处理组	控制组	偏差（%）	*P*值
户主年龄	51.57	50.94	6.3	0.45	51.53	51.82	−2.8	0.65
户主受教育程度	6.94	7.13	−6.2	0.42	6.84	6.77	2.5	0.69
家庭人口数量	4.34	4.28	4.2	0.62	4.39	4.46	−4.7	0.45
家庭劳动力数量	2.92	2.88	3.1	0.72	2.96	2.97	−1.5	0.81
林业收入比重	0.28	0.29	−2.9	0.73	0.28	0.28	−1.2	0.83
林地面积	67.57	71.41	−3.8	0.64	66.68	66.57	0.1	0.99
林业保险	0.09	0.08	2.8	0.74	0.09	0.11	−4.6	0.43
地区经济发展水平	2.24	2.21	4.3	0.62	2.09	2.09	−0.1	0.98
地形	2.77	2.80	−4.5	0.56	2.78	2.78	−0.1	0.99

（续）

变量	林业栽培技术服务				产品代收代售服务			
	处理组	控制组	偏差（%）	P 值	处理组	控制组	偏差（%）	P 值
户主年龄	51.38	50.61	7.6	0.42	51.45	51.12	3.3	0.68
户主教育程度	6.92	6.88	1.3	0.87	6.94	7.00	−2.1	0.80
家庭人口数量	4.45	4.47	−2.1	0.83	4.47	4.47	−0.2	0.98
家庭劳动力数量	2.98	2.98	−0.6	0.95	3.09	3.02	5.9	0.48
林业收入比重	0.28	0.28	−2.7	0.77	0.24	0.23	2.9	0.69
林地面积	61.45	65.72	−4.4	0.62	67.66	66.17	1.5	0.85
林业保险	0.10	0.08	5.5	0.53	0.12	0.13	−3.1	0.71
地区经济发展水平	2.11	2.09	1.7	0.86	2.12	2.09	4.6	0.57
地形	2.76	2.83	−12.2	0.16	2.74	2.74	1.3	0.88

5.3.5 结论与政策启示

（1）研究结论

本文基于浙江、福建、江西和湖南 4 省的调研数据，运用 DEA 模型测算出农户的林业经营效率，并利用 PSM 模型实证研究了林业社会化服务对农户林业经营效率的影响。研究结果表明：①样本农户林业生产综合效率、纯技术效率仍偏低，规模效率不高，经营有效率的农户样本偏少，经营无效的农户样本大部分处于规模报酬递增阶段，具有较大的提升空间。②林业社会化服务对林业生产效率的正向影响方向一致，但对综合效率、纯技术效率与规模效率的影响强度有差异，林业社会化服务对规模效率的影响强度大于综合效率和纯技术效率。③林资供应服务对林业生产综合效率、纯技术效率和规模效率都具有正向显著影响，使用组比未使用组的效率值分别增加 0.281 4、0.399 3 和 0.716 5；产品代收代售服务农户林业生产效率值的影响方向和程度与林资供应服务基本一致，使用组比未使用组的效率值分别增加 0.282 8、0.402 2 和 0.707 8；病虫害防治服务对综合效率和纯技术效率具有显著正向影响，农户使用病虫害防治服务后，效率值分别增加 0.247 7 和 0.377 3。

（2）政策启示

基于以上结论，可以得出以下政策启示：

一是进一步完善林业社会化服务体系，提升偏远林区林业社会化服务的供给能力。我国现阶段以政府林业工作站公共服务为主导，多元化和社会化的市场主体广泛参与的林业社会化服务体系不断完善；在林业产前、产中、产后的服务上与农民经营有机结合，重视生产和销售环节的林业社会化服务供给，缓解农户在生产经营中的林资供应、技术、信息等的制约。创新多种有效的农业社会化服务模式。不断完善基层的林业服务网络，形成“县-乡-村”的三级服务体系，扩大偏远林区的林业社会化服务范围。培育多元化经营性服务主体，增加社会化服务的渠道。二是丰富林业社会化服务内容，满足不同主体的社会化服务需求。社会化服务可以概括为生产、金融、信息、销售四大类服务，夯实政府公益性服务的基础性，强化社会化营利服务的多样性、专业性，提高从业人员的专业服务素养和实践服务技能。创新和丰富服务内容和服务方式，更好地满足各不同规模主体对林业生产社会化服务的多样化需求。

第6章　林地规模经营的建议与对策

上述章节先从林地规模化的视角论述林地经营的最优规模，分别探析市场培育、政府政策以及林业社会化服务等因素对农户林地规模经营行为的影响；而后从服务规模化的视角分析农户林业社会化服务需求行为及特征、意愿与选择行为的偏差行为，以及林业社会化服务作为重要的影响因素在生产性投入、林业投入产出效率中的作用机理。为此分别从林地经营规模化和服务规模化提出建议与对策。

6.1　促进林地规模化经营的建议与对策

（1）稳妥推进林地流转

在推进林地规模化经营过程中，必须坚持市场机制与行政手段相结合，科学推动林地规模化经营，有效防止“一哄而上”、“有名无实”的现象。林地的集中与规模经营必须以农户自身为主体，突出市场配置资源的作用，用市场手段调节林地流转行为，鼓励林地经营从低效益的分散经营向高效益的规模经营转变。

（2）推动林地规模化经营模式多样化发展

工业化、城镇化给林农带来了巨大的非农就业机会，越来越多的青年农民放弃农林业生产活动，甚至离开农村进入城镇定居生活。在调查中，一些年长的村干部提出：“再过10～20年，农村是否还有农民种田看林子了?”从国际经验以及我国南方林区实践经验看，以股份合作形式为特征的林地规模化经营模式，以亲情、友情、资金、技术为纽带，组建的家庭林场、股份合作林场、专业协会等林业联合经营组织，成为当前林地规模化经营的主要模式，“公司＋合作组织＋农户”的合作经营模式，能够较好地促进林业产业化经营。

(3) 提高林农参与林地规模化经营的积极性

目前，在以农业生产为主的山区和林区，因抵御风险的经济能力低下和长期生活在相对封闭的农村环境的影响，林农主动参加林业专业合作组织的内生积极性并不高。因此，在引导林农走林地规模化经营的过程中，政府必须十分重视对林农权益的尊重，必须坚持以家庭承包经营为基础和林农“进入自愿、退出自由”的原则，引导广大林农以联合经营、委托经营、合作林场等形式，促进适度规模经营。

(4) 健全促进林地规模化经营的长效政策机制

一是加大金融支持力度。建议国家参照“林业产业化龙头企业统借统还贷款”模式，设立面向林农联合体的林业发展专项信贷贴息项目，发放林农规模化经营联合体“统借统还贷款”，支持林业规模化经营组织建设跨农户、跨地区发展工业原料林基地，对所需贴息贷款资金实行特别优惠政策。二是加大财政资金扶持力度。建议设立林业规模化经营合作组织发展专项扶持资金，把扶持各类林业规模化经营组织纳入中央和省级财政农民专业合作投资范围。三是加大林业专项资金对林地规模化经营的投入力度。对符合条件的林地规模化经营组织，可以考虑从林业财政性资金中划出一定比例予以支持。四是建立以奖代补机制。实行林业规模化经营组织达标建设以奖代补方式，合理制定达标建设标准，实行分档补助，促进林业规模化经营组织又好又快发展。五是建立多样化发展的木材采伐管理制度。目前，一些地方政府将木材采伐指标分配更多地向大企业或者其他成分的工商业资本倾斜，造成林农联合经营积极性受挫、林地规模化经营模式多样化受阻等问题。为此，建议国家尽快制定新的政策，确保家庭林场或股份林场在采伐指标的优先权上拥有完全平等的机会。

(5) 完善县乡财政管理体制

当前，在我国全面取消林业收费制度的新形势下，建立面向欠发达省、县、乡财力性转移支付力度，抑制政府过度干预和垄断林地规模化经营的经济动因。一是进一步扩大财政对林区县、乡林业行政事业单位的支持范围；二是切实保证林区县乡两级林业事业机构支出，真正地将营林机构经费及公用经费全部由公共财政供给；三是确保林区集体林业基础性支出在公共财政预算中的比例；四是将林区县乡基本建设支出纳入公共财政支出范围；五是进一步加大对林区县乡村三级财政转移支付支出力度，加大对林业收费取消后地方财政减收部分的支付力度。

6.2 促进服务规模化经营的对策建议

(1) 切实夯实基层林业工作站和技术推广机构，充分发挥公益性基础作用

一是强化基层林业工作站和推广机构的公益性职能。建立以县级推广中心为龙头、乡镇中心站为依托、农民专业服务组织和专业大户为补充的新型林业社会化服务的公益推广网络。二是启动实施基层林业技术推广特岗计划。加大从高等农林业院校选聘林业专业技术人员力度，充实基层林业技术人员队伍。三是启动实施新型林业社会化服务能力提升工程。加强基层林业社会化服务人才的知识更新培训，迅速提高林业社会化服务主体的服务能力和水平。四是全面推行林业技术人员包村联户制度。建立补助经费与服务绩效挂钩制度，鼓励林业科技人员深入一线，以技术承包、技术入股分红等方式开展经营性服务。

(2) 切实加大培育林业专业合作社，发挥林业社会化服务的主体作用

一是强化组织功能。创新激励和约束机制，推动林业合作社真正承载起组织功能，把势单力薄的林农组织起来，参与到生产、加工、销售等各个环节之中，有效降低分散林农参与市场竞争的风险和交易成本。二是强化服务功能。加强政策引导，全面提升林业合作社提供产前、产中、产后系列化服务的能力。三是强化示范带动功能。整合涉林资金，重点支持建成一批规模宏大、独具特色、品质优良、区域性强的林产品生产基地，促进林产品深度系列开发。四是加强监督检查力度，引导和规范林业专业合作社建立健全经营管理规章制度。

(3) 着力壮大林业龙头企业，发挥其林业社会化服务的骨干作用

一是启动实施江西省林业龙头企业培育工程。整合国家和省级林业产业发展资金，选择在全省林业重点市、县培育一批辐射面广、带动力强的林业龙头企业，促进林业社会化服务规模化、标准化、集约化。二是创新服务机制。推进“龙头企业＋专业合作组织＋基地＋林农”紧密型利益共同体模式，鼓励林业龙头企业在项目、融资、原材料供给、深加工和市场销售等多方面提供综合的社会化服务。三是为林业龙头企业提供政府财政引导资金支持。重点加大对边远深山区林区的林业龙头企业林业社会化服务能力建设资金支持力度。四是加大对林业企业产业链建设的支持。运用财政专项引导资金，重点支持林业龙头企业开展产品加工增值、延长产业链，激发企业和林业种植业主体对林业社

会化供给和需求的联动效应。

（4）进一步明确林业社会化服务的重点，不断拓展服务领域

一是明确林业生产服务重点。加大对林果树生产、林下种植、林下养殖等生产技术指导、新品种开发和推广以及生产资料等的供给服务。二是强化产品销售服务。重点支持林业产品品牌树立、市场开拓、保鲜与包装、加工与储运、销售与售后等的社会化服务。三是规范林权流转服务促进林地规模化，激发林业社会化服务的市场需求。完善县、乡、村三级农村林地流转服务平台，规范林地流转信息和价格定期发布制度，完善林地质量等级评定、价格评估等制度。四是加快林业信息服务基础设施建设。重点推进物联网、云计算、移动互联等现代信息技术和智能装备在林业生产经营领域应用，整合农业信息资源网络，及时准确地为林业经营者提供有效的生产与市场信息。五是探索金融保险服务创新。探索政策性保险与商业性保险相结合的互助合作保险新模式，稳步推进林权抵押互助合作保险试点工作。

（5）创新林业社会化服务方式，切实提高服务效率

一是大力推动公益性服务和经营性服务相结合、专业性服务和综合性服务相协调的服务机制落实，鼓励支持林业社会化服务组织从单一环节服务向综合性全程服务发展，开展一体化全程式服务。二是定期开展林业科技培训，重点抓好对专业合作社技术骨干、涉林企业技术骨干、种植大户的培训。三是加快建设林业科技示范园。通过现场成果展示，引导林农学技术、用技术。四是强化林业技术推广服务机构与龙头企业、专业合作社的有机结合，更好地服务于林业产业化的需要。

（6）切实加强林业社会化服务人才队伍建设

一是更新观念，发掘本土人才。基层林业部门有一批理论知识丰富、专业技术过硬的科技人才，广大林区有一批实践经验丰富、操作业务熟练的技术能手，要通过“林间学校”、“专家门诊”和“科技入户”等形式，尽力发掘本土人才，充分发挥本土人才的积极作用。二是创新机制，培养新型人才。鼓励林业技术人员、大学生村官、返乡农民工、种养大户等领办创办种植、林业技术、植物保护、林产品营销等专业化服务组织，分类型、分层次、多形式、多渠道大力培养林业专业技术人才，逐步实现社会化服务组织全覆盖。三要充分发挥职业中专、农林院校以及各类民办职校人才培养的作用。与当地农林院校进行合作，定向培养技术人员或定期为技术人员培训，为构建持续健康的新型林业社会化服务体系提供强大的人才支撑。

(7) 切实加大林业社会化服务体系建设的财政支持力度

一是明确乡镇林业工作站建设为省级和地方共同事权，优先保障乡镇林业工作站的站房和工具车。鼓励地方政府筹措配套资金用于改善基层林业工作站其他设施设备。二是制定出台相应的财政金融优惠政策措施，重点支持林业社会化服务组织和林业龙头企业开展林业产业基础设施建设、新品种新技术引进和推广、市场营销体系、林产品质量安全和林业信息服务体系建设。三是通过以奖代补等方式，支持合作组织和林业龙头企业在产业发展过程中的生产环节、质量安全、产品销售、技术培训等，促进综合服务能力不断提升。

参 考 文 献

才琪，张大红，赵荣，等．林业社会化服务体系背景下林业新型经营主体探究［J］．林业经济，2016，38（2）：78－82.

曹兰芳，王立群，曾玉林，等．农户林改配套政策主观价值判断对生产经营决策行为的影响——基于湖南省50个村500户农户的实证研究［J］．农村经济，2014，32（5）：56－60.

陈浩，王佳．社会资本能促进土地流转吗？——基于中国家庭追踪调查的研究［J］．中南财经政法大学学报，2016，44（1）：21－29，158－159.

陈珂，魏彪，王海丽，等．辽宁集体林产权主体改革后林农投资行为的调查研究［J］．林业经济问题，2008（3）：246－249.

陈昭玖，胡雯，袁旺兴，严静娴．农业规模经营、劳动力资源配置与农民收入增长——基于赣、粤的经验［J］．农林经济管理学报，2016，15（2）：144－153.

邓永辉，宁攸凉，赵荣，等．中美政府林业投入产出效率比较［J］．林业资源管理，2013（5）：41－46.

付登强，陈良秋，杨伟波，等．海南油茶丰产栽培技术［J］．热带农业科学，2012，32（9）：23－27.

盖庆恩，朱喜，史清华．劳动力转移对中国农业生产的影响［J］．经济学（季刊），2014（3）：1147－1170.

高立英．集体林地经营规模分析——与林地规模经营观点的商榷［J］．林业经济问题，2007（4）：376－379.

郭庆海．土地适度规模经营尺度：效率抑或收入［J］．农业经济问题，2014（7）：4－10.

郭忠兴，汪险生，曲福田．产权管制下的农地抵押贷款机制设计研究——基于制度环境与治理结构的二层次分析［J］．管理世界，2014，30（9）：48－57，187.

国家林业局“集体林权制度改革监测”项目组．2015集体林权制度改革监测报告［M］．北京：中国林业出版社，2016.

韩雅清，林丽梅，魏远竹，等．劳动力转移、合作经营与林业生产效率研究［J］．资源科学，2018（4）：838－850.

贺东航，田云辉．集体林权制度改革后林农增收成效及其机理分析：基于17省300户农户的访谈调研［J］．东南学术，2010，32（5）：14－19.

侯一蕾，王昌海，吴静，等．南方集体林区林地规模化经营的理论探析［J］．北京林业大学学报（社会科学版），2013（4）：1－6.

黄安胜，刘振滨，许佳贤，等．多重目标下的中国林业全要素生产率及其时空差异［J］．林业科学，2015（9）：117－125.

黄安胜，张春霞，苏时鹏，等．南方集体林区林农资金投入行为分析［J］．林业经济，2008（6）：67－70.

黄季焜，马恒运．差在经营规模上——中国主要农产品生产成本国际比较［J］．国际贸易，2000（4）：41－44.

黄延延．农地规模经营中的适度性探讨——兼谈我国农地适度规模经营的路径选择［J］．求实，2011（8）：9.

黄祖辉，王建英，陈志钢．非农就业、土地流转与土地细碎化对稻农技术效率的影响［J］．中国农村经济，2014（11）：4－16.

姜松，曹峥林，刘晗．农业社会化服务对土地适度规模经营影响及比较研究——基于CHIP微观数据的实证［J］．农业技术经济，2016，36（11）：4－13.

柯水发，陈章纯．毛竹林单户经营规模效率及影响因素分析——基于福建三明的调查［J］．北京林业大学学报（社会科学版），2016（4）：52－61.

柯水发，王亚，刘爱玉．基于DEA模型的农户林地经营规模效率测算——以辽宁省4个县200农户为例［J］．林业经济，2015（12）：110－114.

柯水发，严如贺，乔丹．林地适应性经营的成本效益分析——以筠连县春风村林下种植中草药为例［J］．农林经济管理学报，2018（2）：169－176.

孔凡斌，集体林权制度改革绩效评价理论与实证研究——基于江西省2 484户林农收入增长的视角［J］．林业科学，2008（10）：132－141.

孔凡斌，廖文梅，杜丽．农户集体林地细碎化及其空间特征分析［J］．农业经济问题，2013（11）：77－81.

孔凡斌，廖文梅．地形和区位因素对农户林地投入与产出水平的影响——基于8省（区）1 790户农户数据的实证分析［J］．林业科学，2014（11）：129－137.

孔凡斌，廖文梅．集体林地细碎化、农户投入与林产品产出关系分析——基于中国9个省（区）2 420户农户调查数据［J］．农林经济管理学报，2014（1）：64－73.

孔凡斌，廖文梅．集体林分权条件下的林地细碎化程度及与农户林地投入产出的关系——基于江西省8县602户农户调查数据的分析［J］．林业科学，2012（4）：119－126.

孔凡斌，廖文梅．集体林分权条件下的林地细碎化程度及与农户投入产出的关系——基于江西省8县602户农户调查数据的分析［J］．林业科学，2012（4）：119－126.

孔凡斌，阮华，廖文梅，等．农村劳动力转移对农户林业社会化服务需求的影响——基于1 407户农户生产环节的调查［J］．林业科学，2018，54（6）：132－142.

孔凡斌，阮华，廖文梅．构建新型林业社会化服务体系——文献综述与研究展望［J］．林业经济问题，2017，37（6）：90－96.

参考文献

孔凡斌，阮华，廖文梅．林业社会化服务供给对贫困农户林地投入产出影响分析［J］．林业经济问题，2020，40（2）：129－137.

孔祥智，楼栋，何安华．建立新型农业社会化服务体系：必要性、模式选择和对策建议［J］．教学与研究，2012（1）：39－46.

赖作卿，张忠海．基于 DEA 方法的广东林业投入产出超效率分析［J］．华南农业大学学报（社会科学版），2008（4）：43－48.

冷小黑，张小迎．农户有偿林业技术需求意愿的影响因素分析——基于江西宜春 243 户农户调查数据［J］．江西农业大学学报（社会科学版），2011（2）：25－30.

冷智花，付畅俭，许先普．家庭收入结构、收入差距与土地流转——基于中国家庭追踪调查（CFPS）数据的微观分析［J］．经济评论，2015，26（5）：111－128.

李长生，刘西川．土地流转的创业效应——基于内生转换 Probit 模型的实证分析［J］．中国农村经济，2020，36（5）：96－112.

李春海．新型农业社会化服务体系框架及其运行机理［J］．改革，2011（10）：79－84.

李春华，李宁，骆华莹，等．基于 DEA 方法的中国林业生产效率分析及优化路径［J］．中国农学通报，2011（19）：55－59.

李功奎，钟甫宁．农地细碎化、劳动力利用与农民收入——基于江苏省经济欠发达地区的实证研究［J］．中国农村经济，2006（4）：42－48.

李寒滇，余文梦，苏时鹏．福建家庭林业单户与联户经营的效率差异分析——以福建省 5 地市 272 户农户数据为例［J］．资源开发与市场，2018（2）：230－235.

李桦，姚顺波，刘璨，等．集体林分权条件下不同经营类型商品林生产要素投入及其效率——基于三阶段 DEA 模型及其福建、江西农户调研数据［J］．林业科学，2014（12）：122－130.

李桦，姚顺波，刘璨，等．集体林分权条件下不同经营类型商品林生产要素投入及其效率——基于三阶段 DEA 模型及其福建、江西农户调研数据［J］．林业科学，2014，50（12）：122－130.

李桦，姚顺波，刘璨，等．新一轮林权改革背景下南方林区不同商品林经营农户农业生产技术效率实证分析——以福建、江西为例［J］．农业技术经济，2015（3）：108－120.

李慧．林权改革下林地适度经营规模研究［D］．北京：北京林业大学，2013.

李景刚，高艳梅，臧俊梅．农户风险意识对土地流转决策行为的影响［J］．农业技术经济，2014，33（11）21－30.

李立朋，李桦，丁秀玲．林业生产性服务能促进农户林地规模经营吗？——基于林地流入视角的实证分析［J］．中国人口·资源与环境，2020，30（3）：143－152.

李小建，乔家君．地形对山区农田人地系统投入产出影响的微观分析——河南省巩义市吴沟村的实证研究［J］．地理研究，2004（6）：717－726.

李晓格，徐秀英．林地规模对农户林地投入的影响分析［J］．林业经济问题，2013（5）：

421 - 426.
廖冰，金志农．江西省林业经营效率及其影响因素分析——基于 DEA-Tobit 两阶段模型 [J]．江西林业科技，2014（6）：31 - 34.
廖文梅，孔凡斌，林颖．劳动力转移程度对农户林地投入产出水平的影响——基于江西省 1 178 户农户数据的实证分析 [J]．林业科学，2015（12）：87 - 95.
廖文梅，廖冰，金志农．林农经济林经营效率及其影响因素分析——以赣南原中央苏区为例 [J]．农林经济管理学报，2014（5）：490 - 498.
廖文梅，张广来，孔凡斌．农户林业社会化服务需求特征及其影响因素分析——基于我国 8 省（区）1 413 户农户的调查 [J]．林业科学，2016，52（11）：148 - 156.
廖文梅，张广来，周孟祺．林地细碎化对农户林业科技采纳行为的影响分析——基于江西吉安的调查 [J]．江西社会科学，2015（3）：224 - 229.
刘承芳．农户农业生产性投资影响因素研究 [J]．经济研究参考，2002（79）：31 - 32.
刘慧，翁贞林．农户兼业、农业机械化与规模经营决策——基于江西省种植户调研 [J]．中国农业大学学报，2020，25（2）：235 - 244.
刘林，孙洪刚，吴大瑜，等．新一轮集体林权改革后林区农户的林业生产效率研究 [J]．林业经济问题，2018，38（3）：7 - 13.
刘强，杨万江．农户行为视角下农业生产性服务对土地规模经营的影响 [J]．中国农业大学学报，2016，21（9）：188 - 197.
刘伟平，陈钦．集体林权制度改革对农户林业收入的影响分析 [J]．福建农林大学学报（哲学社会科学版）．2009（5）：33 - 36.
刘伟平，王文烂．福建集体林产权制度改革的效率分析 [J]．林业经济问题，2009，29（4）：283 - 286.
刘振滨，林丽梅，许佳贤，等．林改后农户林地经营规模变动的影响因素分析——基于福建典型样本村的调查研究 [J]．林业经济，2016，38（6）：48 - 54.
刘振滨，苏时鹏，郑逸芳，等．林改后农户林业经营效率的影响因素分析——基于 DEA - Tobit 分析法的实证研究 [J]．资源开发与市场，2014（12）：1420 - 1424.
柳建宇，高建中，高菊琴．南方集体林区林地产权、地理特征与农户林地投入行为 [J]．林业经济问题，2019，39（6）：570 - 577.
卢华，胡浩，耿献辉．土地细碎化、地块规模与农业生产效益——基于江苏省调研数据的经验分析 [J]．华中科技大学学报（社会科学版），2016（4）：81 - 90.
陆岐楠，展进涛．平原集体林权制度改革、林地细碎化与规模化经营路径选择——基于南京农户调查的实证分析 [J]．林业经济，2015（4）：21 - 26.
罗必良．科斯定理：反思与拓展——兼论中国农地流转制度改革与选择 [J]．经济研究，2017（11）：178 - 193.
罗明忠，邱海兰，陈江华．农业社会化服务的现实约束、路径与生成逻辑——江西绿能公

司例证 [J]. 学术研究，2019，51 (5)：79-87，177-178.

马忠东，张为民，梁在，等 . 劳动力流动：中国农村收入增长的新因素 [J]. 人口研究，2004 (3)：2-10.

倪国华，蔡昉 . 农户究竟需要多大的农地经营规模？——农地经营规模决策图谱研究 [J]. 经济研究，2015 (3)：159-171.

倪坤晓，王成军 . 农户对农业规模经营行为意愿的影响因素分析：基于河南省偃师市农户的调查 [J]. 农村经济与科技，2012，23 (6)：138-140.

农业部经管司、经管总站研究小组 . 构建新型农业社会化服务体系初探 [J]. 农业经济问题，2012 (4)：4-10.

农业部农村改革试验区办公室 . 从小规模均田制走向适度规模经营——全国农村改革试验区土地适度规模经营阶段性试验研究报告 [J]. 中国农村经济，1994 (12)：3-10.

皮婷婷，许佳贤，郑逸芳 . 林改前后农户林地经营投入对林地产出影响的比较研究——基于福建省调查数据 [J]. 中南林业科技大学学报 (社会科学版)，2020，14 (1)：66-70.

冉陆荣，吕杰 . 集体林权制度改革背景下农户林地流转行为选择——以辽宁省 409 户农户为例 [J]. 林业经济问题，2011 (2)：121-126.

任兵雪 . 国外土地规模经营对我们的启示 [J]. 经济管理，1989 (5)：87.

申津羽，韩笑，侯一蕾，等 . 基于三阶段 DEA 模型的南方集体林区不同林业经营形式效率研究 [J]. 南京林业大学学报 (自然科学版)，2015 (2)：104-110.

石丽芳，王波 . 农户林地经营的效率和适度规模问题探究——基于福建集体林区农户调查分析 [J]. 林业经济问题，2016 (6)：489-493.

石丽芳，王波 . 农户林地经营的效率和适度规模问题探究——基于福建集体林区农户调查分析 [J]. 林业经济问题，2016，36 (6)：489-493.

石丽芳 . 基于福建农户调查的林地经营效率与规模效应实证分析 [J]. 海峡科学，2016 (7)：81-84.

宋璇，曾玉林，田治威，等 . 林农林业社会化服务满意度评价与分析——基于湖南省样本县的林农调查 [J]. 林业经济，2017，39 (4)：67-71，77.

苏时鹏，马梅芸，林群 . 集体林权制度改革后农户林业全要素生产率的变动——基于福建农户的跟踪调查 [J]. 林业科学，2012 (6)：127-135.

田杰，石春娜 . 不同林地经营规模农户的林业生产要素配置效率及其影响因素研究 [J]. 林业经济问题，2017 (5)：73-78.

田淑英，许文立 . 基于 DEA 模型的中国林业投入产出效率评价 [J]. 资源科学，2012 (10)：1944-1950.

佟大建，黄武 . 社会经济地位差异、推广服务获取与农业技术扩散 [J]. 中国农村经济，2018 (11)：128-143.

王季潇，黎元生 . 福建省林业经营效率评价及影响因素研究——基于 DEA 模型、

Malmquist 指数和 Tobit 模型 [J]. 福建农林大学学报（哲学社会科学版），2017（5）：64-71.

王嫚嫚，刘颖，蒯昊，等．土地细碎化、耕地地力对粮食生产效率的影响——基于江汉平原354个水稻种植户的研究 [J]. 资源科学，2017（8）：1488-1496.

韦浩华，高岚．基于DEA模型的农户林地经营效率分析——来自广东和江西的调研数据 [J]. 中南林业科技大学学报（社会科学版），2016（1）：88-93.

韦敬楠，张立中．基于DEA方法的广西林业投入产出效率分析 [J]. 中南林业科技大学学报（社会科学版），2016（3）：55-60.

吴俊媛，苏时鹏，许佳贤，等．林改后农户林业全要素生产率变动测算与分析——基于DEA-Malmqusit 指数方法以浙江丽水为例 [J]. 林业经济，2013（1）：51-55.

吴振华．不同地形区稻谷生产经济效益比较及影响因素分析——基于湖北、湖南、重庆500户稻农调查数据 [J]. 农业技术经济，2011（9）：93-99.

伍业兵，甘子东．农地适度规模经营的认识误区、实现条件及其政策选择 [J]. 农村经济，2007（11）：42-43.

谢芳婷，朱述斌，康小兰，杜娟，等．集体林地不同经营模式对林地经营投入的影响——以江西省为例 [J]. 林业科学，2019，55（6）：122-132.

谢彦明．林农林业投资行为影响因素分析及政策启示——以景谷县197户林农为例 [J]. 新疆农垦经济，2010（12）：1-6.

谢屹，温亚利，公培臣．集体林权制度改革中农户流转收益合理性分析——以江西省遂川县为例 [J]. 林业科学，2009（10）：134-140.

徐晋涛，孙妍，姜雪梅，等．我国集体林区林权制度改革模式和绩效分析 [J]. 林业经济，2008（9）：27-38.

徐立峰，杨小军，陈珂．集体林权制度改革背景下的林地经营效率研究——以辽宁省本溪县南营坊村为例 [J]. 林业经济，2015（5）：7-13.

徐秀英，付双双，李晓格，等．林地细碎化、规模经济与竹林生产——以浙江龙游县为例 [J]. 资源科学，2014（11）：2379-2385.

徐秀英，李兰英，李晓格，等．林地细碎化对农户林业生产技术效率的影响——以浙江省龙游县竹林生产为例 [J]. 林业科学，2014（10）：106-112.

许佳贤，郑逸芳，黄安胜，等．林改后农户林业生产效率的影响因素——基于闽赣两省159个固定观察点6年的调查数据 [J]. 林业经济，2015（2）：42-46.

许庆，田士超，徐志刚，等．农地制度、土地细碎化与农民收入不平等 [J]. 经济研究，2008（2）：83-92.

许庆，尹荣梁，章辉．规模经济、规模报酬与农业适度规模经营——基于我国粮食生产的实证研究 [J]. 经济研究，2011（3）：59-71.

薛彩霞，姚顺波．西部地区不同类型农户林地经营行为和技术效率研究——来自四川省雅

安市的农户调查 [J]. 林业经济问题，2014 (4)：298-303.

杨冬梅，雷显凯，康小兰，等．集体林权制度改革配套政策对农户林业生产经营效率的影响研究 [J]. 林业经济问题，2019，39 (2)：135-142.

杨绍丽，翟印礼．集体林改制度下辽宁省林业资源要素对收入的贡献分析 [J]. 林业经济问题，2011 (5)：441-444.

杨仙艳，邓思宇，刘伟平．基于 DEA 方法的福建林业投入产出效率分析——以福建省 10 县 210 户农户调研数据为例 [J]. 中国林业经济，2017 (2)：1-5.

杨扬，李桦，薛彩霞，等．林业产权、市场环境对农户不同生产环节林业投入的影响——来自集体林改试点省福建林农的调查 [J]. 资源科学，2018，40 (2)：427-438.

杨子，饶芳萍，诸培新．农业社会化服务对土地规模经营的影响——基于农户土地转入视角的实证分析 [J]. 中国农村经济，2019，35 (3)：82-95.

于艳丽，李桦，姚顺波，等．村域环境、家庭禀赋与农户林业再投入意愿——以全国集体林权改革试点福建省为例 [J]. 西北农林科技大学学报（社会科学版），2018，18 (4)：119-126.

袁榕，姚顺波，刘璨．林改后林农扩大林业经营规模意愿影响因素实证分析——以南方集体林权区为例 [J]. 山东农业大学学报（自然科学版），2012 (1)：148-154.

臧良震，张彩虹，郝佼辰．中国农村劳动力转移对林业经济发展的动态影响效应研究 [J]. 林业经济问题，2014 (4)：304-308.

翟秋，李桦，姚顺波．后林权改革视角下家庭林地经营效率研究 [J]. 西北农林科技大学学报（社会科学版），2013 (2)：64-69.

展进涛，陈超．劳动力转移对农户农业技术选择的影响——基于全国农户微观数据的分析 [J]. 中国农村经济，2009 (3)：75-84.

张海鹏，徐晋涛．集体林权制度改革的动因性质与效果评价 [J]. 林业科学，2009 (7)：119-126.

张寒，刘璨，刘浩．林地调整对农户营林积极性的因果效应分析——基于异质性视角的倾向值匹配估计 [J]. 农业技术经济，2017，36 (1)：37-51.

张颖，杨桂红，李卓蔚．基于 DEA 模型的北京林业投入产出效率分析 [J]. 北京林业大学学报，2016 (2)：105-112.

张哲晰，穆月英，侯玲玲．参加农业保险能优化要素配置吗？——农户投保行为内生化的生产效应分析 [J]. 中国农村经济，2018，34 (10)：53-70.

张忠明，钱文荣．不同兼业程度下的农户土地流转意愿研究——基于浙江的调查与实证 [J]. 农业经济问题，2014，35 (3)：19-24，110.

张自强，李怡．环境变迁、流转价格与林地流转意愿——基于粤、赣两省的农户调查 [J]. 资源科学，2017，39 (11)：2062-2072.

张宗毅，刘小伟，张萌．劳动力转移背景下农业机械化对粮食生产贡献研究 [J]. 农林经济管理学报，2014（6）：595-603.

赵丙奇，周露琼，杨金忠，等．发达地区与欠发达地区土地流转方式比较及其影响因素分析——基于对浙江省绍兴市和安徽省淮北市的调查［J］．农业经济问题，2011，32（11）：60-65.

赵光，李放．养老保险对土地流转促进作用的实证分析［J］．中国人口·资源与环境，2014，24（9）：118-128.

赵思诚，许庆，刘进．劳动力转移、资本深化与农地流转［J］．农业技术经济，2020（3）：4-19.

郑风田，阮荣平．新一轮集体林权改革评价：林地分配平等性视角——基于福建调查的实证研究［J］．经济理论与经济管理，2009（10）：52-59.

郑逸芳，许佳贤，孙小霞，等．福建三大林种农户经营规模效率比较分析［J］．林业经济，2011（12）：53-55.

钟晓兰，李江涛，冯艳芬，等．农户认知视角下广东省农村土地流转意愿与流转行为研究［J］．资源科学，2013，35（10）：2082-2093.

周晶，陈玉萍，阮冬燕．地形条件对农业机械化发展区域不平衡的影响——基于湖北省县级面板数据的实证分析［J］．中国农村经济，2013（9）：63-77.

周应恒，胡凌啸，严斌剑．农业经营主体和经营规模演化的国际经验分析［J］．中国农村经济，2015（9）：80-95.

周应恒，严斌剑．发展农业适度规模经营既要积极又要稳妥［J］．农村经营管理，2014（11）：80-95.

朱烈夫，林文声，柯水发．林地细碎化的测度、成因与影响：综述与展望［J］．林业经济问题，2017（2）：1-8.

朱文清，张莉琴．集体林地确权到户对农户林业长期投入的影响——从造林意愿和行动角度研究［J］．农业经济问题，2019，41（11）：32-44.

Alwarritzi W，Nanseki T，Chomei Y. Analysis of the factors influencing the technical efficiency among oil palm smallholder farmers in Indonesia［J］．Procedia Environmental Sciences，2015，6（8）：630-638.

Barzel Y. Economic Analysis of Property Rights［M］．Cambridge University Press，1997.

Bayarkhuu Chinzorig，张颖，李慧．基于农户调查的林权改革林地经营适度规模研究——以甘肃省天水市林权改革为例［J］．资源开发与市场．2013（5）：513-515.

Binam J N，Tonye J，Wandji N. Factors affecting the technical efficiency among smallholder farmers in the slash and burn agriculture zone of cameroon［J］．Food Policy，2004，29（5）：531-545.

Chiodi V，Jaimovich E，Montes-Rojas G. Migration，remittances and capital accumulation：Evidence from Rural Mexico［J］．The Journal of Development Studies，2012，48（8）：

1139－1155.

De Janvry A，Emerick K，Navarro M G et al. Delinking Land Rights from Land Use：Certification and Migra-tion in Mexico [R]. The American Economist，2015.

Heckman J，Ichimura H，Todd P. Matching as An Econometric Evaluation Estimator [R]. The Review of Economic Studies Limited，1989，65：261－294.

Ma W L，Renwick A，Nie Peng et al. Off-farm work，smartphone use and household income：Evidence from rural China. China [J]. Economic Review，2018，52 (12)：80－94.

Maddala，G S. Limited-dependent and Qualitative Variables in Econometrics [M]. Cambridge England Cambridge University Press，1983.

Smith A. Wealth of Nations [M]. Modern Library edition，1776.

Stocks B J，Martell D L. Forest fire management expenditures in Canada：1970－2013 [J]. The Forestry Chronicle，2016，92 (3)：298－306.

Taylor J E R S D B. Migration and incomes in source communities：A new economics of migration perspective from China [J]. Economic Development and Cultural Change，2003，52 (1)：75－101.

Yin R S Y S B H. Deliberating how to resolve the major challenges facing China's forest tenure reform and institutional change [J]. International Forestry Review，2013，15 (4).

Zhang D F W A. Sticks，carrots，and reforestation investment [J]. Land Economics，2001，77 (3)：443－456.

图书在版编目（CIP）数据

南方集体林区林业规模化经营行为研究 / 廖文梅，孔凡斌，王智鹏著. —北京：中国农业出版社，2021.4
ISBN 978-7-109-28035-9

Ⅰ.①南… Ⅱ.①廖… ②孔… ③王… Ⅲ.①森林经营－研究－中国 Ⅳ.①S75

中国版本图书馆 CIP 数据核字（2021）第 045573 号

中国农业出版社出版
地址：北京市朝阳区麦子店街 18 号楼
邮编：100125
责任编辑：闫保荣
版式设计：王 晨 责任校对：刘丽香
印刷：北京通州皇家印刷厂
版次：2021 年 4 月第 1 版
印次：2021 年 4 月北京第 1 次印刷
发行：新华书店北京发行所
开本：700mm×1000mm 1/16
印张：14
字数：256 千字
定价：58.00 元